现代软件测试技术
与 管理研究

赵仕波 魏生斌 罗耀华 编著

XIANDAI RUANJIAN CESHI JISHU
YU GUANLI YANJIU

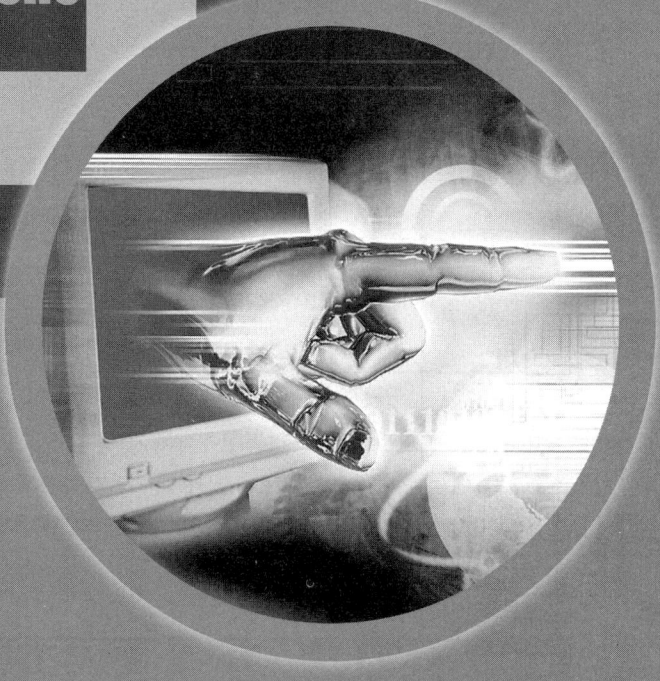

中国水利水电出版社
www.waterpub.com.cn

内 容 提 要

全书共 10 章，以软件测试技术和管理为主要研究对象，介绍了软件测试的相关技术和策略，包括黑盒测试、白盒测试、单元测试、集成测试、系统测试、验收测试，以及面向对象测试、软件自动化测试、国际化测试和本地化测试、测试计划、测试文档、缺陷测试、测试评估，并对软件测试管理、软件质量保证与过程改进等知识点也进行了相关阐述。

本书内容丰富、取材先进、文字表述简单扼要，是一本比较适合软件测试爱好者的实用性强的学术著作类图书，对相关领域的研究人员也是一本颇为有益的参考书。

图书在版编目（CIP）数据

现代软件测试技术与管理研究 / 赵仕波，魏生斌，罗耀华编著. -- 北京：中国水利水电出版社，2014.7（2022.10重印）
 ISBN 978-7-5170-2281-7

Ⅰ．①现… Ⅱ．①赵… ②魏… ③罗… Ⅲ．①软件—测试—研究 Ⅳ．①TP311.5

中国版本图书馆CIP数据核字(2014)第155649号

策划编辑：杨庆川 责任编辑：杨元泓 封面设计：马静静

书　　名	**现代软件测试技术与管理研究**
作　　者	赵仕波　魏生斌　罗耀华　编著
出版发行	中国水利水电出版社 （北京市海淀区玉渊潭南路1号D座 100038） 网址：www.waterpub.com.cn E-mail：mchannel@263.net（万水） 　　　　sales@mwr.gov.cn 电话：(010)68545888(营销中心)、82562819（万水）
经　　售	北京科水图书销售有限公司 电话：(010)63202643、68545874 全国各地新华书店和相关出版物销售网点
排　　版	三河市人民印务有限公司
印　　刷	三河市天润建兴印务有限公司
规　　格	185mm×260mm　16开本　17.75印张　432千字
版　　次	2015年1月第1版　2022年10月第2次印刷
印　　数	3001—4001册
定　　价	62.00元

凡购买我社图书，如有缺页、倒页、脱页的，本社发行部负责调换

版权所有·侵权必究

前 言

　　软件产业的发展关系到一个国家经济发展和文化安全，体现的是整个国家的综合实力，可以说是决定 21 世纪国际竞争地位的战略性产业。随着信息技术的普及，人们对软件质量的要求愈来愈高，而且对软件产品质量的稳定性和可靠性也十分重视，如何处理好软件的质量问题一直都是所有软件开发人员工作的重心。早期软件由于规模较小，相对应的 Bug 也较少，但是随着软件规模的增大，因为质量问题将上百万行源代码推倒重来的事例愈演愈烈。在此情况下，软件工程和测试技术应运而生并快速发展起来。

　　软件测试是软件开发过程中的重要环节，在提高软件质量方面具有不可替代的作用。随着软件产业的迅速发展，市场对于进行专业化、高效化软件测试的需求愈来愈强烈。在软件测试研究和应用方面我国起步较晚，另外，相对于一些发达国家而言，我国在软件测试理论研究、软件测试工具及框架研发、软件测试过程管理、软件质量保证、软件测试工具等方面还比较落后。随着软件测试的新理论与新技术的不断发展，我国的软件从业人员和测试从业人员都将面临严峻的考验。为适应当前形势的需求，我们特此提出并编撰了《现代软件测试技术与管理研究》一书。

　　本书较为系统地对软件测试技术及相关管理进行了研究，力求做到逻辑严谨、简明易懂、内容新颖。在编撰本书时，我们将软件测试的新概念、新方法、新技术融入其中，在内容的安排上注重由易到难、深入浅出，以便软件测试的基本知识能够更好地被理解和掌握，并将其迅速地运用到实际的测试工作中去。

　　本书内容分为 10 章。第 1 章主要就软件测试的背景、软件测试的基本概念、软件测试与软件开发、软件测试人员素质，以及软件测试的发展进行了探讨；第 2 章、第 3 章主要研究了软件测试的基本技术及测试策略与过程，包括白盒测试技术、黑盒测试技术、单元测试、集成测试、系统测试、验收测试，以及测试后的调试；第 4 章～第 6 章主要就面向对象测试的方法、模型、用例设计，自动化测试的框架、技术、工具、生存周期方法，以及国际化测试与本地化测试展开研究；第 7 章主要探讨了软件测试计划的制定和测试文档的撰写与管理；第 8 章主要研究了软件缺陷的危害，软件缺陷的生命周期，软件缺陷的跟踪、管理与评估；第 9 章主要对软件测试的相关管理展开研究，包括测试计划管理、测试组织及人员管理、测试进度与成本管理、测试配置管理、测试风险管理；第 10 章从软件质量出发，研究了质量保证、软件测试度量的相关知识，同时根据作者多年的测试经验，对测试过程的改进提出了一些参考建议,最后对软件维护及再工程技术展开了探讨。

在本书的编撰过程中,参考或引用了有关专家的相关著作,在此表示衷心的感谢。由于作者水平所限,加之时间仓促,书中疏漏和讹误在所难免,恳请各位专家同仁予以批评指正。

作　者

2014 年 1 月

目 录

前言 ………………………………………………………………………………… 1

第1章 导 论 ……………………………………………………………………… 1
　1.1　软件测试的背景 …………………………………………………………… 1
　1.2　软件测试的基本概念 ……………………………………………………… 4
　1.3　软件测试与软件开发 ……………………………………………………… 8
　1.4　软件测试人员的素质 ……………………………………………………… 14
　1.5　软件测试的发展 …………………………………………………………… 16

第2章 软件测试基本技术 ……………………………………………………… 19
　2.1　软件测试技术分类 ………………………………………………………… 19
　2.2　黑盒测试技术 ……………………………………………………………… 21
　2.3　白盒测试技术 ……………………………………………………………… 29

第3章 软件测试策略与过程 …………………………………………………… 38
　3.1　软件测试策略概述 ………………………………………………………… 38
　3.2　单元测试 …………………………………………………………………… 41
　3.3　集成测试 …………………………………………………………………… 47
　3.4　系统测试 …………………………………………………………………… 53
　3.5　验收测试 …………………………………………………………………… 55
　3.6　测试后的调试 ……………………………………………………………… 60

第4章 面向对象测试 …………………………………………………………… 65
　4.1　面向对象方法 ……………………………………………………………… 65
　4.2　面向对象测试概述 ………………………………………………………… 69

  4.3 面向对象测试模型 ……………………………………………………… 77
  4.4 面向对象测试用例设计 …………………………………………………… 86

第 5 章 软件自动化测试……………………………………………………95
  5.1 自动化测试概述 …………………………………………………………… 95
  5.2 自动化测试框架 ………………………………………………………… 102
  5.3 自动化测试技术 ………………………………………………………… 109
  5.4 自动化测试工具 ………………………………………………………… 116
  5.5 自动化测试生存周期方法 ……………………………………………… 124

第 6 章 国际化与本地化测试…………………………………………………132
  6.1 国际化测试 ……………………………………………………………… 132
  6.2 本地化测试 ……………………………………………………………… 139
  6.3 常用测试工具 …………………………………………………………… 150

第 7 章 测试计划与测试文档…………………………………………………153
  7.1 软件测试计划 …………………………………………………………… 153
  7.2 软件测试文档 …………………………………………………………… 169

第 8 章 软件缺陷测试与测试评估……………………………………………180
  8.1 软件缺陷概述 …………………………………………………………… 180
  8.2 软件缺陷的生命周期 …………………………………………………… 187
  8.3 软件缺陷的跟踪与管理 ………………………………………………… 191
  8.4 软件缺陷管理工具 ……………………………………………………… 198
  8.5 软件测试的评估与总结报告 …………………………………………… 202

第 9 章 软件测试管理………………………………………………………208
  9.1 测试管理概述 …………………………………………………………… 208
  9.2 测试计划管理 …………………………………………………………… 212
  9.3 测试组织及人员管理 …………………………………………………… 218
  9.4 测试进度与成本管理 …………………………………………………… 229
  9.5 测试配置管理 …………………………………………………………… 235
  9.6 测试风险管理 …………………………………………………………… 243

第 10 章 软件质量保证与过程改进 ·················· 249
10.1 软件质量保证 ····································· 249
10.2 软件质量度量 ····································· 253
10.3 软件测试过程改进 ································· 256
10.4 软件维护与再工程 ································· 259

参考文献 ··· 276

第1章 导　论

软件无处不在，人们在不同的场合都有可能会在不知不觉中使用软件，如日常生活中的手机、智能冰箱、新一代的数字电视等，软件越来越多地影响和改变人类生活的各个方面。然而，软件构成及开发的日益复杂、软件应用领域的日益拓宽也使得人们常常受到有缺陷的软件的影响，软件缺陷给人们带来了许多物质上和精神上的损失。软件质量不断受到人们的重视，为了发现软件中的缺陷，保证软件质量，软件测试应运而生。

1.1　软件测试的背景

1.1.1　软件缺陷

1. 造成软件缺陷的原因

产业界（如 Nippon Electric、TRW）研究表明，软件故障不一定是由编码所引起的，大部分是因为在详细设计阶段、概要设计阶段甚至是在需求分析阶段存在的问题引起的。如果软件需求说明书写得不够全面、清楚，在开发过程中经常被更改，或开发组的成员之间没有很好地进行交流和沟通，都会导致软件缺陷。如图 1-1 所示，为软件缺陷的原因分布图。软件需求说明书产生的缺陷最大，其次是设计阶段产生的软件缺陷，由源代码引起的软件缺陷只占 7%，其他原因引起的软件缺陷占 10%。

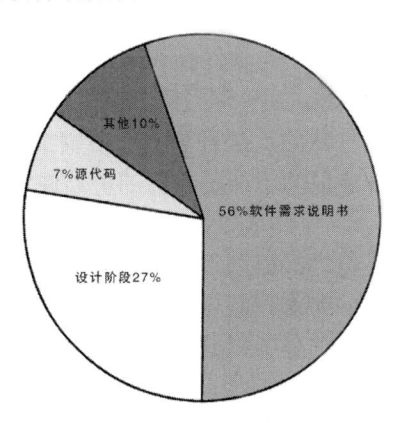

图 1-1　软件缺陷的原因分布图

软件从设计、编写、测试,直到用户公开使用的过程中,都有可能产生软件缺陷,随着软件整个开发过程的推移,软件修正的费用呈几何倍数增长,如图1-2所示。

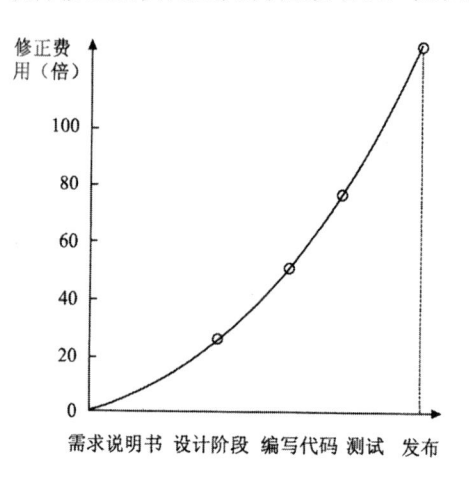

图1-2 不同阶段的软件缺陷修正费用

IBM公司的研究结果表明,软件缺陷存在放大的趋势。如果在需求阶段漏过一个错误,则该错误可能会引起K个设计错误,K称为放大系数。不同阶段的K的数值不同。经验表明,从概要设计到详细设计阶段的缺陷放大系数约为1.5,从详细设计到编码阶段的缺陷放大系数约为3。如图1-3所示即为缺陷放大的大致状况。

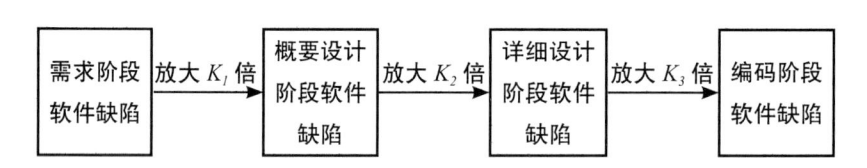

图1-3 缺陷放大模型图

2.软件缺陷带来的困扰

(1)放疗设备致死案

由于放射性治疗仪Therac-25,II的软件存在缺陷,导致几个癌症病人受到非常严重的过量放射性治疗,其中4个人因此死亡。一个独立的科学调查报告显示:即使在加拿大原子能公司已经处理了几个特定的软件缺陷,这种事故还是发生了。造成这种低级但致命错误的原因是缺乏软件工程实践,一种错误的想法是软件的可靠性依赖于用户的安全操作。

(2)爱国者导弹防御系统

美国爱国者导弹防御系统是主动战略防御(即星球大战)系统的简化版本,它在第一次海湾战争对抗伊拉克飞毛腿导弹的防御作战中,表现优异,赢得各界的赞誉。但它还是有几次失利,没有成功拦截伊拉克飞毛腿导弹,其中一枚在沙特阿拉伯的多哈爆炸的飞毛腿导弹造成28名美军士兵死亡。专家分析发现,拦截失败的症结在于爱国者导弹防御系统的一个软件缺陷,当爱国者导弹防御系统的时钟累计运行超过14小时后,系统的跟踪系统就会不准确。在多哈袭击战中,爱国者导弹防御系统运行时间已经累计超过 100 多个小时,显然那时系统的跟踪系统已经很不准确,从而造成这种结果。

(3) 丹佛新机场推迟启用

丹佛新国际机场希望被建成现代的 (state-of-the-art) 机场,它将拥有复杂的、计算机控制的、自动化的包裹处理系统,而且,还有 5300 英里长的光纤网络。不幸的是,在这包裹处理系统中存在一个严重的程序缺陷,导致行李箱被绞碎,居然还开着自动包裹车往墙里面钻。结果,机场启用推迟 16 个月,使得预算超过 32 亿美元,并且废弃这个自动化的包裹处理系统,使用手工处理包裹系统。

3. 软件缺陷修复的代价

缺陷被发现之后,要尽快修复这些被发现的缺陷。错误并不只是在编程阶段产生,需求和设计阶段同样会产生错误。也许一开始,只是一个较小范围内的潜在错误,但随着产品开发工作的进行,小错误会扩散成大错误,为了修改后期的错误所做的工作要大得多,即越到后来往前返工也越复杂。如果错误不能及早发现,那只可能造成越来越严重的后果。缺陷发现或解决的越迟,成本就越高。

平均而言,如果在需求阶段修正一个错误的代价是 1,那么,在设计阶段就是它的 3~6 倍,在编程阶段是它的 10 倍,在内部测试阶段是它的 20~40 倍,在外部测试阶段是它的 30~70 倍,而到了产品发布出去时,这个数字就是 40~1000 倍。修正错误的代价不是随时间线性增长,而几乎是呈指数增长的,如图 1-4 所示。

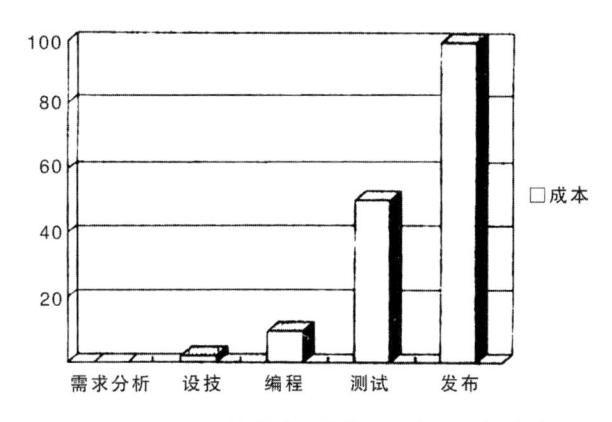

图 1-4 软件缺陷修复代价与时间推移的关系

1.1.2 软件可靠性

计算机技术的迅速发展和广泛深入地应用使得软件系统的规模和复杂性与日俱增,软件中存在的缺陷与故障造成的各类损失大大增加了,有的甚至带来了灾难性的后果。软件质量问题成为了所有使用软件和开发软件人员关注的焦点。

软件测试是软件开发中必不可少的环节,是最有效的排除和防治软件缺陷的手段。随着人们对软件测试重要性的认识越来越深刻,软件测试阶段在整个软件开发周期中所占的比重日益增大。大量测试文献表明，通常花费在软件测试和排错上的代价大约占软件开发总代价的 50% 以上。现在有些软件开发机构将研制力量的 40% 以上投入到软件测试之中；对于某些性命攸关的软件，其测试费用甚至高达所有其他软件工程阶段费用总和的 3～5 倍。

在已投入运用的软件质量中，软件可靠性是其中一个重要标志。从实验系统所获得的统计数据表明，运行软件的驻留故障密度各不相同，与生命攸关的关键软件为每千行代码 0.01～1 个故障，与财务（财产）有关的关键软件为每千行代码 1～10 个故障，其他对可靠性要求相对较低的软件系统故障就更多了。然而，正是由于软件可靠性的大幅度提高才使得计算机得以广泛应用于社会的各个方面。

一个可靠的软件应该是正确的、完整的、一致的和健壮的。美国电气和电子工程师协会（IEEE）将软件可靠性定义为：系统在特定的环境下，在给定的时间内无故障地运行的概率。软件可靠性牵涉到软件的性能、功能性、可用性、可服务性、可安装性、可维护性以及文档等多方面特性，是对软件在设计、生产以及在它所预定环境中具有所需功能的置信度的一个度量，是衡量软件质量的主要参数之一。软件测试则是保证软件质量，提高软件可靠性的最重要手段。

1.2 软件测试的基本概念

1.2.1 软件测试的定义

软件测试，简单来说就是为了发现错误而执行程序的过程。软件测试是一个找错的过程，测试只能找出程序中的错误，而不能证明程序无错。在 IEEE 所提出的软件工程标准术语中，软件测试被定义为："使用人工或自动手段来运行或测试某个系统的过程，其目的在于检验它是否满足规定的需求或弄清楚预期结果与实际结果之间的差别。"软件测试是与软件质量密切联系在一起的，软件测试归根结底是为了保证软件质量。通常软件质量是以"满足需求"为基本衡量标准，IEEE 提出的软件测试定义明确提出了软件测试以检验是否满足需求为目标。

著名软件测试专家 Glen Myers 认为"软件测试是为了发现错误而执行程序的过程"。根据这个定义，软件测试是根据软件开发各个阶段的规格说明和程序的内部结构而精心设计的一批测试用例，并利用这些测试用例运行程序以及发现错误的过程，即执行测试步骤。测试是采用测试用例执行软件的活动，它有两个显著目标：找出失效或演示正确的执行。其中，测试用例是为特定的目的而设计的一维输入输出、执行条件和预期结果，测试用例是执行测试的最小实体。

测试步骤详细规定了如何设置、执行、评估特定的测试用例。除此之外，Glen Myers 在他关于软件测试的著作中陈述了一系列可以服务于测试目标的规则，这些规则也是被广泛接

受的:
- 测试是为了证明程序有错,而不是证明程序无错误。
- 一个好的测试用例是在于它能发现至今未发现的错误。
- 一个成功的测试是发现了至今未发现的错误的测试。

在这一测试定义中,明确指出"寻找错误"是测试的目的,相对于"程序测试是证明程序中不存在错误的过程",Myers 的定义是对的。因为把证明程序无错当作测试的目的不仅是不正确的、完全做不到的,而且对于做好测试工作没有任何益处,甚至是十分有害的。因此从这方面讲,可以接受 Myers 的定义以及它所蕴含的方法观和观点。不过,这个定义也有其局限性。它将测试定义规定的范围限制得过于狭窄,测试工作似乎只有在编码完成以后才能开始。更多专家认为软件测试的范围应当更为广泛,除了要考虑测试结果的正确性以外,还应关心程序的效率、可适用性、维护性、可扩充性、安全性、可靠性、系统性能、系统容量、可伸缩性、服务可管理性、兼容性等因素。随着人们对软件测试更广泛、深刻的认识,可以说对软件质量的判断决不只限于程序本身,而是整个软件研制过程。

对上述内容进行分析总计,可以对软件测试作出如下定义:软件测试是为了尽快尽早地发现在软件产品中所存在的各种软件缺陷而展开的贯穿整个软件开发生命周期,对软件产品(包括阶段性产品)进行验证和确认的活动过程。

1.2.2 软件测试的目的

软件测试的目的,可以归纳为以下几个方面。

(1) 验证软件需求和功能是否得到完整实现

测试首先必须用来验证软件的需求和功能是否得到完整实现。系统测试是根据软件产品需求规格来进行的,所以在进行系统测试时可以实现所有遗漏的需求。但在开发时还是需要通过需求跟踪来保证需求在开发的各阶段都得到了完整实现。

(2) 验证软件是否可以发布使用

软件是否可以发布使用需要经过测试来验证,未经测试的软件是不能发布的。即使是内部使用的软件也同样需要测试,软件的发布需要经过验收测试。

(3) 发现软件系统的缺陷、错误及不足

软件系统的缺陷、错误及不足需要经过测试来发现。目前发现软件系统的缺陷、错误及不足的主要手段有评审、检视、走读、单元测试、集成测试、系统测试等。

(4) 获取软件产品的质量信息

软件产品的质量信息也必须通过测试才能获取,没有经过测试的软件,软件质量的好坏是无从知道的,最多只能根据开发人员的水平进行推测。经过测试后,就可以得到开发各阶段发现的缺陷数,进而可以较为准确地推测出软件潜在的缺陷数。

(5) 预防下一版本可能出现的问题

测试不仅可以用来发现当前版本的问题,还可以根据目前发现的问题进行分析,找出当前版本出现的问题有哪些类型,产生这些类型问题的根源是什么。

（6）预防用户使用软件时可能出现的问题

把没有经过测试的软件提供给用户使用，将会使用户在使用过程中遭受大量挫折，大大降低了愉快的用户体验。测试可以有效地发现大部分影响使用的错误，经修正后软件预防了用户使用软件时可能出现的问题。

（7）提前发现开发过程中的问题和风险

测试还能提前发现开发过程中的问题和风险。写系统测试用例时可以发现需求中的问题和遗漏，写集成测试用例时可以发现高层设计中的问题，写单元测试用例则可以发现详细设计和编码中的问题。通过测试，可以在早期阶段就发现这些错误，降低开发的风险。

（8）提供可以用以分析的测试结果数据

测试还能提供用以分析的测试结果数据、测试问题记录表等数据。在测试完后进行分析，可以了解主要有哪些类型的缺陷，进而分析产生这些类型缺陷的原因。还可以分析开发各阶段发现的问题数，把他们与以前的经验数据进行对比分析，从而确定在开发阶段中哪个阶段是薄弱环节，进而对薄弱环节进行加强。

1.2.3 软件测试的原则

软件测试从不同的角度会有不同的测试原则。软件测试的基本原则是站在用户的角度，对产品进行全面测试，尽早、尽可能多地发现缺陷，并负责跟踪和分析产品中的问题，对不足之处提出质疑和改进意见。零缺陷只是一种理想，足够好是测试的原则。根据测试目的，软件测试的基本原则可归纳如下：

1）应当把"尽早地和不断地进行软件测试"作为软件开发者的座右铭。

2）程序员应避免检查自己的程序（不是指对程序的调试），测试工作应该由独立、专业的软件测试机构来完成。

3）在设计测试用例时，应当包括合理的输入条件和不合理的输入条件。不合理的输入条件是指异常的、临界的、可能引起问题异变的输入条件。

4）测试用例应由测试输入数据和与之对应的预期输出结果两部分组成。

5）充分注意测试中的群集现象。经验表明，测试后程序残存的错误数目与该程序中已发现的错误数目或检错率成正比。应该对错误群集的程序段进行重点测试。

6）严格执行测试计划，排除测试的随意性。测试计划应包括：所测软件的功能，输入和输出，测试内容，各项测试的进度安排，资源要求，测试资料，测试工具，测试用例的选择，测试的控制方法和过程，系统的组装方式，跟踪规则，调试规则，回归测试的规定等等以及评价标准。

7）应当对每一个测试结果做全面的检查。测试时间应当尽量宽松，不要希望在极短的时间内完成一个高水平的测试。

8）妥善保存测试计划，测试用例，出错统计和最终分析报告，为维护提供方便。

9）全面彻底地检查每一个测试结果，避免不可再现的测试。

10）在某一程序片段中发现的错误越多，则这个程序段所隐含的尚未发现错误的可能性就越大。这就是测试中的群集现象。经验表明，测试后程序中残留的错误数目与程序中已发现的错误数目成正比。根据这一规律，应该对出现错误群集的程序段进行重点测试，以提高测试投资的效益。

11) 让最好的程序员去进行测试的工作,不要为使测试变得容易而更改程序。

12) 设计软件系统要保证将要集成到系统中的每个模块仅集成一次,注意确保软件的可测性。

1.2.4 软件测试信息流

软件测试信息流的示意图如图 1-5 所示。

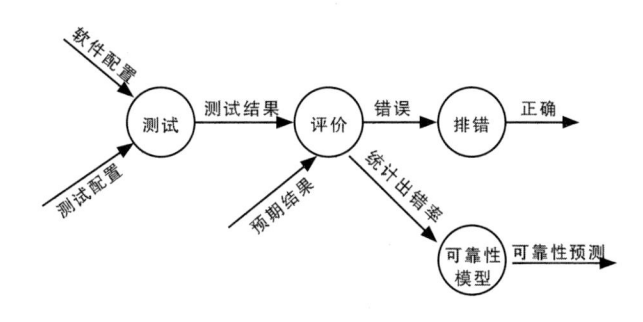

图 1-5 测试信息流

一般来说,实施测试应包括三类信息。

(1) 软件配置

软件配置指的是测试的对象,包括软件需求规格说明书、设计规格说明书和被测试的源程序。

(2) 测试配置

测试配置通常包括测试计划、测试步骤、测试用例或测试数据,以及具体实施测试的测试程序等。实际上,在整个软件工程中,测试配置只是软件配置的一个子集。

(3) 测试工具

为提高软件测试效率,可以使用测试工具支持测试工作,其作用就是为测试的实施提供某种服务,以减轻测试任务中的手工劳动。例如,测试数据自动生成程序、静态分析程序、动态分析程序、测试结果分析程序以及驱动测试的测试数据库等。

测试之后,要对所有测试结果进行分析,即将实测的结果与预期的结果进行比较。如果发现出错的数据,就意味着软件有错误,就需要开始调试排错。即对已经发现的错误进行错误定位,确定出错性质,并改正这些错误,同时修改相关的文档。修正后的文档一般都要经过再次测试,直到通过测试为止。

排错的过程是测试过程中最不可预知的部分,即使是一个微小的错误,也可能需要花上很长的时间去查找原因并改正错误。也正是因为排错中的这种固有的不确定性,使得我们很难确定可靠的测试进度。

通过收集和分析测试结果数据,即可针对软件建立可靠模型。如果经常出现需要修改设计的严重错误,那么软件质量和可靠性就值得怀疑,同时也表明需要进一步测试。反之,若软件功能能够正确完成,出现的错误易于修改,那么就可以断定,或者是软件的质量和可靠性达到了可以接受的程度,或者是所做的测试不足以发现严重的错误。如果测试发现不了错误,那么几乎可以肯定,测试配置考虑得不够细致充分。错误仍然潜伏在软件中。这些错误最终不得不由用户在使用过程中发现,并在维护时由软件开发人员去改正。但那时改正错误的费用将远远大于在开发阶段的改正。

1.2.5 软件测试停止标准

软件系统经过单元、集成、系统等测试,分别达到单元、集成、系统等测试停止的标准;软件系统已经过验收测试,并已得出验收测试的结论;软件项目需暂停以进行调整时,测试应随之暂停,并备份暂停点数据;软件项目在其开发生命周期内出现重大估算、进度偏差,需暂停或中止时,测试应随之暂停,并备份暂停点数据;软件受实际情况的制约,软件测试最终是要停止的。软件测试停止的五个标准如下:
1)测试时间超过了预定的期限。
2)执行了所有的测试用例,但是没有发生故障。
3)使用特定的测试用例设计方案作为判断测试停止的基础。
4)正面指出了停止测试的具体要求。
5)根据单位时间内查出的缺陷的数量判断是否停止测试。

1.3 软件测试与软件开发

1.3.1 软件产品的组成

软件产品一般需要客户需求说明书、软件产品说明书、软件设计文档(常用的软件设计文档的内容包括:构架即描述软件整体设计的文档、状态变化示意图、数据流示意图、流程图、注释代码等)、软件开发进度表、软件测试文档、软件产品组成部分(主要包括:帮助文件、用户手册、样本和示例、产品和支持信息、标签、图表、错误提示、广告宣传材料、软件安装说明书、说明软件文件、测试错误提示信息)。

1.3.2 软件开发的基本过程

软件开发的基本过程,可以被简单地分为需求分析、概要设计和详细设计、编程、测试和维护等几个阶段。

(1)需求分析

需求分析是根据客户的要求,清楚地了解客户需求中的产品功能、特性、性能、界面和具体规格等,然后进行分析,确定软件产品所能达到的目标。软件产品需求分析是软件开发过程的第一个环节,也是至关重要的环节。如果需求分析做的有瑕疵,后面的设计、编程做得再好,客户(用户)也不可能对开发出来的软件产品感到满意。

（2）设计

软件设计是根据需求分析的结果,考虑如何在逻辑、程序上去实现所定义的产品功能、特性等。可以分为概要设计和详细设计,也可以分为数据结构设计、软件体系结构设计、应用接口设计、模块设计、算法设计、界面设计等。

（3）编程

经过需求分析、设计之后,接下来就是用一种或多种具体的程序语言(如 C／C++、Java、 PHP／ASP／JSP 等)进行编码,将设计转换成计算机能够识别的形式。如果设计做得好、做得仔细,编程就会事半功倍。

（4）测试

任何编程,免不了存在这样或那样的错误,软件测试是十分必要的。测试过程集中于软件的内部逻辑——保证所有语句都测试到,以及外部功能——即引导测试去发现错误,并保证定义好的输入能够产生与预期结果相同的输出。测试按不同的过程阶段分为单元测试、集成测试、功能测试、系统测试、验证测试等。

（5）维护

从理论上,软件测试的覆盖率不可能做到百分之百,所以软件在交付给用户之后有可能出现其他问题,而且用户的需求会发生变化,特别是开始使用产品之后,对计算机系统有了真正的认识和了解,会提出适用性更好的、功能增强的要求。因此,软件交付之后不可避免地要进行修改、升级等。

1.3.3 软件开发模式

软件开发过程包含各种复杂的风险因素,为了解决由这些风险带来的种种问题,软件开发人员经过多年的摸索,总结出了许多软件工程的实现方式——软件过程模型。目前主要有以下几种模型:

1. 瀑布模型

瀑布模型将软件生命周期的各项活动规定为按照固定的顺序相连的若干阶段性的工作,形如瀑布流水,最终得到软件产品,这种开发模式就叫做瀑布模式。如图 1-6 所示,为瀑布开发模式示意图。

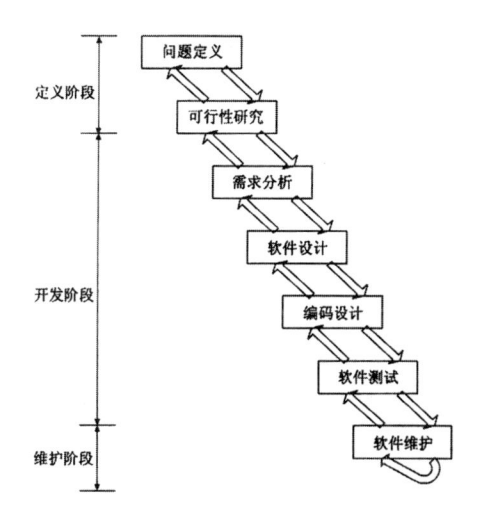

图 1-6　瀑布开发模型

瀑布开发模式具有的特点是易于理解；强调早期计划及需求调查；调研开发的阶段性；确定何时能够交付产品及何时进行评审与测试。但是该开发模式需求调查分析只进行一次,不能适应需求变化；顺序的开发流程使开发中的经验教训不能反馈到修改项目的开发中；不能反映出软件开发过程的反复与迭代性；没有包含任何类型的风险评估；开发中出现的问题直到开发后期才能够显露，因此失去及早纠正的机会。

2. 原型模式

原型模式的指导思想就是，在进行了基本需求分析之后，快速开发出产品的原型，然后基于这个原型，就比较容易与客户沟通、交流，更好地了解客户需求，不断修改这个原型，直到双方认可的程度，再做详细地分析、设计和编程，最终开发出令客户满意的产品。如图 1-7 所示为原型模型示意图。

3. 迭代模型

描述软件产品的不同阶段是按产品深度或细化的程度来划分。先将产品的整个框架都建立起来，在系统的初期，已经具有用户所需求的全部功能。然后，随着时间推进，不断细化已有的功能和完善已有的功能，这个过程好像是一个迭代的过程，如图 1-8 所示。最终目标是一致的，也是为了实现一个强大的、高质量的、功能完善又稳定的产品。

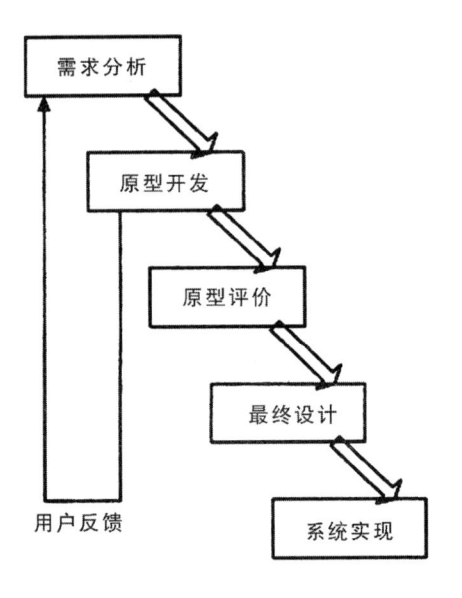

图 1-7 原型模型示意图

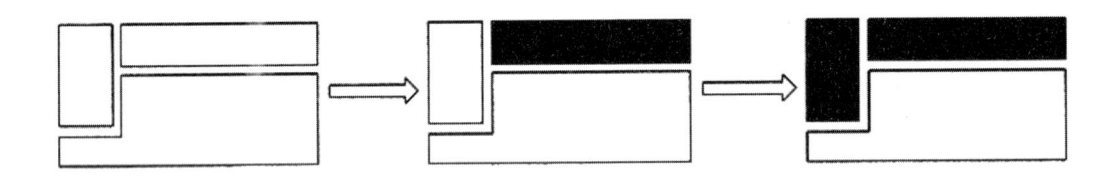

图 1-8 软件分阶段迭代模型示意图

4. 螺旋模式

螺旋模式要经历多次需求分析、设计、实现、测试这组顺序活动。这样做可以规避风险的同时在早期构造软件的局部版本时即交给客户以获得反馈，还能避免像瀑布模型一样一次集成大量的代码。螺旋过程模型的基本思路是依据前一个版本的结果构造新的版本，这个不断重复迭代的过程形成了一个螺旋上升的路径，如图 1-9 所示。

螺旋开发模式具有严格的全过程风险管理；强调各个开发阶段的质量；提供机会评估项目是否有价值继续下去的特点。由于螺旋开发模式引入了非常严格的风险识别、风险分析和风险控制，因此对

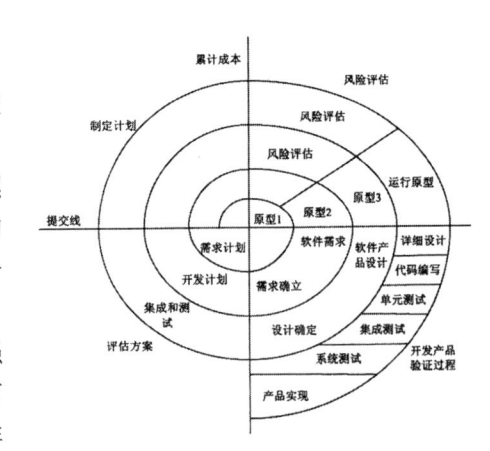

图 1-9 螺旋开发模式

风险管理的技术水平提出了很高的要求，并需要较多的人员、资金和时间上的投入。

5. 增量过程模型

当迭代速度加快，每次迭代只是在前一次的基础上增加少量功能的时候，这种迭代过程就是增量开发过程。

增量过程模型是用一种几乎连续的过程小幅度地推进项目，如图1-10所示。增量过程模型在项目的后期尤其适用，比如当项目处于维护阶段，或者立项的产品与原先开发出来的产品结构极为相似。

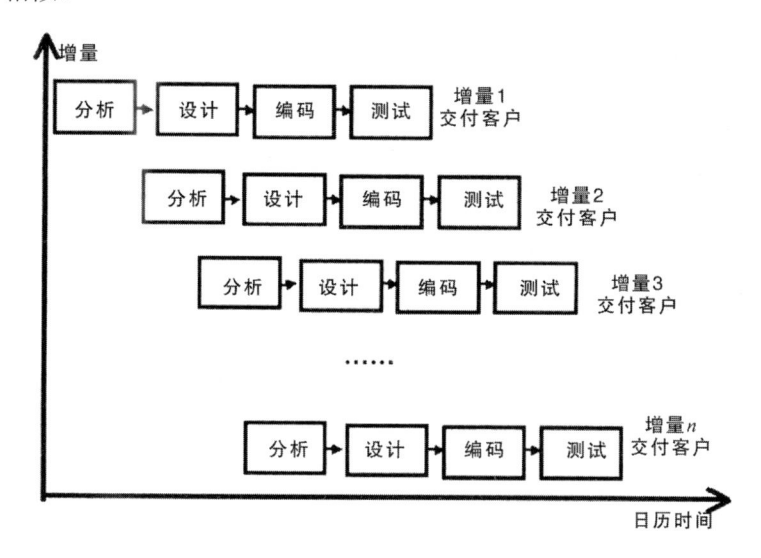

图1-10 增量开发过程模型示意图

1.3.4 软件开发与测试模型

随着测试过程管理的发展，测试人员通过大量的实践总结出了很多很好的测试过程模型，如V模型、W模型、H模型等。这些模型将测试活动进行了抽象，并与开发活动进行了有机的结合，是测试过程管理的重要参考依据。

1. 软件开发与测试V模型

V模型描述了一些不同的测试级别，并说明了这些级别所对应的生命周期中不同的阶段。如图1-11所示，左边下降的是开发过程各阶段，与此相对应的是右边上升的部分，即各测试过程的各个阶段。

在模型图中的开发阶段一侧，先从定义业务需求开始，然后要把这些需求不断地转换到概要设计和详细设计中去，最后开发为程序代码。在测试执行阶段一侧，执行先从单元测试开始。然后是集成测试、系统测试和验收测试。

成功应用V模型的关键因素是设计测试案例的时机。V模型的价值在于它非常明确地标明了测试过程中存在的不同级别，并且清楚地描述了这些测试阶段和开发过程期间各阶段的

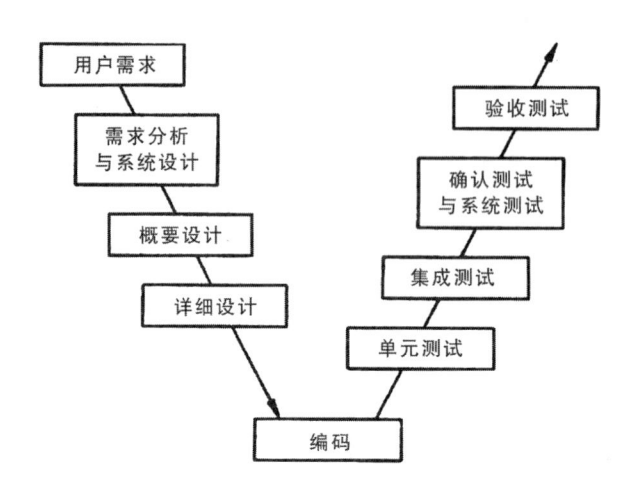

图 1-11　V 模型示意图

对应关系。

单元测试的主要目的是针对编码过程中可能存在的各种错误，例如用户输入验证过程中的边界值的错误。集成测试主要目的是针对详细设计中可能存在的问题尤其是检查各单元与其他程序部分之间的接口上可能存在的错误。系统测试主要针对概要设计，检查了系统作为一个整体是否有效地得到运行，例如在产品设置中是否达到了预期的高性能。验收测试通常由业务专家或用户进行，以确认产品能真正符合用户业务上的需要。

V 模型存在的问题：测试是开发之后的一个阶段，测试的对象是程序本身，这样易导致需求阶段的错误一直到最后系统测试阶段才被发现，如果问题不能及时被发现，这些隐含的问题也被带到下一个工序，正确的设计被编码，错误的设计也同时被编码。

2. 软件开发与测试 W 模型

V 模型未能体现出"尽早地、全面地进行软件测试"的原则，为了弥补 V 模型的不足，W 模型出现了。W 模型由 Evolutif 公司提出。相对于 V 模型，W 模型增加了软件各开发阶段中应同步进行的验证和确认活动。如图 1-12 所示，W 模型由两个 V 字形模型组成，分别表示测试和开发过程，可以明显看出测试与开发的并行关系，也就是说，测试与开发是紧密结合的。

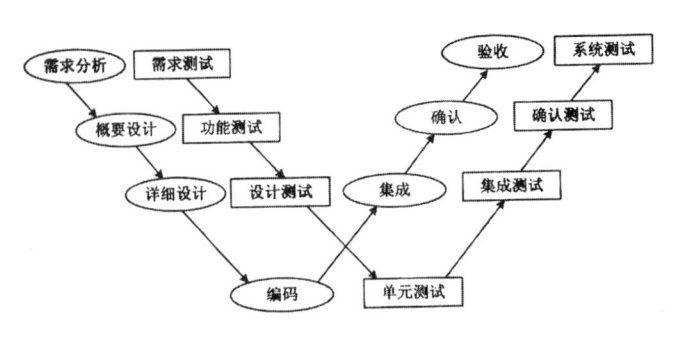

图 1-12　W 模型示意图

W模型强调，测试伴随着软件开发的各阶段，测试的对象不仅仅是程序，需求分析、设计等同样需要测试。也就是说，测试与开发是同步进行的，当某一阶段的工作完成后，就可进行测试。W模型有利于尽早地、全面地进行测试，以发现软件中存在的问题。W模型也有利于全过程地测试。

W模型存在的局限性：在W模型中，需求分析、设计、编码等活动被视为串行的，同时，测试和开发活动之间也是一种线性的关系，某开发活动完全结束后才可以正式开始进行测试，这样就无法支持迭代、自发性及变更调整。对于当前软件开发复杂多变的情况，W模型并不能完全解决测试管理中面临的困惑。

3. 软件开发与测试H模型

与前两种模型相比，H模型充分地体现了测试过程，演示了在整个生产周期中，某个（测试）层次上的一次测试"微循环"（可以看作是一个流程在时间上的最小构成单位）。图1-13中的"其他流程"可以是任意开发流程，例如设计流程和编码流程，也可以是其他非开发的流程，例如SQA流程，甚至是测试流程自身。向上的双线箭头表示在某个时间点，由于"其他流程"的进展（由于先后关系）而引发或者（由于因果关系）触发了测试就绪点，这个时候，只要测试准备活动完成，测试执行活动就可以进行了。

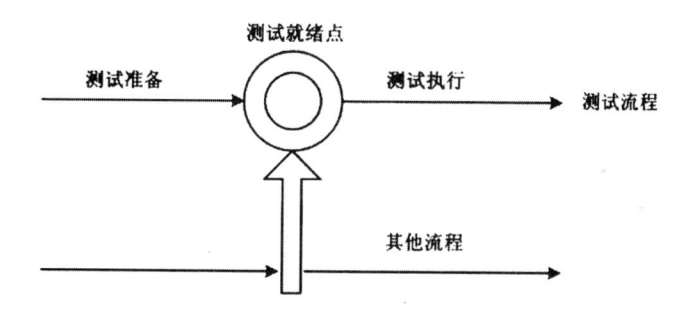

图1-13 H模型示意图

H模型揭示了：
- 软件测试不仅仅指测试的执行，还包括很多其他的活动。
- 软件测试是一个独立的流程，贯穿产品的整个开发周期，与其他流程并发进行。
- 软件测试要尽早准备，尽早执行。
- 软件测试根据被测物的不同是分层次的，不同层次的测试活动可以是按照某个次序先后进行的，但也可能是反复的。

1.3.5 软件测试在开发各阶段中的作用

从软件工程的角度讲，软件开发主要分为六个阶段：需求分析阶段、概要设计阶段、详细设计阶段、编码阶段、测试阶段、安装及维护阶段。根据实际情况，在进行软件项目管理时，重点将软件配置管理、项目跟踪和控制管理、软件风险管理、项目策划活动管理和软件测试活动内容导入软件开发的整个阶段。软件测试与开发各阶段的关系如图1-14所示。

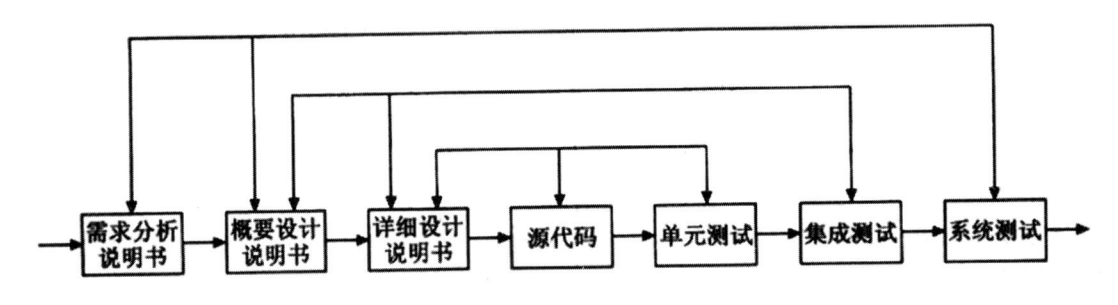

图 1-14 软件开发与测试的关系

测试在开发阶段的作用如下：

项目规划阶段：负责从单元测试到系统测试的整个测试阶段的监控。

需求分析阶段：确定测试需求分析、系统测试计划的制定，评审后成为管理项目。测试需求分析是对产品生命周期中测试所需求的资源、配置、各阶段评判通过的规约。系统测试计划则是依据软件的需求规格说明书制定计划和设计相应的测试用例。

详细设计和概要设计阶段：确保集成测试计划和单元测试计划的完成。

编码阶段：由于开发人员进行自己负责部分代码的测试，在项目较大时，由专人完成编码阶段的测试任务。

测试阶段：依据测试代码进行测试，并提交相应的测试状态报告和测试结束报告。

在软件的需求得到确认并通过评审后，该项目的设计工作和测试计划的制定、设计工作就要并行进行。如果系统模块已经建立，则各个模块的详细设计、编码、单元测试等工作又可并行进行。每个模块完成后，可以进行集成测试、系统测试。

1.4 软件测试人员的素质

软件作为一种产品已经渗透到人类生活的各个环节。软件产品的业务功能越来越复杂，应用领域越来越广泛，结构类型也越来越多样化。软件测试作为软件产品质量保证的最重要、最有效的手段，已引起软件产品用户和软件开发人员越来越多的关注。软件测试服务已经成为软件产业领域的一个重要分支，并且具有巨大的发展潜力和可观的发展前景。

在微软等软件过程比较规范的大公司，软件测试人员的数量和待遇与程序员没有多大差别，优秀测试人员的待遇甚至比程序员还要高。在中国，随着IT行业的发展，产品的质量控制与质量管理正逐渐成为企业生存与发展的核心。在这个过程中，软件测试工程师是一个非常重要的角色。软件测试工程师的数量远远不能满足企业需求，软件测试工程师已经成为IT招聘一个新的亮点。因此，可以预见软件测试将会成为一个具有很大发展前景的行业。

1.4.1 软件测试人员的基本素质

软件测试是一项非常严谨、复杂、艰苦的和具有挑战性的工作。随着软件技术的发展，对专业化、高效率软件测试的需求趋势越来越明显，对软件测试人员的基本素质的要求也越来越高。概括地说，软件测试人员应具备下列基本素质。

（1）软件工程技能

软件测试人员必须了解软件工程（设计、开发和简单测试）、应用、系统、自动测试编程、操作系统、数据库、网络系统和协议的设计及使用。

（2）具有整体观念，对细节敏感

大型软件的测试工作十分复杂，软件测试人员应善于把握好整体与局部的关系，选择相应的测试数据、测试手段以及测试时间，敏锐地发现那些深藏不露的软件缺陷。

（3）具有创新精神和超前意识

测试显而易见的错误并不是软件测试人员的工作，他们的工作应该是以富有创意的、甚至超常规的手段来寻找软件缺陷。根据测试过程和测试结果，应善于发现问题的症结所在，对错误的类型和错误的性质作出准确的分析和判断。

（4）具有很强的沟通和交流能力

测试人员在测试工作中需要同各类人员进行沟通，因此，必须能够同测试涉及到的所有人进行沟通，具有与技术（开发者）和非技术人员（客户、管理人员等）的交流能力。既要可以和用户谈得来，又能同开发人员很好地沟通，当与软件开发人员研究故障报告和问题时，软件测试人员应善于表达自己的观点，沉着、老练地与可能缺乏冷静的软件开发人员进行合作。当发现的软件缺陷有时被软件开发人员认为不重要、不用修复时，测试人员应耐心地说明软件缺陷为何必须修复，尽量通过实际演示清晰地表达观点。具备了这种能力，测试人员可以将冲突和对抗减少到最低程度。

（5）团队合作精神

在软件工程各种开发模型和处理方式的背后，极为重要的一个环节便是工作人员之间的相互合作，团队协作精神能否很好地在工作中贯彻，在根本上决定了一个项目能否开发成功。软件测试人员应与软件开发人员密切合作，共同努力才能保证项目的顺利完成。即使在目前稍具规模的软件项目中，测试工作都需要不止一个测试人员参加，单凭一个人的力量是无法完成复杂的测试工作的，这就要求所有测试人员精诚合作，共同努力。如果缺少团队合作精神，测试工作不可能顺利进行。

（6）不懈努力，追求完美

软件测试人员应当追求完美的软件，即使知道某些目标无法达到，也应当尽力地接近目标。在测试过程中，软件测试人员应当总是不停地尝试，他们可能会碰到转瞬即逝或者难以重现的软件缺陷。测试工作不能心存侥幸，而是应该尽一切可能去寻找软件缺陷。

软件测试员的目标是发现潜在的软件缺陷。软件测试员所追求的目标是尽自己的努力，尽早找出产品存在的缺陷。软件测试员是软件客户的眼睛，应该站在客户应用的角度，代表客户说话，力求使软件趋于完善。软件测试员的工作与程序员的工作所需要的技术几乎相当。

尽管软件测试员不必成为一个完美的程序员，但具有丰富的编程知识无疑对出色完成测试任务具有很大的帮助。

1.4.2 软件测试人员的技能要求

测试人员的技能要求相对开发人员而言，没有那么的专门，开发人员可以只要求具备某项编程语言的使用能力即可胜任开发工作，但是测试人员却需要了解更多的东西，了解的范围更广。

对于测试人员的技能要求，可以概括成一项，即快速学习各种新事物的能力。由于测试的项目包含方方面面的内容，而不同的项目使用的技术不同，涉及的业务领域也不同，所以需要使用的测试方法和测试工具也存在差异。不会有哪个项目可以让测试人员有充足的时间去学习这一切。

- 软件工程技能。了解软件工程（设计、开发和简单测试）、应用、系统、自动测试编程、操作系统、数据库、网络系统和协议的设计及使用。
- 交流技巧。如果想确定软件缺陷，应当能够指出什么时候的缺陷算是缺陷。
- 组织技能。如果在别人都头脑发昏的时候保持清醒，就可能是一个好的软件测试工程师。在网络时代，软件测试是一项有压力的复杂性工作，但如果能从这些纷繁中找到一种途径，它就是一项回报丰厚的事业。
- 实践技能。当一个工作需要经验，而你又需要一个工作去丰富你的经验时该怎么办？这并不完全是一个两难的问题，你可以采用几种方式去获得实际经验。
- 态度。除了技术水平，需要理解和采取适当的态度去做软件测试。

软件程序员应当具有良好的软件编程基础，了解和熟悉软件的编程过程，尽可能多地了解专业领域软件测试的背景知识，这对寻找该领域软件的缺陷有很大的帮助。

由于软件之间的竞争日益集中在质量方面，所以对软件测试人员的需求也逐步增加。这一点，在北美尤为明显，可见软件测试行业的前景可喜，而这将为不断进取、学习新技术的人提供广阔的就业空间。

1.5　软件测试的发展

1.5.1 软件测试的发展史

软件测试是伴随着软件的产生而产生的，有了软件的生成和运行就必然有软件测试。早期软件开发过程中的测试等同于"调试"，目的是纠正软件中已经知道的故障，常常由软件开发人员自己完成这部分工作。

20世纪50年代末,软件测试才开始与调试区别开来,成为一种发现软件缺陷的活动。但由于一直存在着为了使我们看到产品在工作,就得将测试工作往后推一点的思想,测试仍然是落后于开发的活动。

1972年在北卡罗来纳大学举行了首届软件测试正式会议,1975年John Good Enough和Susan Gerhart在IEEE上发表了"测试数据选择的原理"的文章,软件测试才被确定为一种研究方向。

1979年,Glen Myers发表了测试领域的第一本最重要的专著——《软件测试艺术》。在书中,Myers将软件测试定义为:"测试是为发现错误而执行的一个程序或者系统的过程"。

直到20世纪80年代早期,"质量"的号角才开始吹响。软件测试的定义发生了改变,测试不再是一个单纯发现错误的过程,而且包含软件质量评价的内容。软件开发人员和测试人员开始坐在一起探讨软件工程和测试问题。制定了各类标准,包括IEEE标准、美国ANSI标准和ISO国际标准。Bill Hetzel在《软件测试完全指南》一书中指出:"测试是以评价一个程序或者系统属性为目标的任何一种活动,测试是对软件质量的度量。"

进入20世纪90年代,测试工具终于盛行起来。人们普遍意识到工具不仅是有用的,而且要对今天的软件系统进行充分的测试,工具是必不可少的。到了2002年,Rich和Stefan在《系统的软件测试》一书中对软件测试做了进一步定义:"测试是为了度量和提高被测软件的质量,对测试软件进行工程设计、实施和维护的整个生命周期过程。"这些经典论著对软件测试研究的理论化和体系化产生了巨大的影响。

近20年来,随着计算机和软件技术的飞速发展,软件测试技术的研究也取得了很大的突破,测试专家总结了很好的测试模型,在单元测试、自动化测试等方面涌现了大量优秀的软件测试工具。虽然软件测试技术的发展很快,但是其发展速度仍落后于软件开发技术的发展速度,使得软件测试在今天面临着很大的挑战。

1.5.2 我国软件测试的现状

在国内,软件测试尚处于起步阶段,但前景是光明的,有越来越多的人开始关注这个行业,因为有越来越多的人已投身到这个行业,也有越来越多的人喜欢这个行业。关于国内软件测试行业的现状,国内知名的人才服务机构智联招聘发布的《2006年度软件测试行业专项调查报告》中,有几个值得注意的数据。

对软件测试重要性的调查结果显示:68.2%的受访企业认为软件测试非常重要,必须设立专门的测试部门,并将其视为与开发环节同等重要的地位。另外,31.8%的企业选择了比较重要,而认为软件测试只起到"一定作用"或"可有可无"的比例为0。可见软件测试得到了大部分人的重视。

测试人员所占的比例。调查数据显示,被调查企业中测试人员与开发人员比例为1∶5的企业高达36.4%,比例为1∶2的企业占31.8%,比例为1∶1及以上的企业仅占31.7%。由此可见,部分公司的测试人员比例仍然偏低。

测试行业的受欢迎程度。数据显示,在面向社会人群的调查中,有87%的被调查者表示出对软件测试行业的青睐。

测试人员的能力情况。调查结果显示，企业在招聘人才时遇到"很多计算机专业应届毕业生缺乏实际经验和动手能力"和"以往做过测试的应聘者并未系统地掌握软件测试流程"问题的比例分别占到了 72.7% 和 59.1%。

从这份报告中的数据大致可以看出，软件质量和软件测试受到越来越多人的重视，测试人员的需求量在增大。与此同时，软件测试人员的能力严重不足。分析近几年来很多测试人员的应聘表现，可以看出其能力不足和浮躁的主要原因有以下几种：

1) 基础知识不够扎实：仅仅浮浅地了解一些基本的测试设计方法，并没有深入理解这些基本概念。

2) 专业技术不够精通：个人简历上写着精通某某技术或某某工具，但是基本上没有真正地实实在在的应用过。

3) 没有建立相对完整的测试体系概念，忽视理论知识：大部分人对软件测试的基本定义和目的不清晰，对自己的工作职责理解不到位。测试理论知识缺乏，认为理论知识没用而没有深入理解测试的基本道理。

这是软件测试行业在中国必然经历的一个不成熟阶段。软件测试行业最终会趋于平静，进入平稳的发展阶段。

1.5.3 软件测试的发展前景

伴随着软件工程的发展，软件测试的技术、方法以及观念也在不断地发展，软件测试发展趋势如下：

（1）测试工作将进一步前移

软件测试不仅仅是单元测试、集成测试、系统测试和验收测试，对需求的精确性和完整性的测试技术，对系统设计的测试技术将成为新的研究热点。

此外，设置独立的软件测试部门也将成为越来越多的软件公司的共识。

（2）软件架构师、开发工程师、QA 人员、测试工程师将进行更好的融合

他们之间要成为伙伴关系，而不是对立的关系，以使彼此可以相互借鉴、相互促进，而且软件测试工程师应该尽早地介入整个工程，在软件定义阶段就要开发相应的测试方法，使得每一个需求定义都可以测试。

（3）测试职业将得到充分的尊重

测试工程师和开发工程师不仅是矛盾体，也是相互协调的统一体。测试工作和开发工作的地位同等重要，只有高水平的开发者才能胜任测试工作，而不是人们认为的没有能力做开发才去做测试。

（4）测试外包服务将快速增长

和软件开发外包一样，软件测试外包也将成为一种趋势。

（5）第三方测试将会扮演重要的角色

所谓第三方测试，就是由独立于软件公司之外的机构来进行测试。第三方测试更能公正、客观地评价软件，并将被广泛地运用于大型软件的测试。

第 2 章　软件测试基本技术

任何实际的测试，都不能够保证被测软件中不存在遗漏的缺陷。为了最大程度地减少这种遗漏，同时也为了最大限度地发现已经存在的错误，在测试实施之前，软件测试工程师必须确定将要采用的软件测试策略和技术，并以此为依据制定详细的测试案例。一个好的软件测试策略和技术必将给软件测试带来事半功倍的效果，它可以充分利用有限的人力和物力资源，高效率、高质量地完成测试。

2.1　软件测试技术分类

软件测试技术有许多种分类方法，下面从测试内容、测试步骤与策略、测试技术、执行程序的角度等分类方法（图 2-1）进行具体介绍。

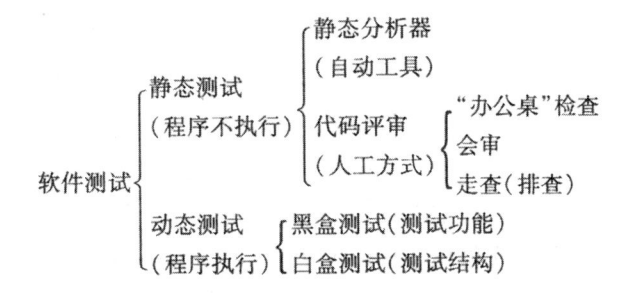

图 2-1　软件测试技术的分类

1. 执行程序的角度

（1）静态测试

静态测试是指不运行被测程序，而是采用人工检测和计算机辅助静态分析的手段对程序进行检测。人工检测是指不依靠计算机而是凭借人工审查程序或评审软件。计算机辅助静态分析是指利用静态分析工具对被测试程序进行特性分析，从程序中提取一些信息，以便检查程序逻辑的各种缺陷和可疑的程序构造。静态测试的结论与测试人员对编程语言的熟悉程度有关。

（2）动态测试

所谓动态测试是指通过运行被测程序，检查运行结果与预期结果的差异，并分析运行效率和健壮性等性能。动态测试包括三步：设计测试用例、运行测试用例、分析输出结果。大部分测试方法都属于动态测试。

2. 按测试内容分类

（1）功能测试

功能测试基于需求和功能，检查软件是否达到原定的功能标准，进行此项测试不必理会软件内部的结构即代码的实现。

性能测试着重于软件的运行速度、负荷、兼容性、健壮性（容错能力/恢复能力）、安全性、可靠性等方面的测试。

（2）接口测试

程序员对各个模块进行系统联调的测试，包含程序内接口和程序外接口测试。这个测试在单元测试阶段进行了一部分工作，而大部分工作都是在集成测试阶段完成的，由开发人员进行。

3. 按测试技术分类

（1）白盒测试

白盒测试（White Box Testing），也称结构测试或逻辑驱动测试，即已知产品的内部工作过程，清楚最终生成软件产品的计算机程序的结构和语句。

（2）黑盒测试

黑盒测试（Black Box Testing），也称功能测试或数据驱动测试。它不管程序内部结构是什么样的，只是从用户出发，根据产品应该实现的实际功能和已经定义好的产品规格，来验证产品所应该具有的功能是否实现，每个功能是否都能正常使用，是否满足用户的要求。

4. 按测试步骤与策略分类

分为单元测试、集成测试、确认测试、系统测试、Alpha 测试、Beta 测试。

（1）单元测试

单元测试是软件开发过程中最低级别的测试活动。执行完全的单元测试，可以减少应用级别所需的工作量，并且彻底减少发生误差的可能性。如果手动执行，单元测试可能需要大量的工作，执行高效率单元测试的关键是自动化。

（2）集成测试

集成测试是单元测试的逻辑扩展，它的最简单形式就是将两个已经测试过的单元组合成一个组件，并测试它们之间的接口。组件是多个单元的集成聚合。在测试方案中，许多测试单元组合成的组件又可以聚合成程序的更大部分，最后将构成进程的所有模块一起测试。

（3）确认测试

确认测试又称为有效性测试和合格性测试。当集成测试完成之后，分散开发的模块将被连接起来，从而构成完整的程序。其中各个模块之间接口存在的种种问题都已消除，此时可进行测试工作的最后部分，确认测试。确认测试是检验所开发的软件是否能按用户提出的要求进行工作。

（4）系统测试

系统测试是将已经集成好的软件系统当作整个计算机系统的一个元素，计算机硬件、外设、某些支持软件、数据和人员等其他系统元素组合在一起，在实际运行环境下，对计算机系统进行一系列的组装测试和确认测试。

（5）Alpha 测试

Alpha 测试是在开发机构的监督下，由个别用户在确认测试阶段后期对软件进行测试。目的是评价软件的功能、可使用性、可靠性等，注重界面和特色。在测试过程中，软件系统出现的错误或使用过程中遇到的问题、用户提出的修改要求等，都需要由开发人员完整、如实地记录下来，作为对软件系统进行修改的依据。

（6）Beta 测试

Beta 测试是由软件产品的全部或部分用户在实际使用环境下进行的测试。整个测试活动没有软件开发人员的参与，都是用户独立操作完成的。Beta 测试的涉及面最广，最能反映用户的真实愿望，但花费时间较长，不好控制。

2.2 黑盒测试技术

2.2.1 黑盒测试概述

黑盒测试是一种从软件外部对软件实施的测试，也称功能测试或基于规格说明的测试。其基本观点是：任何程序都可以看作是从输入定义域到输出值域的映射，这种观点将被测程序看作一个打不开的黑盒，黑盒里面的内容（实现）是完全不知道的，只知道软件要做什么。因无法看到盒子中的内容，所以不知道软件是如何实现的，也不关心黑盒里面的结构，只关心软件的输入数据和输出结果。

使用黑盒测试方法，测试人员所使用的唯一信息就是软件的规格说明，在完全不考虑程序内部结构和内部特性的情况下，只依靠被测程序输入和输出之间的关系或程序的功能来设计测试用例，推断测试结果的正确性，即所依据的只是程序的外部特性。因此，黑盒测试是从用户观点出发的测试，其目的是尽可能发现软件的外部行为错误。在已知软件产品功能的基础上对下列错误类型进行检测，如界面错误、功能错误或遗漏、数据结构或外部数据库访问错误、性能错误、初始化和终止错误。

黑盒测试是一类重要的测试方法，它根据规格说明设计测试用例，并不涉及程序的内部结构。因此，黑盒测试有两个显著的优点：黑盒测试与软件具体实现无关，所以如果软件实现发生了变化，测试用例仍然可以使用；设计黑盒测试用例可以和软件实现同时进行，因此可以压缩项目总的开发时间。如果希望利用黑盒测试方法查出软件中所有的故障，只能采用穷举输入测试。穷举输入测试就是把所有可能的输入全部都用作测试输入的测试方法。

2.2.2 典型的黑盒测试技术

1. 等价类划分法

等价类划分是一种典型的、常用的黑盒测试方法，所谓等价类是指某个输入域的子集。使用这一方法时，是把程序的输入域划分成若干部分，然后从每个部分中选取少数代表性数据当做测试用例。每一类的代表性数据在测试中的作用等价于这一类中的其他值，也就是说，如果某一类中的一个例子发现了错误，这一等价类中的其他例子也能发现同样的错误；反之，如果某一类中的一个例子没有发现错误，则这一类中的其他例子也不会查出错误（除非等价类中的某些例子属于另一等价类，因为几个等价类是可能相交的）。使用这一方法设计测试用例，首先必须在分析需求规格说明的基础上划分等价类，列出等价类表。

使用等价类划分法设计案例分为两个步骤：首先需要确立等价类，然后建立等价类表，列出所有划分出的等价类，格式如表2-1所示。

表2-1 等价类表格式示例

输入条件	有效等价类	无效等价类
…	…	…
…	…	…

然后再从划分出的等价类中按以下原则选择测试用例：
1）为每一个等价类规定一个唯一的编号。
2）设计一个新的测试用例，使其尽可能多地覆盖尚未覆盖的有效等价类，重复这一步骤，直到所有的有效等价类都被覆盖为止。
3）设计一个新的测试用例，使其仅覆盖一个无效等价类，重复这一步骤，直到所有的无效等价类都被覆盖为止。

2. 边界值分析法

边界值分析法（Boundary Value Analysis，BVA）是用于对输入或输出的边界值进行测试的一种黑盒测试方法。边界值分析法是一种很实用的黑盒测试用例设计方法，它具有很强的发现程序错误的能力。无数的测试实践表明，大量的故障往往发生在输入定义域或输出值域的边界上，而不是在其内部，如做一个除法运算的例子，如果测试者忽略被除数为0的情况就会导致问题的遗漏。所以在设计测试用例时，一定要重视对边界值附近的处理。为检验边界附近的处理专门设计测试用例，通常都会取得很好的效果。

应用边界值分析的基本思想是：选取正好等于、刚刚大于和刚刚小于边界值的数据作为测试数据。边界值分析法是最有效的黑盒分析法，但在边界情况复杂时，要找出适当的边界测试用例还需要针对问题的输入域、输出域边界，耐心细致地逐个进行考察。

常见的边界值通常表现在界面屏幕、数组、报表和循环等方面。其表现方式为：屏幕上光标在最左上、最右下位置；数组元素的第一个和最后一个；报表的第一行和最后一行；循环的第0次、第1次、倒数第2次和最后一次。

选择边界值测试主要考虑以下几条原则：

1）如果输入条件规定了值的个数，则用最大个数、最小个数、比最小个数小 1 的数、比最大个数大 1 的数作为测试数据。

2）如果输入条件规定了值的范围，则应取刚达到这个范围边界的值，以及刚刚超过这个范围边界的值作为测试输入数据。

3）如果程序中使用了一个内部数据结构，则应当选择这个内部数据结构的边界上的值作为测试用例。

4）如果程序的规格说明给出的输入域或输出域是有序集合，则应选取集合的第一个元素和最后一个元素作为测试用例。

5）分析程序规格说明，找出其他可能的边界条件。

3. 判定表驱动法

判定表（Decision Table）也称为决策表，是软件工程实践中的重要工具，主要用在软件开发的详细设计阶段。判定表能表示输入条件的组合，以及与每一输入组合相对应的动作组合，因此判定表与因果图的使用场合类似。

判定表通常由条件桩（Condition Stub）、动作桩（Action Stub）、条件项（Condition Entry）和动作项（Action Entry）四个部分组成。将任何一个条件组合的特定取值及相应要执行的动作称为一条规则。在决策表中贯穿条件项和动作项的一列就是一条规则。

建立判定表可遵循的步骤如下：

1）列出条件桩和动作桩。

2）确定规则的个数，用来为规则编号。若有 n 个原因，由于每个原因可取 0 或 1，故有 2^n 个规则。

3）完成所有条件项的填写。

4）完成所有动作项的填写。

5）合并相似规则，用以对初始判定表进行简化。

建立了判定表后，可针对判定表中的每一列有效规则设计一个测试用例，用于对程序进行黑盒测试。

4. 因果图法

因果图法（Cause/Effect Graphing，CEG）是一种较常用的黑盒测试方法，也是一种简化了的逻辑图。因果图法是一种适合于描述对于多种输入条件组合的测试方法，根据输入条件的组合、约束关系和输出条件的因果关系，分析输入条件的各种组合情况，从而设计测试用例的方法，它适合于检查程序输入条件涉及的各种组合情况。因果图法一般和判定表结合使用，通过映射同时发生相互影响的多个输入来确定判定条件。因果图法最终生成的就是判定表，它适合于检查程序输入条件的各种组合情况。

因果图法基于这样一种思想：一些程序的功能可以用判定表的形式来表达，并根据输入条件的组合情况规定相应的操作。因此，可以考虑为判定表中的每一列设计一个测试用例，以便判断测试程序在输入条件的某种组合下的输出是否正确。因果图能直观地表明输入条件和输出动作之间的因果关系,能帮助测试人员把注意力集中到与程序功能有关的输入组合上,比采用等价类划分法的测试效率更高,但这种方法的操作步骤比较复杂。

因果图法是一种利用图解法分析输入的各种组合情况,从而设计测试用例的方法,它适合于检查程序输入条件的各种组合情况。

利用因果图设计测试用例应遵循如下步骤:

1)分析程序的规格说明中哪些是原因,哪些是结果。所谓原因,是指输入条件或输入条件的等价类,而结果是指输出条件。给每个原因和结果赋一个标识符。

2)分析程序的规格说明中的语义,确定原因与原因、原因与结果之间的关系,画出因果图。

3)由于语法或环境的限制,一些原因与原因之间、原因与结果之间的组合不能出现。对于这些特殊情况,在因果图中用一些记号标明约束或限制条件。

4)将因果图转化为判定表。

5)根据判定表的每一列设计测试用例。

当然,若能直接得到判定表,可直接根据判定表设计测试用例。

2.2.3 黑盒测试技术的选择

上述几种典型的黑盒测试方法的共同特点是,都把程序看作是一个打不开的黑盒,只知道输入到输出的映射关系,根据软件规格说明设计测试用例。在等价类分析测试中,通过等价类划分来减少测试用例的绝对数量。边界值分析方法则通过分析输入变量的边界值域设计测试用例。在因果图测试方法和决策表测试中,通过分析被测程序的逻辑依赖关系,构造决策表,进而设计测试用例。那么,哪种测试方法最好?如何有效地选择测试方法?下面从测试工作量、测试有效性两方面来讨论,它们是进行有效测试的关键。

1. 测试工作量

对于软件测试工作量可以以边界值分析、等价类划分和决策表测试方法来讨论,即生成测试用例的数量与开发这些测试用例所需的工作量。图2-2给出了这三种测试方法的测试用例数量的曲线。

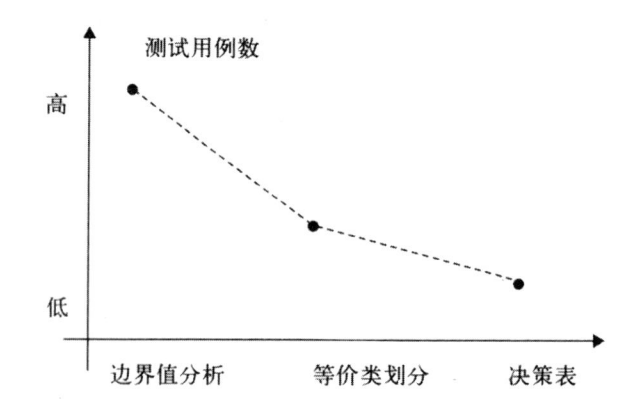

图2-2 每种测试方法的测试用例数量趋势

边界值分析测试方法不考虑数据或逻辑依赖关系，它机械地根据各边界生成测试用例。等价类划分测试方法则关注数据依赖关系和函数本身，需要借助于判断和技巧，考虑如何划分等价类，随后也是机械地从等价类中选取测试输入，生成测试用例。决策表技术最精细，它要求测试人员既要考虑数据，又要考虑逻辑依赖关系。当然，也许要经历几次尝试才能得到令人满意的决策表，但是如果有了一个良好的条件集合，所得到的测试用例就是完备的，在一定意义上讲也是最少的。图 2-3 则说明了由每种方法设计测试用例的工作量曲线。由此可以看出，决策表测试用例生成所需的工作量最大。

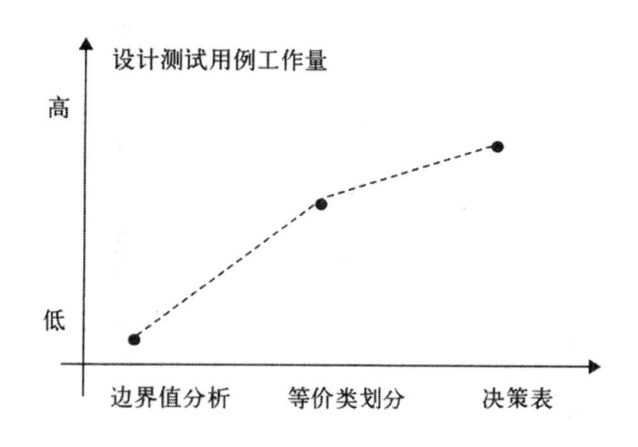

图 2-3　每种方法设计测试用例的工作量趋势

边界值分析测试方法使用简单，但会生成大量测试用例，机器执行时间很长。如果将精力投入到更精细的测试方法，如决策表方法，那么测试用例生成花费了大量的时间，但生成的测试用例数少，机器执行时间短。这一点很重要，因为一般测试用例都要执行多次。测试方法研究的目的就是在开发测试用例工作量和测试执行工作量之间做一个令人满意的折中。

2.测试有效性

关于测试用例集合，人们真正想知道的是它们的测试效果如何，即一组测试用例找出程序中缺陷的效率如何。但是，解释测试有效性很困难。因为我们不知道程序中所有隐藏的故障有多少，也不可能知道给定方法所产生的测试用例是否能够发现这些故障。我们所能够做的，只是根据不同类型的故障，选择最有可能发现这种缺陷的测试方法（包括白盒测试）。根据最可能出现的故障种类，分析得到可提高测试有效性的实用方法。通过跟踪所开发软件中的故障的种类和密度，也可以改进测试方法。当然，这需要测试经验和技巧。

最好的办法是利用程序的已知属性，选择处理这种属性的测试方法。在选择黑盒测试方法时，一些经常用到的属性有：
- 变量表示物理量还是逻辑量？
- 在变量之间是否存在依赖关系？
- 是否有大量的例外处理？

下面给出一些黑盒测试方法选取的初步的"专家系统"：
- 如果变量引用的是物理量，可采用边界值分析测试和等价类测试。

- 如果变量是独立的，可采用边界值分析测试和等价类测试。
- 如果变量不是独立的，可采用决策表测试。
- 如果可保证是单缺陷假设，可采用边界值分析和健壮性测试。
- 如果可保证是多缺陷假设，可采用边界值分析测试和决策表测试。
- 如果程序包含大量例外处理，可采用健壮性测试和决策表测试。
- 如果变量引用的是逻辑量，可采用等价类测试用例和决策表测试。

2.2.4 黑盒测试工具

黑盒测试工具是指测试软件功能和性能的工具，主要用于集成测试、系统测试和验收测试。目前市场上专业开发黑盒测试工具的公司很多，但以Mercury Interactive、IBM Rational 和 Compuware 公司开发的软件测试工具为主导，这三家世界著名软件公司的任何一款黑盒测试工具都可构成一个完整的软件测试解决方案。

1. WinRunner

MI公司开发的WinRunner是一款企业级的功能测试工具，在软件测试工具市场上占有绝对的主导地位。WinRunner是基于MS Windows操作系统的，用来检测应用程序是否能够达到预期功能及正常运行。通过自动录制、检测和回放用户的应用操作，WinRunner能够有效地帮助测试人员自动处理从测试开始到测试执行的整个过程，可以创建可修改和可复用的测试脚本，对复杂企业级应用的不同发布版进行测试，提高测试人员的工作效率和质量，确保跨平台的、复杂的企业级应用无故障发布及长期稳定运行。

当在软件操作中点击GUI（图形用户界面）对象时，利用WinRunner可以生成一个测试脚本记录测试人员的操作过程。这些脚本用一种称为测试脚本语言TSL（Test Script Language）的类C语言编写，也可以手工编写。WinRunner设有功能生成器，可以帮助测试人员快速地在已录制的测试脚本中添加功能，并根据不同情况，提供了上下文敏感模式（Context Sensitive mode）和模拟模式（Analog mode）两种录制脚本的测试模式。上下文敏感模式根据用户选取的GUI对象（如窗体、清单、按钮等），将用户对软件的操作动作录制下来，并忽略这些对象在屏幕上的物理位置。每一次对被测软件进行操作，测试脚本中的脚本语言都会记录用户选取的对象和相应的操作。当对测试过程进行录制时，WinRunner会自动创建一个GUI map文件，以记录每个被选对象的说明，如用户使用鼠标选取对象，用键盘键入数据等。GUI map文件和测试脚本分开保存、维护。当软件用户界面发生变化时，用户只需更新GUI map文件，这样测试脚本就可以重复使用。执行测试只需要回放测试脚本。WinRunner从GUI map文件中读取对象说明，并在被测软件中查找符合这些描述的对象即可。模拟模式录制过程中，记录鼠标点击、键盘输入和鼠标在二维平面上（x轴、y轴）的精确运动轨迹。执行测试时，WinRunner让鼠标根据轨迹运动。这种模式对于那些需要追踪鼠标运动的测试非常有用，例如画图软件。

2. QTP

QTP（Quick Test Professional）是MI公司继WinRunner之后开发的又一款功能测

试工具。近两年 QTP 的市场占有率逐渐提高，大有取代传统霸主 WinRunner 之势。QTP 与 WinRunner 的使用方法很相似，但拥有更强大的竞争力。

QTP 属于新一代自动化测试解决方案，能够支持所有常用环境的功能测试，包括 Windows 标准应用程序、各种 Web 对象、.Net、Visual Basic 应用程序、ActiveX 控件、Java、Oracle、SAP 应用和终端模拟器等。QTP 提供有演示版、单机版和网络版。演示版拥有 14 天的使用权，安装单机版的机器则必须购买一个单独的 License，网络版则需安装在服务器上，只要服务器安装了网络版的 QTP，局域网中的其他用户就可以通过服务器来使用 QTP，所支持的最大用户数由网络版的序列号决定。

此外，QTP 适合测试版本比较稳定的软件产品，在一些界面变化不大的回归测试中非常有效，但对于界面变化频率较大的软件，则体现不出 QTP 的优势。

3. EcoScope

EcoScope 是一套定位于应用系统及其所依赖的网络资源的性能优化工具。EcoScope 可以提供应用视图，并给出应用系统是如何与基础架构相关联的。这种视图是其他网络管理工具所不能提供的。EcoScope 能解决在大型企业复杂环境下分析与测量应用性能的难题。通过提供应用的性能级别及其支撑架构的信息，EcoScope 能帮助 IT 部门就如何提高应用系统的性能提出多方面的决策方案。

EcoScope 使用综合软件探测技术无干扰地监控网络，可以自动跟踪在 LAN/WAN 上的应用流量、采集详细的性能指标，并将这些信息关联到一个交互式的用户界面中，自动识别低性能的应用系统、受影响的服务器与用户性能低下的程度。用户界面允许以一种智能方式访问大量的 EcoScope 数据，所以能很快地找到性能问题的根源，并在几小时内解决令人烦恼的性能问题，而不是几周甚至几个月。

4. EcoTools

性能测试完成之后，应对系统的可用性进行分析。很多因素影响系统的可用性，用户的桌面、网络、服务器、数据库环境以及各式各样的子组件都可以链接在一起。任何一个组件都可能造成整个系统对最终用户不可用。

EcoTools 提供了一个范围广泛的打包的 Agent 和 Scenarios，可以在测试或生产环境中激活，计划和管理以商务为中心的系统的可用性，QALoad 对于在服务器上设置加载测试是一个很好的工具，但不能承担诊断问题的工作。而 QALoad 与 EcoTools 集成可以为所有加载测试和计划项目需求能力提供全方位的解决方案，允许在图形中查看 EcoTools 资源利用率。

EcoTools 工具包括数百个 Agents，可以监控服务器资源，尤其是监控 Windows NT、UNIX 系统、Oracle、Sybase、SQL Server 和其他应用包。

2.2.5 黑盒测试策略

1. 黑盒测试用例编写策略

测试用例编写策略是指编写有效的测试用例的方法和技巧。一般可以根据测试用例的设计方法，遵循测试用例的编写原则，针对系统的特点编写有效的测试用例。但在具体的实施过程中，还需要遵循一些有效的测试用例编写策略，才能达到最佳的测试效果。

测试用例编写策略可以从不同的角度分类，从测试内容角度可以分为流程用例和功能点用例。其中流程用例指针对业务流程编写的测试用例，通常采用场景法，现在的软件几乎都是用事件触发来控制流程的。事件触发时的情景便形成了场景，而同一事件不同的触发顺序和处理结果就形成事件流。这种在软件设计方面的思想也可引入到软件测试中，可以比较生动地描绘出事件触发时的情景，有利于测试设计者设计测试用例，同时使测试用例更容易理解和执行。功能点用例指针对具体功能点编写的测试用例，可以采用等价类划分、边界值法、因果图等方法。

根据测试的策略又可以分为通过测试用例和失败测试用例，通过测试用例主要是为了验证需求是否可以实现，一般采用等价类划分等测试方法。失败用例的编写主要为了尽可能多地发现缺陷，一般采用错误推测法、边界值分析法等测试方法。

在具体的项目中，需要灵活地应用不同的测试策略。对于业务流程比较重要的系统，首先要考虑用场景法编写流程用例。要求覆盖所有的基本流和备选流。流程测试用例的完善，可以保证业务流程和业务数据流转正确无误，对软件的质量有了最基本的保证。其次需要编写功能点测试用例，要求覆盖所有的需求，保证需求的各个功能都能正常地实现。对于所有的软件测试，首先要考虑通过测试用例，来证明软件可以满足需求。在保证软件可用的基础上，才会使用失败测试用例，来尽可能多地发现缺陷，保证软件具有一定的容错和安全能力。在测试用例的编写过程中还需注意其详细程度，覆盖功能点不是指列出功能点，而是要写出功能点的各个方面。若组合情况较多时，可以采用等价类划分的方法。

此外，测试用例的编写和组织会受到组织的开发能力和测试对象特点的影响。如果开发力量比较落后，编写较详细的测试用例是不现实的，因为根本没有那么大的资源投入，当然这种情况会随着团队的发展而逐渐有所改善。测试对象特点重点是指测试对象在进度、成本等方面的要求，如果进度较紧张的情况下，是根本没有时间写出高质量的测试用例的，甚至有些时候测试工作只是一种辅助工作，因而不编写测试用例。

总之，在编写测试用例时，需要根据测试对象特点、团队的执行能力等各个方面综合起来决定采用哪种编写策略以及如何编写测试用例。

2. 黑盒测试综合使用策略

在使用黑盒测试方法时，只有结合被测软件的特点，有选择地使用若干种方法，方能达到良好的测试效果。

黑盒测试方法的综合使用策略如下：

1）首先进行等价类划分，包括输入条件和输出条件的等价划分，将无限测试变成有限测试，这是减少工作量和提高测试效率最有效的方法。等价类划分也常是边界值方法的基础。

2）在任何情况下都必须使用边界值分析方法。经验表明，用这种方法设计出的测试用例发现程序错误的能力最强。

3）测试人员可以根据经验用错误推测法追加一些测试用例。

4）如果程序的功能说明中含有输入条件的组合情况，则一开始就可选用因果图法和判定表法。

5）对于参数配置类软件，应用正交试验法选择较少的组合方式以达到最佳效果，并减少测试用例的数目。

6）对于业务流清晰的系统可以利用场景法，即可先综合使用各种方法生成用例，再通过场景法由用例生成用例。

7）当程序的功能较复杂、存在大量组合情况时，可以考虑使用功能分解法。

2.3　白盒测试技术

2.3.1　白盒测试概述

白盒测试也称结构测试或逻辑驱动测试，是针对被测单元内部是如何进行工作的测试，它的突出特点是基于被测程序的源代码，而不是软件的规格说明。在软件测试中，白盒测试一般是由程序员完成，当然也有专门做白盒测试的测试工程师。白盒测试人员必须对测试中的软件有深入的认识，包括其结构、各组成部分及之间的关联，以及其内部的运行原理、逻辑等。白盒测试人员实际上是程序员和测试员的结合体。

白盒测试也被称为玻璃盒测试（Glass Box Testing）、透明盒测试（Clear Box Testing）、开放盒测试（Open Box Testing）、结构化测试（Structured Testing）、基于代码的测试（Code-Based Testing）或者逻辑驱动测试（Logic-Driven Testing）。采用白盒测试要求测试人员全面了解程序内部的逻辑结构，对所有逻辑路径分析哪些能够测试，是一种穷举路径的测试方法。贯穿程序的独立路径数往往是天文数字，但即使每条路径都测试了仍然可能有错误。这是因为穷举路径测试不能查出程序违反了设计规范，即程序本身是个错误的程序；穷举路径测试不能查出程序中因遗漏路径而出错；穷举路径测试可能发现不了一些与数据相关的错误。同时，采用白盒测试方法必须遵循以下几项原则：

- 保证一个模块中的所有独立路径至少被使用一次。
- 判定覆盖每个判定的每个分支至少执行一次。
- 条件覆盖每个判定的每个条件应取到各种可能的值。
- 条件组合覆盖每个判定中各条件的每一种组合至少出现一次。
- 在上、下边界及可操作范围内运行所有循环。
- 检查内部数据结构以确保其有效性。

与黑盒测试相比，白盒测试深入到程序的内部进行测试，更易于定位错误的原因和具体位置，弥补了黑盒测试只能从程序外部进行测试的不足。但即使白盒测试覆盖了程序中的所有路径，仍不一定能发现程序中的全部错误，这是由白盒测试的局限性所致。例如，白盒测试不能查出程序中的设计缺陷；白盒测试不能查出程序是否遗漏了功能或路径；白盒测试可能发现不了一些与数据相关的错误。

2.3.2 典型的白盒测试方法

在白盒测试中，可以使用各种测试方法进行测试。测试时要对下面五个问题加以考虑：测试中尽量先用自动化工具来进行静态结构分析；测试中建议先从静态测试开始，如静态结构分析、代码走查和静态质量度量，然后进行动态测试，如覆盖率测试；利用静态分析的结果作为依据，再使用代码检查和动态测试的方式对静态分析结果进行进一步确认，提高测试效率及准确性；覆盖率测试是白盒测试中的重要手段，在测试报告中可以作为量化指标的依据，对于软件的重点模块，应使用多种覆盖率标准衡量代码的覆盖率；在不同的测试阶段，测试的侧重点是不同的。

1. 代码检查

代码检查主要检查代码和流图设计的一致性，代码结构的合理性，代码编写的标准性、可读性、代码逻辑表达的正确性等方面。代码检查是静态测试的主要方法，包括代码走查、桌面检查、流程图审查等。

最常见的静态测试是找出源代码的语法错误，这类测试可由编译器来完成，因为编译器可以逐行分析检验程序的语法，找出错误并报告。除此之外，测试人员须采用人工的方法来检验程序，有些地方存在非语法方面的错误，只能通过人工检测的方法来判断。

代码检查的内容较多，可分为常规性检查和结构性检查。常规性检查主要内容包括文档和源程序代码、目录文件组织、检查函数、数据类型及变量、检查条件判断语句、检查循环体系、检查代码注释、桌面检查。结构性检查主要内容包括检查数据库、检查功能、检查界面、检查流程、检查提示信息、输入输出检查、程序（模块）检查、表达式分析、接口分析、函数调用关系图、模块控制流图等。在进行人工代码检查时，可以制作代码走查缺陷表。在缺陷检查表中，我们列出工作中遇到的典型错误。

2. 静态结构分析

静态结构分析主要是以图形的方式表现程序的内部结构，例如函数调用关系图、函数内部制流图。静态结构分析是测试者通过使用测试工具分析程序源代码的系统结构、数据结构、数据接口、内部控制逻辑等内部结构，生成函数调用关系图、模块控制流图、内部文件调用关系图等各种图形图表，清晰地标识整个软件的组成结构，便于理解，通过分析这些图表包括控制流分析、数流分析、接口分析、表达式分析，检查软件是否存在缺陷或错误。

静态结构主要分析内容为：检查函数的调用关系是否正确；编码的规范性；资源是否释放；数据结构是否完整和正确；是否有死代码和死循环；代码本身是否存在明显的效率和性能问题；类和函数的划分是否清晰，易理解；代码是否有完善的异常处理和错误处理。

3. SQL 语句测试

SQL 语句测试分为语句检查和类型转换检查。

语句检查需检查：每个数据库对象都有拥有者；Table 是 DataBase 的基本单位，由行和列组成，用于存储数据；Data Type 限制输入到表中的数据类型；Constraint "有主键、外键、唯一键、缺省和检查五种；Default 自动插入常量值；Rule 限制表中列的取值范围；Trigger 一种特殊类型的储存过程，当有操作影响到它保护的数据时，它会自动触发执行；Index 提高查询速度；View 查看一个或多个表的一种方式；Stored Procedure 一组预编译的 SQL 语句，可以完成指定的操作。

在检查 SQL 语句的类型转换时，主要避免显示或隐含的类型转换。

4．静态质量度量

静态质量度量需要测试者通过软件质量、质量度量模型和度量规则进行分析。

（1）软件质量

软件质量包括六个方面：功能性（Functionality）、可靠性（Reliability）、可用性（Usability）、有效性（Emciency）、可维护性（Maintainability）、轻便性（Portability）。

（2）质量度量

质量度量包括三点：质量因素（Factors）与分类标准的计算方式相似，依据各分类标准取值组合权重方法来计算，依据结果将软件质量分为四个等级，与分类标准等级内容相同；分类标准，对某一软件质量分为不同的分类标准（Criteria），每个分类标准由一系列度量规则组成，每个规则分配一个权重，每个分类标准的取值由规则的取值与权重值计算得出，依据结果将软件质量分为优秀（Excellent）、良好（Good）、一般（Fair）、较差（Poor）四个等级；度量规则（Metrics）使用代码行数、注释频度等参数度量软件各种行为属性。

2.3.3 白盒测试的常用技术

1．逻辑覆盖法

逻辑覆盖法测试的关键是如何选择高效的测试用例。追求程序内部的逻辑结构覆盖程度，当程序中有循环时，覆盖每条路径是不可能的，要设计师覆盖程度较高的或覆盖最有代表性的路径的测试用例。几种常用的逻辑覆盖测试方法是：语句覆盖、判定覆盖、条件覆盖、判定/条件覆盖及条件组合覆盖。不同的逻辑覆盖测试方法都是从各自不同的方面出发，为设计测试用例提出依据。

（1）语句覆盖

语句覆盖选择足够多的测试数据，使被测程序中每个语句至少执行一次。语句覆盖对程序的逻辑覆盖很少，语句覆盖只关心整个判定表达式的值，而没有分别测试判定表达式中每个条件取值不同时的情况。可以说，语句覆盖是很弱的逻辑覆盖标准，为了更充分地测试程序，可以采用以下所述的逻辑覆盖标准。

（2）判定覆盖

判定覆盖也称为分支覆盖，设计了足够多的测试用例，使被测程序中的每个判定取到每种可能的结果，即覆盖每个判定的所有分支。显然，若实现了判定覆盖，则必然实现了语句覆盖，故判定覆盖是一种强于语句覆盖的覆盖标准。

判定覆盖对程序的逻辑覆盖程度仍不高。

（3）条件覆盖

条件覆盖不仅每个语句至少执行一次，而且使判定表达式中的每个条件都取到各种可能的结果。

条件覆盖一般比判定覆盖强，因为条件覆盖关心判定中每个条件的取值，而判定覆盖只关心整个判定的取值。也就是说，若实现了条件覆盖，则也实现了判定覆盖。但这不是绝对的，某些情况下，也会有实现了条件覆盖却未能实现判定覆盖的情形。

（4）判定／条件覆盖

判定／条件覆盖是更高的逻辑覆盖标准，它将判定覆盖和条件覆盖两者兼顾。判定／条件覆盖要求设计足够的测试用例，使得判定中每个条件的所有可能（真／假）至少出现一次，并且每个判定本身的判定结果（真／假）也至少出现一次。

（5）条件组合覆盖

条件组合覆盖是更强的逻辑覆盖标准，它要求选取足够的测试数据，使得每个判定表达式中条件的各种可能组合都至少出现一次。

满足条件组合覆盖标准的测试数据，也一定满足判定覆盖、条件覆盖和判定／条件覆盖标准。因此，条件组合覆盖是前述几种覆盖标准中最强的。但是，满足条件组合覆盖标准的测试数据并不一定能使程序中的每一条路径都执行到。

（6）修正条件判定覆盖

修正条件判定路径覆盖需要足够的测试用例来确定各个条件能够影响到包含的判定的结果。它要求满足两个条件：①每一个程序模块的入口和出口都要考虑至少要被调用一次，每个程序的判定到所有可能的结果至少转换一次；②程序的判定被分解为通过逻辑操作符连接的布尔条件，每个条件对于划定的结果值是独立的。

本质上它是判定／条件覆盖的完善版本和条件组合覆盖的精简版。修正条件判定路径覆盖是为了既实现判定／条件路径覆盖中尚未考虑到的各种条件组合情况的覆盖，又减少像条件组合路径覆盖中可能产生的大量数目的测试用例。该方法尽可能实现使用较少的测试用例来完成更有效的覆盖，它抛弃条件组合路径覆盖中那些作用不大的测试用例。具体地说，就是在各种条件组合中，其他所有的条件变量恒定不变的情况下，对每一个条件变量分别只取真假值一次，以此来抛弃那些可能会重复的测试用例。

2.程序插装法

程序插装（Program Instrumentation）是一种基本的测试手段，在软件测试中有着广泛的应用。程序插装方法简单地说是通过往被测程序中插入操作来实现测试目的的方法。如果我们想要了解一个程序在某次运行中所有可执行语句被覆盖（或称被经历）的情况，或是每个语句的实际执行次数，最好的办法是利用插装技术。

通过插入的语句获取程序执行中的动态信息，这一做法正如在刚研制成的机器特定部位安装记录仪表是一样的。安装好以后开动机器试运行，我们除了可以从机器加工的成品检得知机器的运行特性外，还可通过记录仪表了解其动态特性。这就相当于在运行程序以后，一方面可检验测试的结果数据，另一方面还可借助插入语句给出的信息了解程序的执行特性。正是这个原因，有时把插入的语句称为"探测器"，借以实现"探查"或"监控"的功能。

在程序的特定部位插入记录动态特性的语句，最终是为了把程序执行过程中发生的一些重要历史事件记录下来。例如，记录在程序执行过程中某些变量值的变化情况、变化的范围等。实践表明，程序插装方法是应用很广的技术，特别是在完成程序的测试和调试时非常有效。

设计程序插装程序时需要考虑的问题包括：探测哪些信息，在程序的什么部位设置探测点，需要设置多少个探测点。

3. 基本路径测试法

基本路径测试是由 Tom McCabe 提出的一种白盒测试技术。使用这种技术设计测试用例时，首先计算程序的环形复杂度，并用该复杂度为指南定义执行路径的基本集合，从该基本集合导出的测试用例可以保证程序中的每条语句至少执行一次，而且每个条件在执行时都将分别取真、假两种值。

使用基本路径测试技术设计测试用例的步骤如下：

1）根据过程设计结果画出相应的流图。

2）计算流图的环形复杂度。环形复杂度用来定量度量程序的逻辑复杂性。有了描绘程序控制流的流图之后，可以采用详细设计方法来计算环形复杂度。

3）确定线性独立路径的基本集合。使用基本路径测试法设计测试用例时，程序的环形复杂度决定了程序中独立路径的数量，而且这个数是确保程序中所有语句至少被执行一次所需的测试数量的上界。

4）设计可强制执行基本集合中每条路径的测试用例。应该选取测试数据使得在测试每条路径时都适当地设置好各个判定节点的条件。

4. 域测试法

域测试是一种基于程序结构的测试方法。但是由于该方法使用时有一些限制条件，并且还涉及多维空间的概念，不易被人们接受，也就在一定程度上影响了它的实用性和推广。Howden 曾对程序中出现的错误进行分类。他将程序错误分为域错误、计算型错误和丢失路径错误三种。这是相对于执行程序的路径来说的。我们知道，每条执行路径对应于输入域的一类情况，是程序的一个子计算。如果程序的控制流有错误，对于某一特定的输入可能执行的是一条错误路径，这种错误称为路径错误，也叫做域错误。如果对于特定输入执行的是正确路径，但由于赋值语句的错误致使输出结果不正确，则称此为计算型错误。另外一类错误是丢失路径错误，它是由于程序中某处少了一个判定谓词而引起的。域测试主要是针对域错误进行的程序测试。

域测试的"域"指的是程序的输入空间。域测试方法基于对输入空间的分析。自然，任何一个被测程序都有一个输入空间。测试的理想结果就是检验输入空间中的每一个输入元素是否都产生正确的结果。而输入空间又可分为不同的子空间，每一子空间对应一种不同的计算。在考察被测程序的结构以后，我们就会发现，子空间的划分是由程序中分支语句中的谓词决定的。输入空间的一个元素经过程序中某些特定语句的执行而结束（当然也有可能出现无限循环而无出口），那都是满足了这些特定语句被执行所要求的条件的。域测试正是在分析输入域的基础上选择适当的测试点以后进行测试的。

5. 符号测试法

符号测试的基本思想是允许程序的输入不仅仅是具体的数值数据，而且包括符号值，这一方法也正是因此而得名。这里所说的符号值可以是基本符号变量值，也可以是这些符号变量值的一个表达式。这样，在执行程序过程中以符号的计算代替了普通测试执行中对测试用例的数值计算。所得到的结果自然是符号公式或是符号谓词。更明确地说，普通测试执行的是算术运算，符号测试则是执行代数运算。因此，符号测试可以认为是普通测试的一个自然的扩充。

如果原来测试某程序时，要从输入数据 X 的取值范围 1 到 500 中选取一个进行数值运算，现在我们作符号执行，只需用符号值，例如 x_1 作为输入数据，代入程序进行代数运算。所得结果是含有 x_1 的代数式，它的正确性对于我们判断程序的正确性就直观多了。因为这一代数式本身就表明了运算过程。同时，进行一次符号测试等价于选用具体数值数据进行了大量的普通测试。比如，上述对 x_1 的测试也许等价于进行了 500 次普通测试。

符号值可以是初等符号值，也可以是表达式。初等符号是任何变量值的字符串，表达式则是数字、算术运算符和符号值的组合。下面短程序中可看到过程 SAMPLE 的变量符号值：

Procedure SAMPLE（X，Y）

S=2*X+3*Y

T=S-Y

RETURN

END

这里把 v 当作程序变量的值，假定

v（X）=a，v（Y）=b

S=2*a+3*b

则

T=2*a+3*b-b

简化得到：

T=2*a+2*b

6. 程序变异法

程序变异法是一种错误驱动测试。所谓错误驱动测试方法，是指该方法是针对某类特定程序错误的。经过了若干年的测试理论研究和软件测试的实践，人们逐渐发现要想找出程序中所有的错误几乎是不可能的。比较现实的解决办法是将错误的搜索范围尽可能地缩小，以利于专门测试某类错误是否存在。这样做的好处在于，便于集中目标于对软件危害最大的可能错误，而暂时忽略对软件危害较小的可能错误。这样可以取得较高的测试效率，并能降低测试的成本。

错误驱动测试主要有两种，即程序强变异和程序弱变异。

（1）程序强变异

程序强变异通常被简称为程序变异。当程序被开发并经过简单测试后，残留在程序中的错误不再是那些很重大的错误，而是一些难以发现的小错误。比如，遗漏了某个操作、分支谓词规定的边界有位移等。即使是一些稍微复杂一些的错误,也可以看作是这些简单错误的组合。程序变异的目标就是查出这些简单的错误及其组合。

对程序进行变换的方式是多种多样的,而且还紧紧地依赖于被测程序使用的设计语言。究竟对程序作什么样的变换,很多情况下与测试人员的实践经验有关。实际上,通过变异分析构造测试数据的过程是一个循环过程。测试人员首先提供被测程序以及初始数据,还有则是要应用于程序的变异运算符。当由此产生的变异因子和程序本身被初始测试数据测试后,可能会有变异因子未被发现错误,这时,用户可以增加测试数据。若所有的变异因子均出错(均被"杀掉"),用户也可以增加新的变异因子,然后进行下一轮变异测试。

程序变异方法也有两大弱点。一是要运行所有的变异因子,从而成倍地提高了测试的成本;二是决定程序与其变异因子是否等价是一个递归不可解问题。但不管怎样,程序变异由于其针对性强、系统性强,正成为软件测试中一种相当活跃的办法。特别是在变异测试系统的支持下,用户可以更有效地测试自己的程序。

(2) 程序弱变异

程序弱变异方法(Weak Mutation)是 Howden 提出的。由于程序强变异要生成变异因子,为与此相区别,Howden 称只是对被测程序进行测试的变异方法为弱变异。

弱变异方法的目标仍是要查出某一类错误。其主要思想如下所述。设 P 是一个程序,C 是 P 的简单组成部分。若有一变异变换作用于 C 而生成 C′ 如果 P′ 是含有 C 与 P 的变异因子,则在弱变异方法中,要求存在测试数据,当 P 在此测试数据下运行时,C 被执行,且至少在一次执行中,使 C 产生的值与 C′ 不同。

从这里可以看出,弱变异和强变异有很多相似的地方。它们的主要差别在于,弱变异强调变动程序的组成部分。根据弱变异准则,只要事先确定导致 C 与 C′ 产生不同值的测试数据组,则可将程序在此测试数据组上运行,并不实际产生其变异因子。

在弱变异的实现中,关键问题是确定程序 P 的组成部分集合以及与其有关的变换。组成部分可以是程序中的计算结构、变量定义与引用、算术表达式、关系表达式以及布尔表达式等。其中一个组成元素可以是另一组成元素的一部分。

2.3.4 白盒测试工具

白盒测试是针对被测源程序进行的测试,测试发现的故障可以定位到代码。根据测试工具和工作原理的不同,白盒测试的自动化工具可以分为静态测试工具和动态测试工具两类。

1. 静态测试工具

静态测试是在不执行程序的情况下分析软件的特性。静态分析主要集中在软件需求文档、设计文档以及程序结构方面,可以进行类型分析、接口分析、输入/输出规格说明分析等。常用的静态测试工具有 McCabe 公司的 Quality ToolSet 分析工具,ViewLog 公司的 Logiscope 分析工具、Soft ware Research 公司的 TestWork/Advisor 分析工具、Software Emancipation 公司的 Discover 分析工具等。

按照完成的职能不同,可以将静态测试工分为以下几种类型:
- 代码审查。能够帮助测试人员了解不太熟悉的代码,了解代码的相关性,跟踪程序逻辑,浏览程序的图示表达,确认"死"代码。检查源程序是否遵循了程序设计的规则等。代码审查工具通常也称为代码审查器。

• 一致性检查。这项检查检测程序的各个单元是否使用了统一的记法或术语,检查设计是否遵循规格说明。

• 错误检查。用以确定结果差异和分析错误的严重性及原因。

• 接口分析。检查程序单元之间接口的一致性,以及是否遵循了预先确定的规则或原则,并分析检查传送给子程序的参数以及检查模块的完整性等。

• 输入/输出规格说明分析检查。此项分析的目标是借助于分析输入/输出规格说明生成测试输入数据。

• 数据流分析。检测数据的赋值与引用之间是否出现了不合理的现象,如引用未赋值的变量,或对未曾引用的变量再次赋值等。

• 类型分析。检测命名的数据项和操作是否得到正确的使用。通常,类型分析检测某一实体的值域(或函数)是否按照正确的、一致的形式构成。

• 单元分析。检查单元或者构成实体的物理元件是否定义正确和使用一致。

• 复杂度分析。帮助测试人员精确计划他们的测试活动,对于复杂的代码域则必须补充测试用例深入进行审查。一般认为复杂度分析是软件测试成本(进度)或程序当中存在故障的指示器。

2. 动态测试工具

动态测试直接执行被测程序以提供测试活动。动态测试工具具有功能确认、接口测试、覆盖率分析等性能,其代表工具有 Compuware 公司的 DevPartner、IBM 公司的 Rational Purify、 Rational PureCoverage 等。

动态测试工可分为以下几种类型:

• 功能确认与接口测试。包括对各模块功能、模块间的接口、局部数据结构、主要执行路径、错误处理等方面进行的测试。

• 覆盖测试。覆盖率分析对所涉及的程序结构元素进行度量,以确定测试执行的充分性。

2.3.5 白盒测试的评估与应用策略

1. 白盒测试的评估

应用白盒测试技术能够得出可计算的测试元素,例如程序路径数、基本路径数或程序片数。如何评价测试方法的优劣,可以根据以下定义,假设黑盒测试技术 M 生成 m 个测试用例,根据白盒测试技术指标 S 可以标识出被测单元中的有 s 个元素。当执行 m 个测试用例时,会经过 n 个白盒测试元素。

定义 1:方法 M 关于指标 S 的覆盖是 n 与 s 的比值,记作 C(M, S)=n/s。

定义 2:方法 M 关于指标 S 的冗余是 m 与 s 的比值,记作 R(M, S)=m/s。

定义 3:方法 M 关于指标 S 的净冗余是 m 与 n 的比值,记作 NR(M, S)=m/H。

下面解释这些指标:覆盖指标 C(M, S)表达漏洞问题。如果这个值低于 1,则说明该指标在覆盖上存在漏洞。如果 C（M，S）=1，则一定有 R（M，S）=NR（M，S）。冗余性指标取值越大，冗余性越高。净冗余指实际经过的元素。将三种指标集合在一起，给出一种评估测试有效性方法。

一般来说，白盒测试技术指标越精细，会产生更多的元素（S 越大），因此给定黑盒测试技术通过更严格的白盒测试技术指标评估时有效性变得较低。这与直观感觉是一致的，并且可以通过例子证明。

2. 白盒测试综合应用策略

在白盒测试中，应灵活地使用各种测试方法。使用白盒测试方法对软件进行测试的综合策略如下。

（1）静态测试和动态测试的时序关系

一般可先进行静态测试，即使用代码检查法、静态结构分析法、代码质量度量法等进行测试；接着进行动态测试，即使用逻辑覆盖法、基本路径测试法、控制结构测试、程序插桩等方法进行测试。当然，这不是绝对的。

（2）白盒测试的重点

覆盖率测试是白盒测试的重点，一般可使用基本路径测试方法使基本路径集合中的每条独立路径至少执行一次。对于重要的程序模块，应使用多种覆盖率标准衡量对代码的覆盖率。对于各种覆盖率标准，读者可进一步参考其他相关资料。

（3）不同测试阶段使用的白盒测试方法

在不同的测试阶段，使用的白盒测试方法不尽相同。

在单元测试阶段，以代码检查法、逻辑覆盖法和基本路径测试法为主。

在集成测试阶段，需增加静态结构分析法和代码质量度量法。

在集成测试之后的测试阶段，应尽量使用黑盒测试方法，但若发现了软件中的严重问题且无法用黑盒测试方法定位，则仍需选择性地使用白盒测试方法，深入到模块的内部以定位错误。

第 3 章 软件测试策略与过程

在对软件测试基础知识有了初步了解后，我们知道并不是所有的软件测试都要运用现有的软件测试方法去测试。依据软件本身的性质、规模及应用场合的不同，可以选择不同的测试方案，以最少的软件、硬件及人力资源投入得到最佳的测试效果，这就是测试策略目标所在。

3.1 软件测试策略概述

3.1.1 软件测试策略的前提

一个好的软件测试策略必将给软件测试带来事半功倍的效果，它可以充分利用有限的人力和物力资源，高效率、高质量地完成测试。测试包括一系列组织良好的活动，需要事先制订计划并系统化地实施。这样，需要建立多个阶段，使得特定的测试用例设计技术和测试方法可以纳入软件工程步骤之中。目前业界已提出了不少测试策略，它们为测试提供了模版。通常，这些测试策略都具有以下基本假设：
- 软件测试应从模块级别开始，向外延伸到整个系统的集成。
- 测试应该是一个循序渐进的过程。
- 自底向上方式更适合测试。
- 不同的测试技术适用于不同的时机。
- 软件开发者可以实施测试，但他们必须在独立测试小组的协助下进行。
- 独立测试人员可以抛弃对产品的偏见，开发人员总认为其产品是正确的。
- 测试和调试是两种不同的活动，但调试是任何测试策略都需要的。
- 测试应该从构件层次开始，向外延伸到整个计算机系统的集成。
- 验证应关注我们是否在正确地构造产品。
- 确认应关注我们是否在构造正确的产品。

一个软件测试策略必须适用于低层测试以验证一小段代码是否正确实现，也要能用于高层测试，以确认系统主要功能是否符合用户需求。一个策略必须能为应用人员提供指导，并为管理者提供决策支持。

总之，测试的重要目标是通过各种不同的方法对产品进行验证和确认。验证是一组用来确定软件是否正确实现其特定功能的操作,包括对文档、计划、代码、需求和规格说明进行评价的评审与会议,它可以通过检查表、问题列表、走查和审查会议等方式实施。而确认用来保证软件的开发对于客户需求是可追踪的,包括验证完成后开展的实际测试。

验证的目标是检查一个实现与其规格说明之间的符合性,而对系统和用户期望之间的符合性进行检查的活动称为确认。确认和验证之间的区别在图3-1中进行了简要描述,它们存在互补关系。验证可以存在于用户对需求和设计规格说明进行评审的所有开发阶段,而确认主要关注于接收测试中可以被用户广泛测试的最终产品。

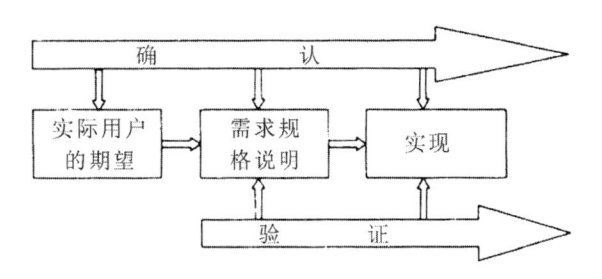

图 3-1 验证与确认

由于针对用户需求的确认活动实施较晚会导致高成本和高风险,因此确认活动应该与那些在软件开发生命周期任何阶段都可实施的验证活动结合使用。不同属性的验证和确认需要特定的方法。可信赖性属性可以通过功能性和基于模型的测试技术进行验证,而可用性属性需要特殊用途的技术进行确认。在确认和验证过程中需要注意以下几点:一个实践人员在确认和验证中如何决定最佳的活动过程;确认和验证需要什么样的工具和技术;什么是最好的方法。

3.1.2 软件测试策略考虑的问题

一个测试策略既包括验证源代码单元正确性的低层次测试,又包括基于用户需求对系统主要功能进行确认的高层次测试。制订一个软件测试策略需要考虑很多问题。

(1)确保需求规格说明的精确性

测试的主要目标是尽可能多地发现错误。一个好的测试策略应该能够评价各种质量属性,包括可移植性、可维护性、灵活性和可用性等。这些质量属性要进行详细说明,同时保证是可度量的,以免测试结论的不明确。

(2)对测试目标进行准确描述

为确保测试过程的成功,软件测试的目标要以可度量的方式进行准确描述。在测试计划中也要进行同样的陈述。

(3)保证用户可接受

为每一类需要理解软件的用户建立一个剖面。用例可以用来描述每类用户的交互场景,通过对产品的实际使用进行测试,这些用例可以减少整个测试工作量。

(4)设计自动化测试

软件应该被建造得足够强壮,以便于能够实现自我测试。这类软件可以用来诊断特定类型的错误，并可适用于自动化测试和回归测试。

（5）监控和改进测试过程

应该形成一个持续性的改进方式，以对软件测试过程进行监控，同时增强其有效性。测试策略必须是可度量和可监控的，可以使用软件测试准则来控制软件测试过程。

3.1.3 常见软件测试策略

软件测试的策略就是指测试将按照什么样的思路和方式进行。通常，测试过程要经过单元测试、集成测试、确认测试、系统测试以及验收测试五个阶段，如图 3-2 所示。

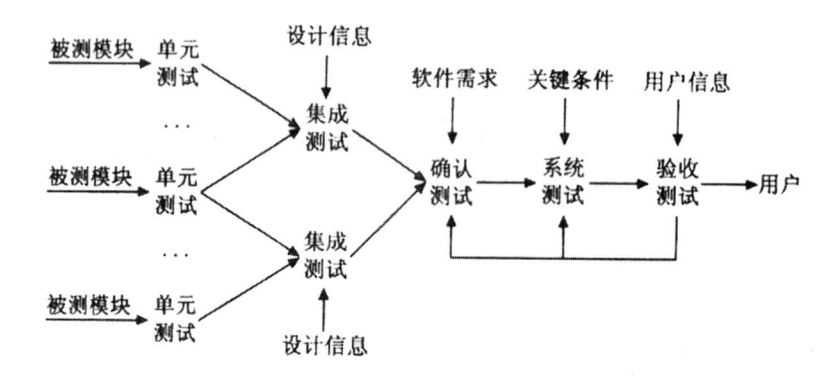

图 3-2　软件测试过程

软件测试的这五个阶段是相互独立、顺序相接、依次进行，具体过程如下：

1）分别完成每个单元的测试任务，多采用白盒测试方法来尽可能发现模块内部的程序差错。

2）把已测试过的模块组装起来，进行集成测试。多采用黑盒测试方法来设计测试用例，其目的在于检验与软件设计相关的程序结构问题。

3）通过集成测试之后，独立的模块已经联系起来，构成一个完整的程序，其中各个模块之间存在的问题已被取消，即可以进入确认测试阶段。根据软件功能描述，检查软件功能与性能等是否满足需求。

4）完成确认测试以后，为检验被测试的软件能否与系统的其他部分（如硬件、数据库及操作人员）协调工作，需要进行系统测试。

5）进行验收测试，按规定的需求，对开发工作初期制定的确认准则进行检验。验收测试是检验所开发的软件能否满足所有功能和性能需求的最后手段，通常采用黑盒测试方法。

上述测试，无论进行哪个阶段，都要遵守一定的规程，按照严格的规范进行。

3.2 单元测试

单元测试也称模块测试，是针对软件设计的最小单位——模块进行正确性检验的测试工作，其目的在于发现模块内部可能存在的各种差错，比如，编码和详细设计的错误。单元测试的依据是详细设计描述，单元测试应对模块内所有重要的控制路径设计测试用例，以便发现模块内部的错误。单元测试多采用白盒测试技术，系统内多个模块可以并行地进行测试。

3.2.1 单元测试的重要性

单元测试是软件测试的基础，因此单元测试的效果会直接影响到软件的后期测试，最终在很大程度上影响到产品的质量，从如下几个方面就可以看出单元测试的重要性。

（1）时间方面

如果认真地做好了单元测试，在系统集成联调时非常顺利，那么就会节约很多时间；反之，那些由于因为时间原因不做单元测试，或随便应付的测试人员，则在集成时总会遇到那些本应该在单元测试就能发现的问题，而这种问题在集成时遇到往往很难让开发人员预料到，最后在苦苦寻觅中才发现这是个很低级的错误，造成时间的极度浪费，正所谓得不偿失。

（2）测试效果方面

根据长久以来的的测试经验来看，单元测试的效果是显著的，首先它是测试阶段的基础，做好了单元测试，在做后期的集成测试和系统测试时就很顺利。其次，在单元测试过程中能发现一些很深层次的问题，同时还会发现一些在集成测试和系统测试很难发现的问题。最后，单元测试关注的范围也很特殊，它不仅仅是证明这些代码做了什么，最重要的是掌握代码是如何做的，是否做了它该做的事情而没有做不该做的事情。

（3）测试成本方面

在单元测试时，某些问题很容易被发现，如前所诉，但是这些问题在后期的测试中被发现，所花的成本将成倍数上升。

（4）产品质量方面

单元测试的好与坏直接影响到产品的质量，可能就是由于代码中的某一个小错误就会导致整个产品的质量降低一个层次，或者导致更严重的后果。如果测试人员做好了单元测试，这种情况是可以完全避免的。

3.2.2 单元测试的目标和任务

1. 单元测试的主要目标

确保各单元模块被正确地编码是单元测试的主要目标，但是单元测试的目标不仅测试代码的功能性，还需确保代码在结构上可靠且健全。并且能够在所有条件下正确响应。如果这些系统中的代码未被适当测试，则其弱点可被用于侵入代码，并导致安全性风险以及性能问题。执行完全的单元测试，可以减少应用级别所需的工作量，并且彻底减少发生误差的可能性。如果手动执行，单元测试可能需要大量的工作，执行高效率单元测试的关键是自动化。

单元测试的具体目标可细化为如下几点：
- 信息能否正确地在单元中流入、流出。
- 在单元工作过程中，其内部数据能否保持其完整性，包括内部数据的形式、内容及相互关系不发生错误，也包括全局变量在单元中的处理和影响。
- 在为限制数据加工而设置的边界处，能否正确工作。
- 单元的运行能否做到满足特定的逻辑覆盖。
- 单元中发生了错误，其中的出错处理措施是否有效。

单元测试是测试程序代码，为了保证目标的实现，必须制定合理的计划，采用适当的测试方法和技术，进行正确评估。

2. 单元测试的主要任务

单元测试是针对每个程序模块进行测试，单元测试的主要任务是解决以下五个方面的测试问题。

（1）模块接口测试

对模块接口的测试是检查进出模块单元的数据流是否正确，模块接口测试是单元测试的基础。对模块接口数据流的测试必须在任何其他测试之前进行，因为如果不能确保数据正确地输入和输出，所有的测试都是没有意义的。

针对模块接口测试应进行的检查，主要涉及以下几方面的内容：
- 模块接受输入的实际参数个数与模块的形式参数个数是否一致。
- 输入的实际参数与模块的形式参数的类型是否匹配，单位是否一致。
- 调用其他模块时，所传送的实际参数个数与被调用模块的形式参数的个数是否相同，类型是否匹配，单位是否一致。
- 调用内部函数时，参数的个数、属性和次序是否正确。
- 在模块有多个入口的情况下，是否有引用与当前入口无关的参数。
- 是否会修改了只读型参数。
- 出现全局变量时，这些变量是否在所有引用它们的模块中都有相同的定义。
- 有没有把某些约束当做参数来传送。

如果模块内包括外部输入/输出，还应考虑以下问题：
- 文件属性是否正确，文件打开语句的格式是否正确。
- 格式说明与输入、输出语句给出的信息是否一致。
- 缓冲区的大小是否与记录的大小匹配。
- 是否所有的文件在使用前已打开。

- 是否处理了文件尾，对文件结束条件的判断和处理是否正确。
- 有没有输出信息的文字性错误。

（2）局部数据结构测试

在单元测试工作过程中，必须测试模块内部的数据能否保持完整性、正确性，包括内部数据的内容、形式及相互关系不发生错误。应该说，模块的局部数据结构是经常发生错误的错误根源，对于局部数据结构，应该在单元测试中注意发现以下几类错误：

1）不正确的或不一致的类型说明。
2）错误的初始化或默认值。
3）使用尚未赋值或尚未初始化的变量。
4）错误的变量名，如拼写错误或缩写错误。
5）不相容的数据类型。
6）下溢、上溢或者地址错误。

除了局部数据结构外，在单元测试中还应弄清楚全程数据对模块的影响。

（3）边界条件测试

这项测试的目的是检测在数据边界处模块能否正常工作，边界测试是单元测试的一个关键任务。测试的经验表明，软件常在边界处发生故障。边界测试通常是单元测试的最后一步，它十分重要，必须采用边界值分析方法来设计测试用例，应认真仔细地测试为限制数据处理而设置的边界处，看模块是否能够正常工作。

一些可能与边界有关的数据类型有数值、字符、位置、数量、尺寸等，还要注意这些边界的第一个、最后一个、最大值、最小值、最长、最短、最高、最低等特征。

（4）路径测试

路径测试也称为覆盖测试。在单元测试中，最主要的测试是针对路径的测试。

选择适当的测试用例，对模块中重要的执行路径进行测试。

应当设计测试用例查找由于错误的计算、不正确的比较或不正常的控制流而导致的错误。

对基本执行路径和循环进行测试可以发现大量的路径错误。

（5）错误处理测试

这项测试处理的重点是模块在工作中若发生了错误，出错处理是否有效。检验程序中的出错处理时，一般可能会面对的情况如下：

- 对运行发生的错误描述难以理解。
- 所报告的错误与实际遇到的错误不一致。
- 出错后，在错误处理之前引起了系统的干预。
- 异常情况的处理不正确。
- 提供的错误定位信息不足，以致无法找到出错的准确原因。

测试对上述这五个方面的错误会十分敏感，因此，如何设计测试用例，以使模块能够高效率处理其中的错误就成为软件测试过程中非常重要的问题。

3.2.3 单元测试环境

由于被测试的模块往往不是独立的程序，它处于整个软件结构的某一层位置上，被其他模块调用或调用其他模块，其本身不能单独运行，因此在单元测试时，需要为被测试模块设计若干辅助测试模块。辅助模块有以下两种：一种是驱动模块（Driver），用以模拟主程序或者调用模块的功能，用于向被测模块传递数据，接收、打印从被测模块返回的数据。一般只设计一个驱动模块。另一种是桩模块（Stub），用以模拟那些由被测模块所调用的下属模块的功能。可以设计一个或者多个桩模块，才能更好地对下属模块进行模拟。单元测试的环境如图3-3所示。

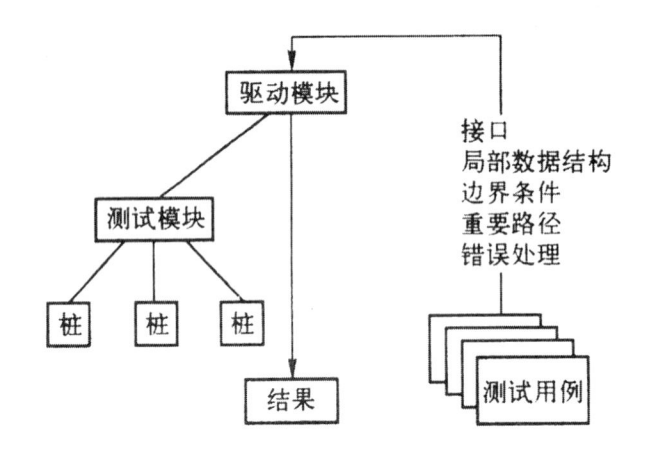

图 3-3 单元测试的环境

由于驱动模块是用来模拟主程序或者调用模块的功能的，处于被测试模块的上层，所以驱动模块只需要模拟向被测模块传递数据，接收、打印从被测模块返回的数据的功能，较容易实现。而桩模块用于模拟那些由被测模块所调用的下属模块的功能，下属模块往往不只一个，也不只一层，由于模块接口的复杂性，桩模块很难模拟各下层模块之间的调用关系。同时为了模拟下层模块的不同功能，需要编写多个桩模块，而这些桩模块所模拟的功能是否正确，也很难进行验证。所以，驱动模块的设计要比桩模块容易的多。

驱动模块和桩模块都是额外开销，这两种模块虽然在单元测试中必须使用，但却不作为最终的软件产品提供给用户。如果驱动模块和桩模块很简单的话，那么开销相对较低，然而，使用"简单"的模块是不可能进行足够的单元测试的，模块间接口的全面检查要推迟到集成测试时进行。

3.2.4 单元测试策略

单元测试涉及的测试技术通常有针对被测单元需求的功能测试、用于代码评审和代码走查的静态测试、白盒测试、状态转换测试（主要是针对类的测试）及可能的非功能测试。做好单元测试，提高单元测试的质量，仅仅了解单元测试的技术还远远不够，选择合适的单元测试策略也至关重要。单元测试的各个组件不是孤立的，是整个系统的组成部分，单元测试需要了解该单元组件在整个系统中的位置,它被哪些组件调用,该单元组件本身又调用哪些组件,最好的情况是在进行单元组件的测试时已经全面地了解了单元组件的层次及调用关系,在此基础上,单元测试考虑选择如下三种策略:自底向上的单元测试(Bottom Up Unit Testing)策略、自顶向下的单元测试(Top Down Unit Testing)策略和孤立的单元测试(Isolation Unit Testing)策略。

(1) 由顶向下的单元测试策略

这种测试策略的方法是:先对顶层的单元进行测试,把顶层所调用的单元做成桩模块。其次对第二层进行测试,使用上面已测试的单元作为驱动模块。以此类推直到完成所有模块的测试。

优点:在集成测试前提供系统早期的集成途径。由于详细设计一般都是由顶向下进行设计的,这样由顶向下的单元测试策略在执行上同详细设计的顺序一致。该测试方法可以和详细设计及编码进行重叠操作。

缺点:单元测试被桩模块控制,随着单元一个一个被测试,测试过程将变得越来越复杂,并且开发和维护的成本将增加。测试层次越到下层,结构覆盖率就越难达到。同时任何一个单元的修改将影响到其下层调用的所有单元都要被重新测试。底层单元的测试须等待顶层单元测试完毕后才能进行,并行性不好,测试周期将延长。

该策略比基于孤立单元测试的成本要高很多,不是单元测试的一个好的选择。但是如果单元都已经被独立测试过了,可以使用此方法。

(2) 由底向上的单元测试策略

这种测试策略的方法是:先对模块调用层次图上最低层的模块进行单元测试,模拟调用该模块的模块做驱动模块。然后再对上面一层做单元测试,用下面已被测试过的模块做桩模块。以此类推,直到测试完所有模块。

优点:在集成测试前提供系统早期的集成途径。不需要桩模块。测试用例可以直接从功能设计中获取,而不必从结构设计中获取。该方法在详细设计文档缺乏结构细节时变得有用。

缺点:随着单元一个一个被测试,测试过程将变得越来越复杂,开发和维护的成本将增加。并且测试层次越到顶层,结构覆盖率就越难达到。同时任何一个单元的修改将影响到直接或间接调用该单元的所有上层单元被重新测试。顶层单元的测试需等待低层单元测试完毕后才能进行,并行性不好,测试周期将延长。并且第一个被测试的单元一般都是最后一个被设计的单元,单元测试不能和详细设计、编码进行重叠。

该策略是一个比较合理的单元测试策略,尤其当需要考虑到对象或复用时。但由底向上的单元测试是面向功能的测试,而不是面向结构的测试。这对于需要获得高覆盖率的测试目标来说是相当困难的。并且该方法同紧凑的开发时间表相冲突。

(3) 孤立的单元测试策略

这种测试策略的方法是:不考虑每个模块与模块之间的关系,为每个模块设计桩模块和驱动模块。每个模块进行独立的单元测试。

优点:是最简单、最容易操作,可以达到比较高的结构覆盖率。由于一次只需要测试一个单元,其驱动模块比由底向上策略的驱动模块设计简单,其桩模块比由顶向下策略的桩模块设计简单。由于各模块之间不存在依赖性,所以单元测试可以并行进行,该方法对通过增加人员来缩短开发时间非常有效。该方法是纯粹的单元测试，上面两种策略是单元测试和集成测试的混合。

缺点：不提供一种系统早期的集成途径。另外需要结构设计信息，使用到桩模块和驱动模块。

该策略是最好的单元测试策略，如果辅助以集成测试策略，将可以缩短整个软件开发周期。

3.2.5 单元测试执行过程

单元测试的过程由五个步骤组成，如图3-4所示。
1）在详细设计阶段完成单元测试计划。
2）建立单元测试环境，完成测试设计和开发。
3）执行单元测试用例，并且详细记录测试结果。
4）判定测试用例是否通过。
5）提交《单元测试报告》。

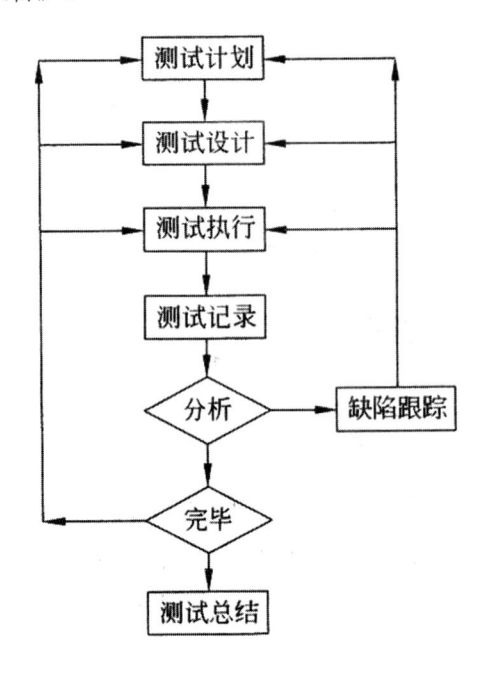

图 3-4 单元测试过程

在单元测试的各个过程中，必须遵守一定的规则，以一些设计文档为依据产生报告、分析文档等。管理好文档有利于经验的总结、团队的建设。下面就将文档管理与过程管理结合起来进行阐述。

（1）测试计划阶段

在软件详细设计阶段完成。制定单元测试计划的主要依据是《软件需求规格说明书》、

《软件详细设计说明书》，同时要参考并符合软件的整体测试计划和集成方案。这一阶段完成时输出《单元测试计划》。单元测试计划的主要内容包括测试时间表、资源分配使用表、测试的基本策略和方法。例如，是否需要执行静态测试，是否需要测试工具，是否需要编制驱动模块和桩模块等。

单元测试计划完成后，并不是立刻进行单元测试，代码可能还未完成。在代码编制时软件详细设计文档发生变化已经屡见不鲜。所以要对需求变化进行跟踪，及时更新《单元测试计划》。《单元测试计划》完成后要对其进行评审，精心制定和严格评审是整个单元测试的基础，及时更新也有利于后续各个阶段的顺利进行。

（2）测试设计阶段

《单元测试计划》提交后进入设计阶段。主要任务是测试用例的设计编写、驱动模块和桩模块的设计及代码编制。该阶段进行的主要依据是《单元测试计划》、《软件详细设计说明书》。测试用例完成后生成《单元测试用例》文档，许多大型软件公司对测试用例运用数据库进行管理，将测试用例添加至数据库即可。测试用例在执行阶段也要不断地完善和更新。设计阶段完成的《单元测试用例》也是测试能够顺利执行的保证。

（3）执行阶段

在代码完成后进行。主要依据是《单元测试用例》文档及《软件需求规格说明书》、《软件详细设计说明书》。主要任务是执行具体的测试用例，验证《软件需求规格说明书》、《软件详细设计说明书》。对测试中发现的错误或缺陷进行记录，生成《缺陷跟踪报告》。将该报告反馈给开发人员，及时修改。许多大型软件公司对缺陷的跟踪也是运用数据库进行管理的。

如果需进行静态测试，还要用到相应的标准和规范文档，生成《代码审查检查表》，即之前提到的《缺陷检查表》。严格地执行《单元测试计划》是整个单元测试的核心，也是保证质量的根本。

（4）测试评估阶段

包括测试完备性评估和代码覆盖率评估。进行评估的依据是《单元测试用例》、《缺陷跟踪报告》、《缺陷检查表》等。有时也会借助《单元测试检查表》来对单元测试进行评估。评估的目的是帮助我们判定单元测试是否足够，对该单元的质量给以评价。

（5）提交评估阶段

通过单元测试的评估，正式填写并提交《单元测试报告》。

3.3 集成测试

集成测试就是将软件集成起来后进行测试。集成测试又称为子系统测试、组装测试、部件测试等。集成测试主要是针对软件高层设计进行的测试，一般来说是以模块和子系统为单位进行测试。

3.3.1 集成测试的必要性

两个模块单独运行时都没有问题，但是集成到一起运行就可能出问题了，仅仅由于两个测试小组单独进行测试，没有进行很好沟通，缺少一个集成测试的阶段，结果导致1999年美国宇航局的火星基地登陆飞船在试图登陆火星表面时突然坠毁失踪。

在实践中，集成是指多个单元的聚合，许多单元组合成模块，而这些模块又聚合成程序，如分系统或系统。集成测试采用的方法是测试软件单元的组合能否正常工作，以及与其他组的模块能否集成起来工作。最后，还要测试构成系统的所有模块组合能否正常工作。集成测试依据的测试标准是软件概要设计规格说明，任何不符合该说明的程序模块行为都应该称为缺陷。

所有的软件项目都不能跨越集成这个阶段。不管采用什么开发模式，具体的开发工作总得从一个一个的软件单元做起，软件单元只有经过集成才能形成一个有机的整体。具体的集成过程可以分为显性集成过程和隐性集成过程。只要有集成，总是会出现一些常见问题，工程实践中，几乎不存在软件单元组装过程中不出任何问题的情况。集成测试需要花费的时间远远超过单元测试，直接从单元测试过渡到系统测试是极不妥当的做法。

在几下几种情况中一定要进行集成测试：

• 对软件质量有较高要求的软件系统，如航天软件、电信软件、系统底层软件等都必须做集成测试。

• 使用范围比较广、用户群数量较大的软件必须做集成测试。

• 类库、中间件等产品必须做集成测试。

• 使用类似 C/C++ 这种带指针的语言来开发的软件一般都需要做集成测试。

3.3.2 集成测试模式

集成模式是软件集成测试中的策略体现，其重要性是明显的，直接关系到测试的效率、结果等，一般要根据具体的系统来决定采用哪种模式。集成测试基本可以概括为非渐增式测试模式和渐增式测试模式两种，它们都有各自的优缺点，实际使用时要根据具体的系统来决定采用哪种模式。

（1）非渐增式测试模式

把所有模块按设计要求一次全部组装起来，然后进行整体测试，这称为非增量式集成。这种方法容易出现混乱，因为测试时可能发现很多错误，为每个错误定位和纠正非常困难，并且在改正一个错误的同时又可能引入新的错误，新旧错误混杂，更难断定出错的原因和位置。

（2）渐增式测试模式

增量式集成模式，程序一段一段地扩展，测试的范围一步一步地增大，错误易于定位和纠正，界面的测试亦可做到完全、彻底。

增量式集成模式具有模块间接口错误发现早，测试更彻底的优点。但是需要编写的软件较多，工作量较大；如果发生错误则往往和最近加进来的那个模块有关，便于诊断；需要较多的机器时间。

3.3.3 集成测试环境

相对于单元测试环境而言，集成测试环境的搭建比较复杂（单机环境中运行的软件除外）。随着各种软件构件技术的不断发展，以及软件复用技术思想的不断成熟和完善，可以使用不同技术基于不同平台开发现成构件集成一个应用软件系统，这使得软件复杂性也随之增加。因此在做集成测试的过程中，我们可能需要利用一些专业的测试工具或测试仪来搭建集成测试环境。必要时，还要开发一些专门的接口模拟工具。在搭建集成测试环境时，可以从以下几个方面进行考虑：

（1）硬件环境

在集成测试时，应尽可能考虑实际的环境。如果实际环境不可用，才考虑可替代的环境或在模拟环境下进行。并且如在模拟环境下使用，还需要分析模拟环境与实际环境之间可能存在的差异。对于普通的应用软件来说，由于对软件运行速度影响最大的硬件环境主要是内存和硬盘空间的大小和CPU性能的优劣。因此，在搭建集成测试的硬件环境时，应该注意到测试环境和软件实际运行环境的差距。

（2）操作系统环境

当今市场上，操作系统的种类繁多，同一个软件在不同的操作系统环境中运行的表现可能会有很大差别，因此在对软件进行集成测试时不但要考虑不同机型，而且要考虑到实际环境中安装的各种具体的操作系统环境。

（3）数据库环境

除了在单机上运行的应用软件外，一般来说几乎所有的应用都会使用大型关系数据库产品，常见的有：Oracle、Sybase、Microsoft SQL Server等。因为这些数据库产品各有千秋，用户可能会根据各自的喜好和熟悉程度来选择实际环境中使用哪个数据库产品。因此，在搭建集成测试所使用的数据库环境时要从性能、版本、容量等多方面考虑，至少要针对常见的几种数据库产品进行测试。只有这样才能够使产品不但能够满足某一个用户的要求，而且可以推广到更大的市场。

（4）网络环境

网络环境也是千差万别，但一般用户所使用的网络环境都是以太网。一般来讲，把公司内部的网络环境作为集成测试的网络环境就可以了。当然，特殊环境要求除外，如有的软件运行需要无线设备。

（5）测试工具运行环境

在系统还没有开发完成时，有些集成测试必须借助测试工具才能够完成，因此也需要搭建一个测试工具能够运行的环境。

除了上面提到的集成测试环境外，还要考虑到一些其他环境，如：Web应用所需要的Web服务器环境、浏览器环境等。这就要求测试人员根据具体要求进行搭建。图3-5是一个典型的集成测试环境示意图。

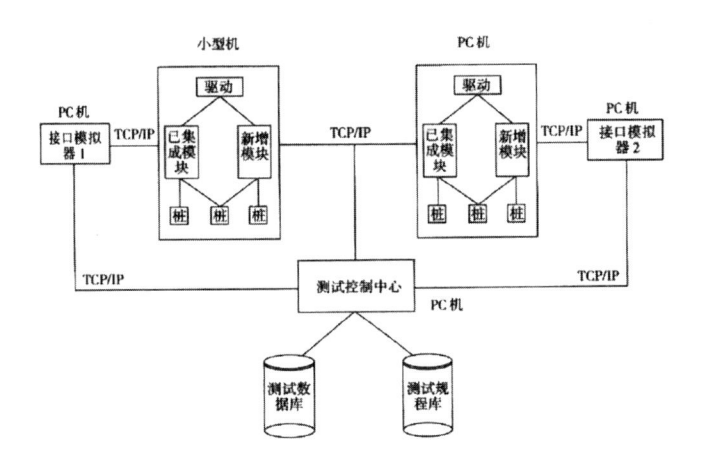

图 3-5　集成测试环境示意图

3.3.4 集成测试方法

当对两个以上模块进行集成时，不可能忽视它们和周围模块的相互联系。为模拟这种联系，需设置若干辅助测试模块，也就是连接被测试模块的程序段。和单元测试阶段一样，辅助模块通常有驱动模块和桩模块两种。

增量式集成测试按照不同的次序实施，通常可分为三种方法，即自顶向下集成、自底向上集成和混合集成。

（1）自顶向下集成

自顶向下集成是从主控模块开始，按照软件的控制层次结构向下逐步把各个模块集成在一起。集成过程中可以采用深度优先或广度优先的策略。其中按深度方向组装的方式，可以首先实现和验证一个完整的软件功能。

自顶向下集成的具体步骤如下：

1）对主控模块进行测试，测试时用桩程序代替所有直接附属于主控模块的模块。

2）根据选定的结合策略（深度优先或广度优先），每次用一个实际模块代替一个桩模块（新结合进来的模块往往又需要新的桩模块）。

3）在结合下一个模块的同时进行测试。

4）为了保证加入模块没有引进新的错误，可能需要进行回归测试（即全部或部分地重复以前做过的测试）。

从第 2）步开始不断地重复进行上述过程，直至完成。

这种方法能尽早地对程序的主要控制和决策机制进行检验，因此能较早地发现错误。但是在测试较高层模块时，低层处理采用桩模块替代，不能反映真实情况，重要数据不能及时回送到上层模块，因此测试并不充分。自顶向下集成不需要驱动模块，但需要建立桩模块，要使桩模块能够模拟实际子模块的功能十分困难，因为桩模块在接收了所测模块发送的信息后需要按照它所代替的实际子模块功能返回应该回送的信息，这必将增加建立桩模块的复杂度，而且导致增加一些附加的测试。

（2）自底向上集成

自底向上集成是从"原子"模块（即软件结构最低层的模块）开始组装测试。其具体步骤如下：

1）把低层模块组合成实现某个特定软件子功能的族。
2）写一个驱动程序（用于测试的控制程序），协调测试数据的输入和输出。
3）对由模块组成的子功能族进行测试。
4）去掉驱动程序，沿软件结构自下向上移动，把子功能族组合起来形成更大的子功能族（cluster）。

从第②步开始不断地重复进行上述过程，直至完成。

自底向上法的优缺点与自顶向下法正好相反。

（3）混合集成

自顶向下增值的方式和自底向上增值的方式各有优缺点。具体测试时通常是把以上两种方式结合起来进行集成和测试。混合集成是自顶向下和自底向上集成的组合。一般对软件结构的上层使用自顶向下结合的方法，对下层使用自底向上结合的方法。

另外，在组装测试时，应当确定关键模块，并尽量对这些关键模块及早进行测试。关键模块的特征是：满足某些软件需求；在程序的模块结构中位于较高的层次；较复杂、易发生错误；有明确定义的性能要求。

3.3.5 集成测试过程

一个测试从开发到执行遵循一个过程，不同的组织对这个过程的定义会有所不同。根据集成测试不同阶段的任务，可以把集成测试划分为5个阶段：计划阶段、设计阶段、实施阶段、执行阶段和评估阶段。

1. 计划阶段

测试计划的好坏直接影响着后续测试工作的进行，所以集成测试计划的制定对集成测试的顺利实施也起着至关重要的作用。集成测试计划一般安排在概要设计评审通过后大约一个星期的时候，参考需求规格说明书、概要设计文档、产品开发计划时间表来制定。当然，集成测试计划的制定不可能一下子就能完成，需要通过若干个必不可少的活动环节。

1）确定被测试对象和测试范围。
2）评估集成测试被测试对象的数量及难度，即工作量。
3）确定角色分工和划分工作任务。
4）标识出测试各个阶段的时间、任务、约束等条件。
5）考虑一定的风险分析及应急计划。
6）考虑和准备集成测试需要的测试工具、测试仪器、环境等资源。
7）考虑外部技术支援的力度和深度，以及相关培训安排。
8）定义测试完成标准。

通过上述步骤就可以得到一份周密翔实的集成测试计划。在集成测试计划定稿之前可能还要经过几次修改和调整才能够完成，直到通过评审为止。实际上，即使定稿之后也可能因为类似需求变更等原因而必须进行修改。

2. 设计阶段

周密的集成测试设计是测试人员行动的指南。一般在详细设计开始时，就可以着手进行。可以把需要规格说明书、概要设计、集成测试计划文档作为参考依据。当然也是在概要设计通过评审的前提下才可以进行。与制定集成测试计划一样，也要通过多个测试工作的活动环节才能够完成，如：

- 被测对象结构分析。
- 集成测试模块分析。
- 集成测试接口分析。
- 集成测试策略分析。
- 集成测试工具分析。
- 集成测试环境分析。
- 集成测试工作量估计和安排。

通过上述这些步骤之后，输出一份具体的集成测试方案，最后提交给相关人员进行评审。

3. 实施阶段

前文已经介绍过，只有在要集成的单元都顺利通过测试以后才能够进行集成测试。因此，集成测试必须等某些模块的编码完成后才能够进行。在实施的过程中，我们要参考需求规格说明书、概要设计、集成测试计划、集成测试设计等相关文档来进行。集成测试实施的前提条件就是详细设计阶段的评审已经通过，通常要通过这样几个环节来完成，即：

- 集成测试用例设计。
- 集成测试规程设计。
- 集成测试代码设计（如果需要）。
- 集成测试脚本开发（如果需要）。
- 集成测试工具开发或选择（如果需要）。

通过上述这些步骤，可以得到集成测试用例、集成测试规程、集成测试代码（系统具备该条件）、集成测试脚本（系统具备该条件）、集成测试工具（系统具备该条件）等相应的产品。最后，把输出的测试用例和测试规程等产品提交给相关人员进行评审。

4. 执行阶段

这是集成测试过程中一个比较简单的阶段，只要所有的集成测试工作准备完毕，测试人员在单元测试完成以后就可以执行集成测试。当然，须按照相应的测试规程，借助集成测试工具（系统具备该条件），并把需求规格说明书、概要设计、集成测试计划、集成测试设计、集成测试用例、集成测试规程、集成测试代码（系统具备该条件）、集成测试脚本（系统具备该条件）作为测试执行的依据来执行集成测试用例。测试执行的前提条件就是单元测试已经通过评审。当测试执行结束后，测试人员要记录下每个测试用例执行后的结果，填写集成测试报告，最后提交给相关人员评审。

5.评估阶段

当集成测试执行结束后,要召集相关人员,如测试设计人员、编码人员、系统设计人员等对测试结果进行评估,确定是否通过集成测试。

3.4 系统测试

确认测试又称为有效性测试和合格性测试。当集成测试完成之后,分散开发的模块将被连接起来,从而构成完整的程序。其中各个模块之间接口存在的种种问题都已消除,此时可进行测试工作的最后部分,确认测试。确认测试是检验所开发的软件是否能按用户提出的要求进行工作。

3.4.1 确认测试原则

软件确认要通过一系列证明软件功能和需求一致的黑盒测试来完成。在需求规格说明书中可能作了原则性规定,但在测试阶段需要更详细、更具体的测试规格说明书做进一步说明,列出要进行的测试种类,并定义为发现与需求不一致的错误而使用详细测试用例的测试过程。经过确认测试,应该为已开发的软件给出结论性评价。

经过检验的软件功能、性能及其他要求均已满足需求规格说明书的规定,因此可被认为是合格软件。

经过检验,发现与需求说明书有相当的偏离时,得到一个各项缺陷清单。在这种情况下,往往很难在交付期之前把发现的问题纠正过来。这就需要开发部门与用户进行协商,找出解决的办法。

3.4.2 确认测试活动

确认测试一般包括有效性测试和软件配置复查。

(1) 有效性测试

有效性测试是在模拟的环境下,通过执行黑盒测试,验证被测软件是否满足需求规格说明书中的需求。需求规格说明书中的需求是多方面的,有对功能的需求,对性能的要求,对文档的需求,以及对其他特性(如安全性、健壮性、兼容性等)的要求。

为进行有效性测试,应拟订测试计划,详细指明要执行的测试种类、测试的步骤,还需要缩写具体的测试用例。在执行完所有测试用例后,应对本次测试做出结沦。结论分为以下两种:

1)测试结果与预期结果相符,即软件的功能、性能及其他特性满足需求规格说明书中的需求,即通过了有效性测试。

2）测试结果与预期结果不相符，即软件的功能、性能及其他特性未能满足需求规格说明书中的需求，应提交份问题报告。

（2）软件配置复查

在软件工程过程中产生的所有信息项，如文档、报告、程序、表格、数据等，称为软件配置。软件配置复查的目的是保证软件配置的所有成分齐全，各成分的质量都符合要求，具有维护阶段所必需的细节，且已编排好分类目录。

在确认测试的过程中，应严格按照用户手册和操作手册中规定的使用步骤，检查软件配置是否齐全、正确。应详细记录发现的遗漏或不正确之处，并对发现的问题进行修复。

3.4.3 确认测试方式

为一个软件模块设计确认测试的过程非常困难。因为这要求对模块期望行为具有深入的理解。但在开发过程刚开始，模块的预期行为还不能完全正确理解，许多细节可能会被漏掉。确认测试设计能够发现不确定性，迫使开发小组进行决策。执行每个确认测试用例后，软件功能、性能对规格说明的遵循程度应该能被接受。在确认测试过程中，需要发现软件设计与规格说明之间的不一致，并生成一个问题列表，以便在交付前更正这些不一致和错误。目前广泛使用的两种确认测试方式是 α 测试和 β 测试。

（1）α 测试

确定客户实际如何使用程序是非常困难的事情，因此，需要执行接收测试让用户在产品最终交付前检查所有需求。这种接收测试可以是非正式测试，也可以用一组严格的测试集，由最终用户代替开发人员来实施。多数开发者使用 α 测试和 β 测试来识别那些似乎只能由用户发现的错误，其目标是发现严重错误，并确定需要的功能是否被实现。在软件开发周期中，根据功能性特征，所需的 α 测试的次数应在项目计划中规定。α 测试是在开发现场执行，开发者在客户使用系统时检查是再存在错误。在该阶段中，需要准备 β 测试的测试计划和测试用例。

（2）β 测试

β 测试是一种现场测试，一般由多个客户在软件真实运行环境下实施，因此开发人员无法对其进行控制。β 测试的主要目的是评价软件技术内容，发现任何隐藏的错误和边界效应。它还要对软件是否易于使用以及用户文档初稿进行评价，发现错误并进行报告。当软件多数功能能够实现时，就可到达 β 阶段。软件在客户环境中进行测试，使用户有机会使用软件，并在产品最终交付前发现错误并修正。β 测试是一种详细测试，需要覆盖产品的所有功能点，因此依赖于功能性测试。在测试阶段开始前应准备好测试计划，清楚列出测试目标、范围、执行的任务，以及描述测试安排的测试矩阵。客户对异常情况进行报告，并将错误在内部进行文档化以供测试人员和开发人员参考。

3.4.4 确认测试过程

确认测试的实施过程包括测试准备、测试执行、测试结果记录与分析三个阶段。测试结束后，应写出测试分析报告。

(1) 测试准备

确认测试的测试准备工作主要包括制定测试计划、建立测试数据、准备测试环境，以及挑选辅助工具等工作。

测试计划：包括产品基本情况调研、测试需求说明、测试策略和记录、测试资源配置、计划表、问题跟踪报告、测试计划的评审、结果等。此外，人员组织、时间安排、测试依据、配置管理、测试的出入口准则、测试环境等都应当是制定测试计划时必须考虑到的因素。

测试数据：测试人员创建代表处理的条件。创建测试数据的复杂之处在于确定包含哪些事务，通过选择最重要的测试事务来对测试进行优化是测试数据测试工具的重要方面。一些测试工具包括设计测试数据的方法。例如，正确性验证、数据流分析和控制流分析都被用来开发大量的测试数据集合。

(2) 测试执行

有效的确认测试应该建立在软件生命周期创建的测试计划上。该测试阶段的测试是本阶段测试中各工作的顶点。如果没有准备过程，测试将变得浪费而且无效。

(3) 测试结果记录与分析

为分清已经以及没有完成的功能，测试人员必须记录测试的结果。应该为每种测试用例开发条件、标准、效果、原因等属性，这是一个良好开发的问题语句所应当具备的，缺少其中任何一个或多个属性都会产生问题。

其中，①条件，实际的结果；②标准，预期的结果；③效果，实际结果和预期结果差异的原因；④原因，偏差的原因。前两个属性是查找的基础。如果对这两个属性的比较只有一点或没有实际结果，则查找不存在。

3.5 验收测试

验收测试是软件开发结束后，验证软件的功能和性能及其他特性是否与用户的要求一致。它是系统级别的测试，与前面讨论的各种测试活动的不同之处主要在于它突出了客户的作用，同时软件开发人员也应有一定程度的参与。如何组织好验收测试并不是一件容易的事。

3.5.1 验收测试内容

验收测试通常以用户代表为主体来进行，由用户设计测试用例，确定系统功能和性能的可接受性，按照合同中预定的验收原则进行测试。这是一种非常实用的测试，实质上就是用户用大量的真实数据试用软件系统。

1. 验收测试的主要测试工作

软件验收测试应完成的主要测试工作包括以下几个方面。

（1）文档资料的审查验收

所有与测试有关的文档资料是否编写齐全，并得到分类编写，这些文档资料主要包括各测试阶段的测试计划、测试申请及测试报告等。

（2）功能测试

必须根据需求规格说明书中规定的功能，对被验收的软件遂项进行测试，以确认软件是否具备规定的各项功能。

（3）性能测试

必须根据需求规格说明书中规定的性能，对被验收的软件进行测试。以确认该软件的性能是否得到满足，开发单位应提交开发阶段内各测试阶段所做的测试分析报告，包括测试中发现的错误类型，以及修正活动情况。开发单位必须设计性能测试用例，并预先征得用户的认可。

（4）强化测试

开发单位必须设计强化测试用例，其中应包括典型的运行环境、所有的运行方式，以及在系统运行期可能发生的其他情况。

（5）性能降级执行方式测试

在某些设备或程序发生故障时，对于允许降级运行的系统，必须确定经用户批准的能够安全完成的性能降级执行方式，开发单位必须按照用户指定的所有性能降级执行方式或性能降级的方式组合来设计测试用例，应设定典型的错误原因和所导致的性能降级执行方式。开发单位必须确保测试结果与需求规格说明中包括的所有运行性能需求一致。

（6）检查系统的余量要求

必须实际考察计算机存储空间，输入、输出通道和批处理间接使用情况，要保持至少有20%的余量。

（7）安装测试

安装测试的目的不是检查程序的错误，而是检查软件安装时产生的问题，即程序和库，文件系统、配置管理系统的接口有什么问题。它是客户使用新系统时执行的第一个操作，因此，清晰并且简单的安装过程是系统文档中最重要的部分。

（8）用户操作测试

启动、退出系统，检查用户操作界面是否友好、实用等。

2. 验收测试完成标准

完成下面工作可认为验收测试完成：
1）完全执行了验收测试计划中的每个测试用例。
2）在验收测试中发现的错误已经得到修改并且通过了测试。
3）完成软件验收测试报告。

此外，软件验收的时间安排是开发者和用户双方都很关心的问题。在充分协商以后，应在验收测试计划中做出明文规定。

3.5.2 验收测试的策略

验收测试的策略通常有正式验收、非正式验收或 α 测试、β 测试，选择验收测试的策略通常建立在合同需求、组织、公司标准，以及应用领域要求的基础之上。

1. 正式验收

正式验收的过程如下：

1) 软件需求分析：了解软件功能、性能要求、软硬件环境要求等，并特别要了解软件的质量要求和验收要求。
2) 编写《验收测试计划》和《项目验收准则》：根据软件需求和验收要求编写测试计划，制定需测试的测试项，制定测试策略及验收通过准则，并经过客户参与的计划评审。
3) 测试设计和测试用例设计：根据《验收测试计划》和《项目验收准则》编制测试用例，并经过评审。
4) 测试环境搭建：建立测试的硬件环境、软件环境等。
5) 测试实施：测试并记录测试结果。
6) 测试结果分析：根据验收通过准则分析测试结果，作出验收是否通过及测试评价。
7) 测试报告：根据测试结果编制缺陷报告和验收测试报告，并提交给客户。

正式验收测试是一个需要严格规划和组织的过程，它通常是系统测试的延续，选择的测试用例应该是系统测试中所执行测试用例的子集。在很多组织中，正式验收测试是完全自动执行的。正式验收测试可由开发小组（或其独立的测试小组）与最终用户组织的代表来执行，也可能完全由最终用户团队执行，或者由最终用户团队选择人员组成一个客观公正的小组来执行。

正式验收的主要优点是，测试可以自动执行，支持回归测试，并可以对测试过程进行评测和监测；不足之处主要是要求大量的资源和周密的计划，测试可能是系统测试的再次实施，测试成本有一定的浪费。

2. 非正式验收

在非正式验收中，测试过程不像正式验收测试那样严格，显得比较主观。非正式验收测试也应事先确定测试项，但这是由各测试员自行决定的。大多数情况下，非正式验收是由最终用户执行的。

非正式验收与正式验收相比，可以发现更多意料之外的软件缺陷（例如用户操作方式有误时软件不能恰当处理），但由于缺乏严格的计划组织，非正式测试发现的错误往往是有限的。

关于 α 测试和 β 测试的内容，已在上节中做过介绍，在此不再赘述。

3.5.3 验收测试过程研究

验收测试可以分为几个大的部分：验收测试标准的确认，软件配置审核，可执行程序测试，α、β 测试。其大致顺序可分为文档审核、源代码审核、配置脚本审核、测试程序或脚本审核、可执行程序测试，α、β 测试。要注意的是，在开发方将系统提交用户方进行验收测试之前，必须保证开发方本身已经对系统的各方面进行了足够的系统测试或正式测试。用户在按照合同接收并清点开发方的交付物时（包括以前已经提交的），要查看开发方提供的各种审核报告和测试报告内容是否齐全。

1. 验收测试标准的确认

实现软件验收测试是通过一系列黑盒测试完成的。验收测试同样需要制定测试计划和过程，测试计划应规定测试的种类和测试进度，测试过程则定义测试的实施策略、测试用例的分析和设计方法、测试的控制等一系列活动。测试用例的设计目的旨在说明软件与需求是否一致。无论是计划还是过程，都应该着重考虑软件是否满足合同规定的所有功能、性能及其他需求，另外，还要考虑文档资料是否完整、准确，人机界面和其他方面（例如可移植性、兼容性、错误恢复能力和可维护性等）是否令用户满意。

验收测试的结果有两种可能：一种是功能和性能指标满足软件需求说明的要求，用户可以接受；另一种是软件不满足软件需求说明的要求，用户无法接受。项目进行到这个阶段才发现严重的缺陷和偏差一般很难在预定的工期内改正，因此必须与用户协商，寻求一个妥善解决问题的方法。

2. 配置复审

验收测试的另一个重要环节是配置复审。复审的目的在于保证软件配置齐全、分类有序，并且包括软件维护所必须的细节。软件承包方通常要提供如下相关的软件配置内容：可执行程序、源程序、配置脚本、测试程序或脚本。

主要的开发类文档有《需求说明书》、《需求分析说明书》、《概要设计说明书》、《详细设计说明书》、《数据库设计说明书》、《测试计划》、《测试报告》、《程序维护手册》、《程序员开发手册》、《用户操作手册》、《项目总结报告》等。

主要的管理类文档有《项目计划书》、《质量保证计划》、《配置管理计划》、《用户培训计划》、《质量总结报告》、《评审报告》、《会议记录》、《开发进度月报》等。

在开发类文档中，容易被忽视的文档有《程序维护手册》和《程序员开发手册》。《程序维护手册》的主要内容包括系统说明（包括程序说明）、操作环境、维护过程、源代码清单等，编写目的是为将来的维护、修改和再次开发工作提供有用的技术信息。《程序员开发手册》的主要内容包括系统目标、开发环境使用说明、测试环境使用说明、编码规范及相应的流程等，实际上就是程序员的培训手册。

不同大小的项目都必须具备上述的文档内容，只是可以根据实际情况进行重新组织。通常，正式的审核过程分为5个步骤：计划、预备会议（可选）、准备阶段、审核会议和问题追踪。预备会议是对审核内容进行介绍并讨论。准备阶段就是各责任人事先审核并记录发现的问题。审核会议是最终确定工作产品中包含的缺陷。审核要达到的基本目标是根据共同制定的审核表，尽可能地发现被审核内容中存在的问题，并最终得到解决。在根据相应的审核表进行文档审核和源代码审核时，还要注意文档与源代码的一致性。

在实际的验收测试执行过程中，常常会发现文档审核是最难的工作，一方面由于市场需求等方面的压力使这项工作常常被弱化或推迟，造成持续时间变长，加大文档审核的难度；

另一方面，文档审核中不易把握的地方非常多，每个项目都有一些特别的地方，而且也很难找到可用的参考资料。

3. 可执行程序的测试

文档审核、源代码审核、配置脚本审核、测试程序或脚本审核都顺利完成，就可以进行验收测试的可执行程序的测试，包括功能、性能等方面的测试，每种测试也都包括目标、启动标准、活动、完成标准和度量5部分。要注意的是，不能直接使用开发方提供的可执行程序用于验收测试，而要按照开发方提供的编译步骤，从源代码重新生成可执行程序。

在真正进行用户验收测试之前一般应该已经完成了以下工作（也可以根据实际情况有选择地采用或增加）：

- 软件开发已经完成并进行了系统测试，并全部解决了已知的缺陷。
- 验收测试计划已经过评审并批准，并且置于文档控制之下。
- 对软件需求说明书的审查已经完成。
- 对概要设计、详细设计的审查已经完成。
- 对所有关键模块或类的代码审查已经完成。
- 对单元、集成、系统测试计划和报告的审查已经完成。
- 所有的测试脚本已完成，并至少执行过一次，且通过评审。
- 使用配置管理工具且代码置于配置控制之下。
- 系统缺陷的处理流程已经就绪。
- 已经制定、评审并批准验收测试完成标准。

具体的测试内容通常可以包括安装（升级）、启动与关机、功能测试（正例、重要算法、边界、时序、反例、错误推理）、性能测试（正常的负载、容量变化）、压力测试（临界的负载、容量变化）、配置测试、平台测试、安全性测试、恢复测试（在出现掉电、硬件故障或切换、网络故障等情况时，系统是否能够正常运行）、可靠性测试等。

性能测试和压力测试一般情况下是在一起进行，通常还需要辅助工具的支持。在进行性能测试和压力测试时，测试范围必须限定在那些使用频度高的和时间要求苛刻的软件功能的子集中。由于开发方已经事先进行过性能测试和压力测试，因此可以直接使用开发方的辅助工具。也可以通过购买或自己开发来获得辅助工具。

3.5.4 验收测试报告与用户验收测试

验收测试是整个产品测试中的最后一个环节，完成并通过验收测试后我们需要提交验收测试报告，有时也称为发布报告。在报告中要综合分析各阶段所有的测试内容，有充分的信心保证产品的质量，并指出可能存在的问题。当然没有bug的软件是不存在的，我们不能宣称找出并修正了软件中的所有错误和缺陷。有时迫于市场压力和时间上的考虑，我们会允许即将发布的软件中存在部分级别较低、对用户影响不大的缺陷。

事实上，测试人员不可能完全预见用户实际使用程序的情况。也就不可能发现所有的错误。例如，用户可能错误的理解命令，或提供一些奇怪的数据组合，也可能对设计者自认明了的输出信息迷惑不解等。因此，软件是否真正满足虽终用户的要求，应由用户进行一系列

"验收测试"。用户验收测试既可以是非正式的测试，也可以有计划、有系统的测试。

用户验收测试由用户完成，验收测试由测试人员完成。原因有以下几点：

1）有时验收测试长达数周，甚至数月，不断暴露错误，导致开发延期。而且大量的错误可能吓跑用户。

2）即使用户愿意做验收测试，他们消耗的时间、花费的金钱大多比测试小组要高。

3）一个软件产品可能拥有众多用户，不可能由每个用户都进行验收，此时多采用 α 测试和 β 测试的过程，以期发现那些似乎只有最终用户才能发现的问题。

3.6 测试后的调试

软件调试是在软件测试完成之后对测试过程中发现的错误加以修改，以保证软件运行的正确性、可靠性。软件调试与软件测试不同，测试的目的是尽可能多地发现软件中的错误；调试的任务则是进一步诊断和改正程序中潜在的错误。

3.6.1 调试过程

如图 3-6 所示，调试过程开始于一个测试用例的执行，若测试结果与期望结果有出入，即出现了错误征兆，调试过程首先要找出错误原因，然后对错误进行修正。因此调试过程有两种可能，一是找到了错误原因并纠正了错误，另一种可能是错误原因不明，调试人员只得做某种推测，然后再设计测试用例证实这种推测，若一次推测失败，再做第二次推测，直至发现并纠正了错误。

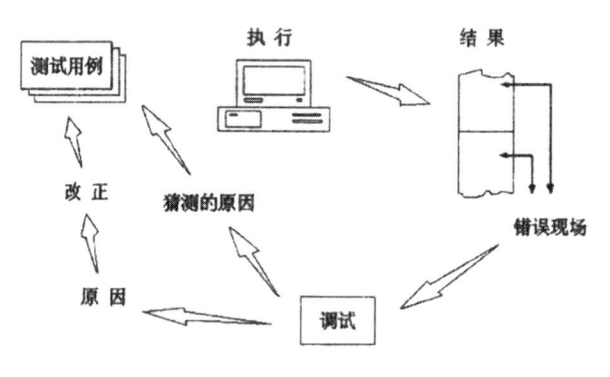

图 3-6 调试过程

调试是一个相当艰苦的过程，究其原因除了开发人员心理方面的障碍外，还因为隐藏在程序中的错误具有下列特殊的性质。

1）错误的外部征兆远离引起错误的内部原因，对于高度耦合的程序结构此类现象更为严重。

2）纠正一个错误造成了另一错误现象（暂时）的消失。
3）某些错误征兆只是假象。
4）因操作人员一时疏忽造成的某些错误征兆不易追踪。
5）错误是由于分时而不是程序引起的。
6）输入条件难于精确地再构造（例如，某些实时应用的输入次序不确定）。
7）错误征兆时有时无，此现象对嵌入式系统尤其普遍。
8）错误是由于把任务分布在若干台不同处理机上运行而造成的。

在软件调试过程中，可能遇见大大小小、形形色色的问题，随着问题的增多，调试人员的压力也随之增大，过分地紧张致使开发人员在排除一个问题的同时又引入更多的新问题。因此，在调试过程中应该遵循以下步骤：

1）从错误的外部表现形式入手，确定程序中出错位置。
2）研究有关部分的程序，找出错误的内在原因。
3）修改设计和代码，以排除这个错误。
4）重复进行暴露了这个错误的原始测试或某些有关测试，以确认是否排除了该错误以及是否引进了新的错误。
5）如果所做的修正无效，则撤消这次改动，恢复程序修改之前的状态。重复上述过程，直到找到一个有效的解决办法为止。

3.6.2 软件调试原则

1. 确定错误的性质、位置的原则

认真分析、思考与错误征兆有关的信息。

当调试工作陷入绝境时将问题暂时搁置，等第二天再去考虑，或者向其他人讲解这个问题。

调试工具可以帮助思考，但不能代替思考，故而只能作为辅助手段来使用。

避免用试探法，最多只能把它当作最后手段。通过修改程序来解决问题常常会带入新的错误，成功机会很小。

2. 修改错误的原则

修改错误时可遵照下列原则：

1）不但要修改出现错误的地方，还要检查其近邻是否存在错误，因为有时候出现错误的地方不止一个。
2）修改错误的重点在于修改错误的本质，而不仅仅只是修改这个错误的征兆或表现。
3）修正一个错误的同时有可能会引入新的错误，必须在修改了错误之后进行回归测试，以确认是否存在新的错误。
4）修改错误也是程序设计的一种形式，修改错误的过程将迫使人们暂时回到程序设计阶段。在错误修正的过程中可以使用在程序设计阶段所使用的任何方法。

5）修改源代码程序，不要改变目标代码。对于一个大的系统，特别是对一个使用汇编语言编写的系统进行调试时，如果试图通过直接改变目标代码来修改错误，并打算以后再改变源程序，会导致当程序重新编译或汇编时，因目标代码与源代码不同步引发错误的再现。这是一种盲目的实验调试方法，也是一种草率的、不妥当的做法。

3.6.3 软件调试的方法

调试的关键在于推断程序内部的错误位置及原因，可以采用以下几种方法。

1. 原始法调试

这是最常用也是最低效的调试方法，它的主要思想是通过分析运行程序时数据信息的变化情况查找错误原因，如输出存储器、寄存器的内容，在程序中插入若干输出语句等，凭借大量的现场信息，从中找出出错的 ，虽然最终也能成功，但难免要耗费大量的时间和精力，具体分为以下 3 种。

（1）通过内存全部打印来排错

将计算机存储器和寄存器的全部内容打印出来，然后在这大量的数据中寻找出错的位置。虽然有时使用它可以获得成功，但是更多的是浪费了机时、纸张和人力。可能是效率最低的方法。其缺点是：①建立内存地址与源程序变量之间的对应关系很困难，仅汇编和手编程序才有可能。②人们将面对大量（八进制或十六进制）的数据，其中大多数与所查错误无关。③一个内存全部内容打印清单只显示了源程序在某一瞬间的状态，即静态映像；但为了发现错误，需要的是程序的随时间变化的动态过程。④一个内存全部内容打印清单不能反映在出错位置处程序的状态。程序在出错时刻与打印信息时刻之间的时间间隔内所做的事情可能会掩盖所需要的线索。⑤缺乏从分析全部内存打印信息来找到错误原因的算法。

（2）在程序特定部位设置打印语句

把打印语句插在出错的源程序的各个关键变量改变部位、重要分支部位、子程序调用部位，跟踪程序的执行，监视重要变量的变化。这种方法能显示出程序的动态过程，允许人们检查与源程序有关的信息。因此，比全部打印内存信息优越，但是它也有缺点：①可能输出大量需要分析的信息，大型程序或系统更是如此，造成费用过大。②必须修改源程序以插入打印语句，这种修改可能会掩盖错误，改变关键的时间关系或把新的错误引入程序。

（3）自动调试工具

利用某些程序语言的调试功能或专门的交互式调试工具，分析程序的动态过程，而不必修改程序。可供利用的典型的语言功能有：打印出语句执行的追踪信息，追踪子程序调用，以及指定变量的变化情况。自动调试工具的功能是：设置断点，当程序执行到某个特定的语句或某个特定的变量值改变时，程序暂停执行。程序员可在终端上观察程序此时的状态。

2. 归纳法调试

归纳是一种由特殊到一般的逻辑推理方法。归纳法调试是根据软件测试所取得的错误结果的个别数据，分析出可能的错误线索，研究出错规律和错误之间的线索关系，由此确定错误发生的原因和位置。归纳法调试的基本思想是：从一些个别的错误线索着手，通过分析这些线索之间的关系而发现错误。

如图 3-7 所示,归纳法调试的具体实施步骤如下:

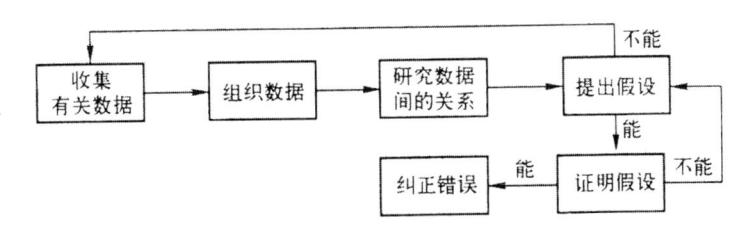

图 3-7 归纳法调试的步骤

1) 收集有关数据。对所有已经知道的测试用例和程序运行结果进行收集、汇总,不仅要包括那些出错的运行结果,也要包括那些不产生错误结果的测试数据,这些数据将为发现错误提供宝贵的线索。

2) 整理分析有关数据。对第一步收集的有关数据进行组织、整理,并在此基础上对其进行细致的分析,从中发现错误发生的线索和规律。

3) 提出假设。研究分析测试结果数据之间的关系,力求寻找出其中的联系和规律,进而提出一个或多个关于出错原因的假设。如果无法提出相应的假设,则回到第一步,补充收集更多的测试数据;如果可以提出多个假设,则选择其中可能性最大者。

4) 证明假设。在假设提出以后,证明假设的合理性对软件调试是十分重要的。证明假设是将假设与原始的测试数据进行比较,如果假设能够完全解释所有的调试结果,那么该假设便得到了证明。反之,该假设就是不合理的,需要重新提出新的假设。

3. 演绎法调试

演绎法是一种从一般推测和前提出发,经过排除和精化的过程,推导出结论的思考方法。演绎法调试是列出所有可能的错误原因的假设,然后利用测试数据排除不适当的假设,最后再用测试数据验证余下的假设确实是出错的原因。

如图 3-8 所示,演绎法调试的具体步骤如下:

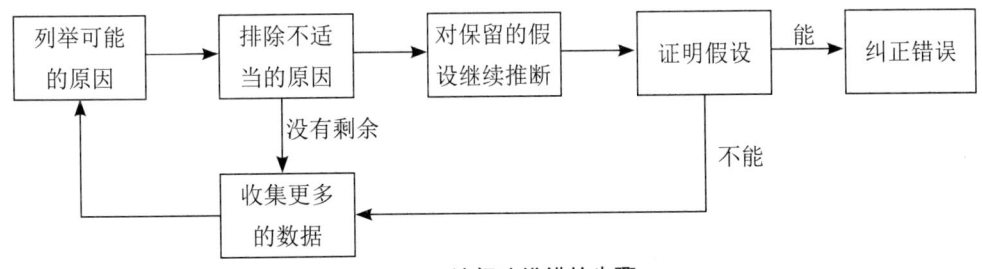

图 3-8 演绎法排错的步骤

1) 列出所有可能的错误原因的假设。把可能的错误原因列成表,不需要完全解释,仅是一些可能因素的假设。

2) 排除不适当的假设。应仔细分析已有的数据,寻找矛盾,力求排除前一步列出的所有原因。如果都排除了,则需补充一些测试用例,以建立新的假设;如果保留下来的假设多于一个，则选择可能性最大的作为基本的假设。

3）精化余下的假设。利用已知的线索，进一步求精余下的假设，使之更具体化，以便可以精确地确定出错位置。

4）证明余下的假设。做法与归纳法相同。

4. 回溯法调试

这是在小程序中常用的一种有效的排错方法。一旦发现了错误，人们先分析错误征兆，确定最先发现"症状"的位置。然后，人工沿程序的控制流程，向回追踪源程序代码，直到找到错误根源或确定错误产生的范围。

例如，程序中发现错误的地方是某个打印语句。通过输出值可推断出程序在这一点上变量的值。再从这一点出发，回溯程序的执行过程，反复考虑："如果程序在这一点上的状态（变量的值）是这样，那么程序在上一点的状态一定是这样"，直到找到错误的位置，即在其状态是预期的点与第一个状态不是预期的点之间的程序位置。

对于小程序，回溯法往往能把错误范围缩小到程序中的一小段代码；仔细分析这段代码不难确定出错的准确位置。但对于大程序，由于回溯的路径数目较多，回溯会变得很困难。

5. 对分法调试

如果已经知道某些变量在程序中若干关键点的正确值，则可以在程序中间的某个恰当位置插入赋值语句或输入语句，为这些变量赋予正确的值，然后再检查程序的运行结果。如果在插入点以后的运行正确，那么错误一定发生在插入点的前半部分；反之，错误一定发生在插入点的后半部分。对于程序中有错误的部分再重复使用该方法，直至把错误的范围缩小到容易诊断的区域为止。

第4章　面向对象测试

面向对象是目前主流的软件开发方法，占据了软件开发的绝大部分领地。面向对象方法有着与传统开发方法完全不同的思维视角，这使得面向对象软件也与传统软件有着诸多不同的特性，这些特性使传统的测试方法在面向对象软件的测试中基本难以适用。

4.1　面向对象方法

面向对象（Object Oriented，OO）开发是 20 世纪 90 年代以来软件开发方法的主流。面向对象的概念和应用已超越程序设计，扩展到很多领域，例如数据库系统、交互式界面、应用结构、应用平台、分布式系统、网络管理结构、CAD 技术、人工智能等领域。

4.1.1 面向对象方法概述

面向对象方法是目前最主要且发展成熟的软件开发方法。面向过程方法基于任务并关注软件的行为，而面向对象方法则同时基于任务和数据。面向对象方法把相关的数据和任务在实体中结合起来，这种实体就是对象。它以对象的概念为核心，并把对象定义为数据及其方法。然而，这是看待对象的一种局限性观点。对象本身含有自身的相关信息，数据使对象能够知道它位于什么状态，而对象中的代码使其可以正确操作这些数据。一个对象从其父类中继承所有的属性和操作，并且可以另外拥有自己的属性和操作。

一个对象还可以成为其他类的对象，形成树结构层次中的另一个分支。当一个类被使用并包含数据或信息时，它就是一个对象实例。对象之间通过消息传递进行交互和通信，当有特定消息在两个对象之间传递时，这两个对象之间就具有耦合性。类是对一组有相同数据和相同操作的对象的定义，包括了对象中数据元素、对象方法，以及对数据元素和方法访问方式的完整描述。面向对象设计方法首先识别问题中存在的自然对象，即实体，然后再进行实现。识别一个系统能够执行哪些功能的一种简单方法是寻找问题描述中的动词，因为动词代表系统执行的活动。

面向对象方法提倡使用层次化来抽象数据类型，通过一组高度独立的子系统来实现整个系统。这些对象之间通过接口进行交互，每个子系统不能访问其他子系统的实现细节。对预期可见层次的管理称为信息隐藏，它可以用来生成不同子系统之间具有低耦合度的软件设计。降低耦合度有利于独立地实现不同系统。如果软件各部分之间耦合度过高，那么将产生以下问题：很难理解软件各组成部分，同时也使维护和改进变得更加困难；不同软件组成部分对非预期变更的敏感性以及缺陷传播影响变得更强；最终需要投入更多的测试工作量以获得满意的可靠性水平。

面向对象方法以过程式接口的形式为所有构件提供一种统一的结构。类的概念提供了一种极好的结构表示机制，使得系统可以分为多个量定义的单元，然后单独进行实现。类支持信息隐藏，一个类向外提供一个纯过程式接口，而把内部数据机制隐藏起来，这使得结构的变更可以不影响类的使用者，简化了维护任务。面向对象提倡并支持软件重用，其方式可以是简单地重用类库中的类，或使用继承来创建一个对现有类进行扩展的新类。这两种方式都可以缩减编写的软件代码量，由于使用那些之前已通过测试的类，最终将提高系统的可靠性。

目前人们对测试过程存在一定的误解，实践人员通常认为如果软件采用了正确的设计并进行了正确的实现，那么测试将不再困难，甚至完全不需要。在这种情况下，面向对象的优点对于测试则变成了潜在的缺点。当使用一组独立的类构建系统时，要求对这些类进行测试，其数量可能非常巨大。另外，信息隐藏鼓励类的设计者采用纯过程接口，这将难以确定类是否正确运转，原因在于内部数据的状态可能无法通过接口访问。为了测试一个类，测试人员必须实施以下活动：

1）为类创建一个实例，即对象，为构造函数传递合适的参数。
2）通过参数传递调用对象的方法并获取结果。
3）检查对象的内部数据。

4.1.2 面向对象基本术语

1. 对象

对象是现实世界中存在的一个事物。对象可以是具体的，例如一张桌子；也可以是抽象的，例如一个开发项目或一个计划。在面向对象开发中，对象就是模块，它是把数据结构和操作这些数据的方法紧密地结合在一起而构成的模块。

2. 类和实例

具有相同特征和行为的所有对象构成一个类，属于某个类的对象称为该类的实例。例如，张三、李四是不同的对象，但他们有相同的特征和行为，因为他们都是学生，故"学生"是从张三、李四抽象出来的类，张三、李四这两个对象则是"学生"类的实例。

类抽象地描述了属于该类的全部对象的属性（用数据结构表示）和操作（也称为服务或方法）。可将类看作一个抽象数据类型的实现。

3. 继承

继承性是面向对象程序设计语言不同于其他语言的最重要的特点，是其他语言所没有的。继承描述的是一种抽象到具体的关系。继承不但利用了抽象的力量来降低系统的复杂性，它还提供了一种重用的方式。类可以分为父类和子类，继承可以分为单重继承和多重继承。

- 子类只继承一个父类的数据结构和方法，则称为单重继承。
- 子类继承了多个父类的数据结构和方法，则称为多重继承。

类的继承性使所建立的软件具有开放性、可扩充性，这是信息组织与分类的行之有效的方法，它简化了对象、类的创建工作量，增加了代码的可重用性（图 4-1）。

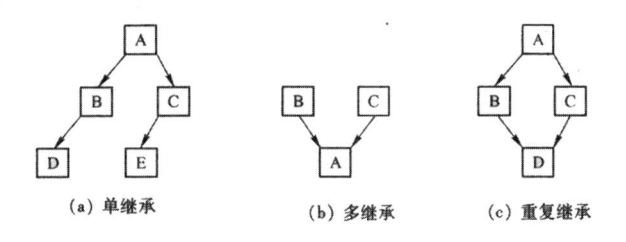

图 4-1　继承

单继承是指一个子类只有一个父类，如图 4-1（a）所示；多继承是指一个子类有多个父类，如图 4-1（b）所示；重复继承是指一个子类通过多条路径继承了同一父类，如图 4-1（c）所示。多重继承和重复继承出现在多个父类具有重名变量和函数的情况，容易使得子类的复杂性提高，出现隐含错误的可能性大大增加，因此不太正常。

4. 消息

两个对象之间的通信单元称为消息，它是要求接收消息的对象执行类中定义的某些操作的规格说明。消息机制类似于面向过程开发中的函数调用。

5. 封装

封装也可以理解为信息隐藏。对象是封装的最基本单位，类定义将其说明（用户可见的外部接口）与实现（用户不可见的内部实现）显式地分开，其内部实现按照具体定义的作用域提供保护。虽然面向过程开发方法也有封装，但面向对象的封装比面向过程开发中的封装更为强大、有力。封装机制具有如下优点：

- 简化了对对象的使用。外部程序仅通过接口访问对象，而不必知道对象内部的具体实现。
- 为软件模块的安全性提供了强有力的保障，因为对象内部数据结构是不能被外界访问的。
- 减少了类之间的相互依赖，使程序结构更为紧凑、清晰，提高了软件部件的重用性，使得对软件的修改、测试、维护等工作更易于进行。

6. 抽象

抽象有两方面的意义。一方面，尽管问题域中的事物是复杂的，但分析人员并不需要了解和描述它们的一切，只需要分析研究其中与系统目标有关的事物及其本质特征；另一方面，通过舍弃个体事物在细节上的差异，抽取其共同特征而得到一批事物的抽象概念。与面向过程仅支持过程抽象不同，面向对象方法中的抽象原则包括过程抽象和数据抽象两个方面。

过程抽象是指任何一个完成确定功能的操作序列，其使用者都可以把它看作一个单一的实体，尽管实际上它可能是由一系列更低级的操作完成的。数据抽象根据施加于数据之上的操作来定义数据类型，并限定数据的值只能由这些操作来修改和查看。数据抽象是面向对象开发方法的核心原则。它强调把属性（数据结构）和操作（服务）结合为一个不可分的单位（即对象），对象的外部只需要知道它做什么，而不必知道它如何做。数据抽象是通过封装机制实现的。

7. 多态性

一个操作在不同的类中可以有不同的实现方式，称为多态性。因此，属于不同类的对象，收到同一消息却可以产生不同的结果。多态性增强了软件的灵活性、重用性和可维护性。

8. 动态绑定

动态绑定决定消息只有在编译或运行时才能够确定其具体行为。多态可用"一个接口，多个方法"来描述。对象由封装、继承和多态组成。其中，封装使得不必修改公有接口的代码即可实现程序的移植，多态使得程序代码易于维护修改。以汽车为例，驾驶员都依靠继承性驾驶不同类型（子类）的汽车，无论这辆车是轿车还是卡车，驾驶员都能找到方向盘、手刹和换档器。由于封装特性，刹车隐藏了机车复杂性，其外观简单，易于操作。从多态角度分析，刹车系统有正锁反锁之分，同样的接口控制不同的实现。

9. 重载性

重载是指类的同名方法在传递不同的参数时可以有不同的运动规律。在对象间相互作用时，即使接收消息对象采用相同的接收办法，但消息内容的详细程度不同，接收消息对象内部的运动规律也可能不同。

10. 共享性

面向对象技术在不同级别上促进了共享。

- 同一类中的共享：同一类中的对象有着相同的数据结构，这些对象之间是结构、行为特征的共享关系。
- 在同一应用中共享：在同一应用的类层次结构内存在继承关系的各相似子类中，存在数据结构和行为的继承，使各相似子类共享共同的结构和行为。使用继承可以实现代码的共享。
- 在不同应用中共享：面向对象不仅允许在同一应用中共享信息，而且为未来目标的可重用设计准备了条件。通过类库这种机制和结构来实现不同应用中的信息共享。

4.2 面向对象测试概述

4.2.1 概述

面向对象技术是一种流行的软件开发技术，正逐步代替之前被广泛使用的面向过程开发方法。面向对象技术被认为是解决软件危机的新兴技术，它能够产生更好的系统结构，更规范的编程风格，极大地优化了数据使用的安全性，提高了程序代码的重用。随着OOA和OOD的成熟，更多的设计模式重用将减轻OO系统的繁重测试量。应该看到，虽然面向对象技术的基本思想保证了软件应该有的更高的质量，但实际情况并非如此。因为无论采用什么样的编程技术，编程人员的错误都是不可避免的，而且由于面向对象技术开发的软件代码重用率高，因而就更需要严格测试，避免错误的繁衍。而每次一个新的使用语境，都要谨慎地重新测试。为了获得面向对象系统的高可靠性，可能将需要更多而不是更少的测试。因此，软件测试并没有因面向对象编程的兴起而丧失掉它的重要性。

传统的软件测试策略是从"小型测试"开始，逐步走向"大型测试"，即从单元测试开始，然后逐步进入集成测试，最后是有效性和系统测试。在传统的测试中，单元测试集中在最小的可编译程序单位——子程序（如模块、子程序、进程）。一旦这些单元均被独立测试后，它们就被集成在程序结构中，这时要进行一系列的回归测试，以发现由于模块接口所带来的错误和新单元加入所导致的负面作用。最后，系统被作为一个整体进行测试，以保证发现存在于需求中的错误。

面向对象技术所独有的多态、继承、封装等新特性，产生了传统程序设计所不存在的错误的可能性。例如，类的封装机制就给软件测试带来了困难。它把数据和操作数据的方法封装在一起，限制对象属性对外的可见性和外界对它的操作权限，这虽然有效地避免了类中有关实现细节的信息使用，但这样的细节性信息也正是软件测试所不可忽略的，所以必需对面向对象软件测试进行研究。

从1982年在美国北卡罗来纳大学召开首次软件测试的正式技术会议至今，软件测试理论迅速发展，并相应出现了各种软件测试方法，使软件测试技术得到极大提高。然而，一度实践证明行之有效的软件测试对面向对象技术开发的软件多少显得有些力不从心。尤其是面向对象技术所独有的多态、继承、封装等新特性，带来了传统程序设计所不存在的错误可能性，或者使得传统软件测试中的重点不再显得突出，或者使原来测试经验认为和实践证明的次要方面成为了主要问题。例如：

在传统的面向过程程序中，对于函数

y=Function(x);

只要考虑一个函数（Function()）的行为特点，而在面向对象程序中，你不得不同时考虑基类函数（Base::Function()）的行为和继承类函数（Derived::Function()）的行为。

面向对象程序的结构不再是传统的功能模块结构，由于面向对象软件的封装性导致其没有传统结构化程序的层次式控制结构，而是作为一个整体，因而原有集成测试所要求的逐步将开发的模块搭建在一起进行测试的方法已不可能实现。而且，面向对象软件抛弃了传统的开发模式，对每个开发阶段都有不同以往的要求和结果，已经不可能用功能细化的观点来检测面向对象分析和设计的结果。单元测试失去了本身的多数意义，传统的自顶向下和自底向上的集成测试策略也有了较大的改变。

因此，传统的测试模型对面向对象软件已经不再适用。针对面向对象软件的开发特点，应该有一种新的测试模型。

4.2.2 面向对象测试的特点

通常的观点认为测试要在编码之后才开始，主要测试的对象是程序代码。而面向对象的测试认为测试是一种存在于开发过程不同阶段的活动，贯穿软件开发的全过程，是与开发过程的每个阶段都密切相关而又不同的过程，因为软件开发的目标和软件测试的目标有很大差异。

由于面向对象技术所独有的多态、继承、封装等新特点，使面向对象程序设计比传统语言程序设计产生错误的可能性更大，也使面向对象测试更加困难。

传统测试方法与面向对象的测试方法的最主要的区别在于：面向对象的测试更关注对象而不是完成输入／输出的单一功能，这样测试就可以在分析与设计阶段同步进行，使得测试更好地配合软件生产过程并为之服务。与传统测试模式相比，面向对象测试的优点在于：

1）面向对象的测试方法更注重于软件的实质。
2）能更早地定义测试用例，早期介入进行测试可以降低软件成本。
3）尽早地编写系统测试用例，以便开发人员与测试人员对系统需求的理解保持一致。

由于面向对象程序的结构不再是传统的功能模块结构，而是一个整体，原有集成测试所要求的逐步将开发的模块搭建在一起进行测试的方法已成为不可能。

与一般的测试方法相比，面向对象的测试特点如下：

（1）强调需求或设计的测试

将测试工作提到编码阶段前，且以需求和设计阶段的测试为主，即在软件开发的早期就开始测试工作，能够保证需求和设计的高质量，可以有效地防止和减少错误的蔓延。通常以以下两种方式进行：

1）在没有代码的情况下进行测试，主要是验证和确认规格说明的有效性和正确性。一般用静态走查和动态的场景模拟等方法。
2）在有代码的情况下进行测试，主要以规格说明为依据，验证代码的正确性。

（2）改变测试策略和方法

在传统测试方法的基础上，根据面向对象的主要特性，需要改变测试策略和方法。例如，封装是对数据的隐蔽，减少了对数据非法操作，可简化该类测试；继承性提高了代码复用性，但错误也会以同样方式被复用；多态性提供强大的处理能力，但也增加测试的复杂性。

4.2.3 面向对象测试类型

面向对象的开发模型突破了传统的瀑布模型，将开发过程分为面向对象分析（OOA）、面向对象设计（OOD）和面向对象编程（OOP）三个阶段。分析阶段产生整个问题空间的抽象描述，在此基础上，进一步归纳出适用于面向对象编程的类和类结构，最后形成代码。由于面向对象的特点，采用这种开发模型能有效地将分析设计的文本或图表代码化，以不断适应用户需求的变动。

根据面向对象的软件开发过程的特点和面向对象的特点，提出的面向对象的软件测试技术，建立一种在整个软件开发过程中不断测试的测试模型，包括分析与设计模型测试、类测试、交互测试、系统（子系统）测试、验收和发布测试等几部分，如图 4-2 所示。

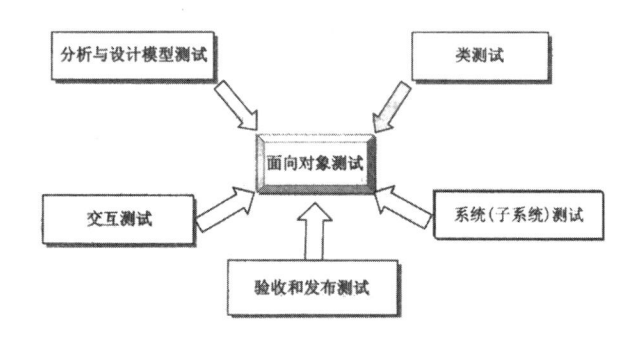

图 4-2 面向对象测试的类型

1. 分析与设计模型测试

采用正式技术评审的方法，检查分析与设计模型的正确性、完整性和一致性。按照测试的对象不同，通常模型测试方法包括用例场景测试、系统原型走查、需求模型一致性检查、分析模型的检查和走查等。测试的主要内容有对确定的对象的测试、对确定的结构的测试、对确定的主题的测试、对定义的属性和实例关联的测试、对定义的服务和消息关联的测试。

2. 类测试

面向对象软件产品的基本组成单位是类，从宏观上来看，面向对象软件是各个类之间的相互作用。在面向对象系统中，系统的基本构造模块是封装了的数据与方法的类和对象，而不再是一个个能完成特定功能的功能模块。

类测试对应了传统测试中的单元测试，类测试是验证类的实现与类的说明是否一致的活动。类测试包括类属性的测试、类操作的测试、可能状态下对象的测试。测试中要特别注意：不能孤立地进行测试，操作测试应该包括其可能被调用的各种情况；对象中的数据和方法是一个有机的整体，测试过程中不能仅仅检查输入数据产生的输出结果是否与预期的吻合，还要考虑对象的状态。

假设在进行模型测试时，已经对类的完整性说明进行了测试，则类测试的内容主要是确保一个类的代码能够完全满足类的说明所描述的要求。对一个类进行测试以确保它只做规定的事情。

类测试的方法有代码检查和执行测试用例。若类实现正确，那么类的每一个实例的行为也应该是正确的。

类测试是由那些与验证类的实现是否和该类的说明完全一致的相关联的活动组成的。类测试的对象主要是指能独立完成一定功能的原始类。如果类的实现正确，那么类的每一个实例的行为也应该是正确的。

（1）类测试的内容

对一个类进行测试就是检验这个类是否只做规定的事情，确保一个类的代码能够完全满足类的说明所描述的要求。在运行了各种类的测试后，如果代码的覆盖率不完整，这可能意味着该类设计过于复杂，需要简化成几个子类，或者需要增加更多的测试用例来进行测试。

（2）类测试的时间

类测试可以在开发过程中的不同位置进行。在递增的反复开发过程中，一个类的说明和实现在一个工程的进程中可能会发生变化，所以应该在软件的其他部分使用该类之前执行类的测试。每当一个类的实现发生变化时，就应该执行回归测试。如果变化是因发现代码中的缺陷（Bug）而引起的，那么就必须执行测试计划的检查，而且必须增加或改变测试用例以测试在未来的测试期间可能出现的那些缺陷。

类测试的开始时间一般在完全说明这个类并且准备对其编码后不久，就开发一个测试计划（至少是确定测试用例的某种形式）。如果开发人员还负责该类的测试，那么尤其应该如此。因为确定早期测试用例有利于开发人员理解类说明，也有助于获得独立代码检查的反馈。

（3）类测试的测试人员

如同传统的单元测试一样，类测试通常由开发人员完成，由于开发人员对代码极其熟悉，可以方便使用基于执行的测试方法。由同一个开发者来测试，也有一定的缺点：开发人员对类说明的任何错误理解，都会影响到测试。因此，最好要求另一个类的开发人员编写测试计划，并且允许对代码进行对立检查，这样就可以避免这些潜在的问题了。

（4）类测试的方法

类测试的方法主要有代码检查和执行测试用例。在某些情况下，用代码检查代替基于执行的测试方法是可行的，但是，与基于执行的测试相比，代码检查有以下两个不利之处：

1）代码检查易受人为因素影响。

2）代码检查在回归测试方面明显需要更多的工作量，常常和原始测试差不多。

尽管基于执行的测试方法克服了以上的缺点，但是确定测试用例和开发测试驱动程序也需要很大的工作量。在某些情况下，构造一个测试驱动程序比开发这个类的工作量还多。一旦确定了一个类的可执行测试用例，就必须执行测试驱动程序来运行每一个测试用例，并给出每一个测试用例的结果。

（5）类测试程度

可以根据已经测试了多少类实现和多少类说明来衡量测试的充分性。对于类的测试，通常需要将这两者都考虑到，希望测试到操作和状态转换的各种组合情况。一个对象能维持自己的状态，而状态一般来说也会影响操作的含义。但要穷举所有组合是不可能的，而且是没有必要的。因此，就应该结合风险分析进行选择配对系列的组合，使用最重要的测试用例并抽取部分不太重要的测试用例。

（6）构建类测试用例

要对类进行测试，就必须先确定和构建类的测试用例，构建类的测试用例的方法有：根据类说明（用 OCL 表示）确定测试用例和根据类的状态转换图来构建类的测试用例。

- 根据类的说明确定测试用例。根据类的说明确定测试用例的基本思想是：用 OCL 表示的类的说明中描述了类的每一个限定条件，在 OCL 条件下分析每个逻辑关系，从而得到由这个条件的结构所对应的测试用例。这种确定类的测试用例的方法叫作根据前置条件和后置条件构建测试用例。其总体思想是为所有可能出现的组合情况确定测试用例需求。在这些可能出现的组合情况下，可满足前置条件，也能够到达后置条件。根据这些需求，创建测试用例：创建拥有特定输入值（常见值和特殊值）的测试用例；确定它们的正确输出——预期输出值。

- 根据状态转换图构建测试用例。状态转换图以图例的形式说明了与一个类的实例相关联的行为。状态转换图可用来补充编写的类说明或者构成完整的类说明。状态图中的每一个转换都描述了一个或多个测试用例需求。因而，可以在转换的每一端选择有代表性的值和边界来满足这些需求。如果转换是受保护的，那么也应该为这些保护条件选择边界。状态的边界值取决于状态相关属性值的范围，可以根据属性值来定义每一个状态。

（7）类测试的充分性

类测试的充分性有三个标准：基于类状态的覆盖率、基于约束的覆盖率、基于代码的覆盖率。

- 基于类状态的覆盖率。是以测试了状态转换图中多少个状态转换为依据。测试的充分性是指每个状态转换被执行了至少一次。在面向对象的程序设计技术中，可使用状态转换图描述一个类。

- 基于约束的覆盖率。是根据前置条件和后置条件被执行的程度来表示测试的充分性。可以用前置条件和后置条件来描述类的约束，这些约束有各种组合，测试的充分性就是指每种组合被执行了至少一次。

- 基于代码的覆盖率。是确定实现一个类的每一行代码或者代码通过的每一条路径被执行了至少一次。这一点与白盒的覆盖测试是一致的。但是，由于面向对象的程序设计技术带来的新特性，即使代码的覆盖率是 100%，也不一定能满足基于类状态的覆盖率或基于约束的覆盖率是 100%。

（8）构建测试驱动程序

测试驱动程序是一个运行可执行的测试用例并给出结果的程序。测试驱动程序的设计应简单、易于维护，并且测试驱动程序应能复用已存在的驱动程序。测试驱动程序一般有以下三种：

1) 有条件编译的驱动程序。这种驱动程序有和类的代码近似的驱动程序代码，但不足的是需多个完全相同驱动程序来测试一个子类，很难复用其代码，需条件编译支持。

2) 静态方法充当测试驱动程序。这种驱动程序类代码和测试驱动程序代码相似，易复用驱动程序以测试子类（继承），但必须注意要从交付使用的软件中删去这些驱动程序代码。

3) 建立独立"tester"类。这种驱动程序易复用驱动程序代码来测试子类，生成代码尽可能少，且尽可能快。但必须创建新类，必须注意反映测试中类的变化。

这3种设计都支持运行相同的测试用例和报告结果,推荐第3种设计,创建独立的"tester"类。一个具体的"tester"类的主要任务就是运行测试用例和给出结果。类接口的主要组成部分是建立测试用例的操作、分析测试用例结果的操作、执行测试用例的操作和创建用于运行测试用例的输出实例的操作。

（9）子类的测试

面向对象编程的特性尤其是继承特性和多态特性,使子类继承或过载的父类成员函数出现了传统测试中未遇见的问题。继承作为代码复用的一种机制,可能是面向对象软件开发产生巨大吸引力的一个重要因素。面向对象程序设计通过规范的方式使用继承,为一个类确定的测试用例集对该类的子类也是有效的。有时候,子类中的某些部分可以不做执行测试,因为应用于父类中的测试用例所测试的代码被子类原封不动的继承,是同样的代码。那么,继承的成员函数是否都不需要测试呢？对父类中已经测试过的成员函数,在以下两种情况中需要在子类中重新测试。

1）继承的成员函数在子类中做了改动。

2）成员函数调用了改动过的成员函数的部分。

3. 交互测试

面向对象的软件由若干对象组成,通过对象之间的相互协作来实现功能。交互包含对象和其组成对象之间的消息,还包含对象和与之相关的其他对象之间的消息,是一系列参与交互的对象协作中的消息的集合。例如,对象作为参数传递给另一对象时,或者当一个对象包含另一对象的引用并将其作为这个对象状态的一部分时,对象的交互就会发生。

对象交互的方式有如下几类：

• 用类的方法引用某个类的全局实例。

• 公共操作将一个或多个类命名为返回值的类型。

• 公共操作将一个或多个类命名为正式参数的类型。

• 用类的方法创建另一个类的实例,并通过该实例的调用操作。

交互测试的重点是确保对象之间能进行消息传递,当接收对象的请求,处理方法的调用时,由于可能发生多重的对象交互,因此需要考虑交互对象内部状态,以及相关对象的影响。这些影响主要包括所涉及对象部分属性值的变化,所涉及对象状态的变化,以及创建一个新对象和删除一个已经存在的对象而发生的变化。

进行交互测试时,具有以下几个特点：

• 假定相互关联的类都已经被充分测试。

• 交互测试建立在公共操作上,相对于建立在类实现的基础上要简单。

• 采用一种公共接口方法,将交互测试限制在与之相关联的对象上。

• 根据每个操作说明选择测试用例,并且这些操作说明都基于类的公共接口上。

对面向对象的交互测试通常有两种不同的策略：

1) 基于线程的测试（thread based testing）。集成对回应系统的一个输入或事件所需的一组类,每个线程被集成并分别测试。

2) 基于使用的测试（use-based testing）。首先,测试独立类（几乎不使用服务器的类）

并开始构造系统；然后，测试下一层的依赖类（使用独立类的类）。通过依赖类层次逐步构造完整的系统。

进行交互测试时，需要注意问题：

1）类间的继承性可能给测试带来新的困难。继承性的含义是一个类中定义的操作和属性可由另一个类继承，并且可在继承的位置执行。因此继承性层次的测试需要更彻底的测试方法，必须知道系统中的操作如何出现。继承性较高层次测试的操作在较低层次测试中并不总是成立的。

2）如果发送一个消息给自身，这样的消息或许只与一个派生类相关，因此在这种情况下测试抽象类没有意义，为了弄清发送给自身的信息系列，在类层次中需要从上到下（从下到上）的工作，这种测试称为正向（逆向）测试法。

4. 系统（子系统）测试

通过类测试和交互测试，仅能保证软件开发的功能得以实现，但不能确认在实际运行时，它是否满足用户的需要，是否大量存在在实际使用时会被诱发产生错误的隐患。因此必须测试系统或独立子系统，确保系统无明显故障，并满足用户需求。

系统测试应该尽量搭建与用户实际使用环境相同的测试平台，应该保证被测系统的完整性，对临时没有的系统设备部件，也应有相应的模拟手段。系统测试时，应该参考面向对象分析的结果，对应描述的对象、属性和各种服务，检测软件是否能够完全再现问题空间。系统测试不仅是检测软件的整体行为表现，也是对软件开发设计的再确认。

5. 验收和发布测试

验收测试：交付用户前的系统测试。

发布测试：为了确保系统安装软件包能够正常交付使用。

4.2.4 面向对象对软件测试产生的影响

1. 面向对象程序执行的动态性

面向对象软件与面向过程软件的一个主要区别在于，面向过程的程序鼓励过程的自治，但不鼓励过程之间的交互；面向对象的程序则不鼓励过程的自治，并且将过程（方法）封装在类中，而类的对象的执行则主要体现在这些过程的交互上。

传统程序执行的路径是在程序开发时定义的，程序执行的过程是主动的，其程序流程可以用一个控制流图从头至尾地表示；而面向对象程序中方法的执行通常不是主动的，程序的执行路径也是在运行过程中动态地确定的。因此，对面向对象软件的测试应主要关注其动态模型。这也使得面向对象软件的集成测试不可能再沿用传统的集成策略，这一点将在面向对象软件的集成测试中进一步阐述。

2. 封装测试的影响

在面向对象程序设计中，封装是指将对象的数据和操作包装在一起，从而使对象具有包含和隐藏信息（如内部数据和代码）的能力。这样可将操作对象的内部复杂性与应用程序的其他部分隔离开来。

在以往的模块化程序设计中，将大的程序分割成多个模块，而每个模块只是简单地将相关的代码组织在一起。在面向对象程序设计中，不但将相关的代码组织在一起，而且将这些代码操纵的数据也组织在一起。通过将相关的代码和它们操纵的数据封装到对象中，并创建一个与外界交换信息的接口，这样只要接口保持不变，应用程序就可以与对象交互。封装实际上是分离实现方法和接口的一个概念，封装隐藏了类内部的实现，当在程序设计中使用一个对象时就不必关心对象的类是如何实现的。

在面向对象程序设计中，应深刻理解封装的概念和作用。首先，通过封装对象的方法和属性，使其与外界分割，可以有效地防止外界对封装的数据和代码的破坏，也避免了程序各部分之间数据的滥用。其次，把不需要外界知道的数据和函数定义为私有，隐藏了其内部的复杂性，而每一个对象仅有一个接口为应用程序所使用。最后，通过把数据和相关函数封装于一体，使两者密切联系，一致性好。

封装性限制了对象属性对外的可见性和外界对它们的使用权限，在一定程度上简化了类的使用，避免了不合理的操作并能有效地阻止错误的扩散。但是封装使得类的一些属性和状态对外部来说是不可见的，这就给测试用例（尤其是预期结果）的生成带来了一定的困难。为了能够观察到这些属性和状态，以确定程序执行的结果是否正确，往往要在类定义中增添一些专门的函数。例如，在一个堆栈类 Stack 中，其成员变量 h 代表了栈顶的高度，当堆栈不满时，每执行一次 push（x），h 加 1。当堆栈不为空时，每执行一次 pop（），h 减 1。但 h 是私有成员，对外界不可见，如何能够了解到程序执行后 h 的值是否正确地得到了改变呢？可以设计一个成员函数 return（），让它返回 h 的值，这样便能观察到程序的执行结果了。这种做法的缺点是增加了测试的工作量，并在一定程度上破坏了封装性。

3. 继承对测试的影响

在面向对象的程序中，由于继承的作用，一个函数可能被封装在多个类中，子类中还可以对继承的特征进行重定义。问题是，未重定义的继承特征是否还需要进行测试呢？重定义的特征需要重新测试是显然的，但应该如何测试重定义的特征呢？E. J. Weyuker 的不可分解性公理认为对一个程序进行过充分的测试，并不表示其中的成分都得到了充分的测试。因此，若一个类得到了充分的测试，当其被子类继承后，继承的方法在子类的环境中的行为特征需要重新测试。

Weyuker 的非复合性公理认为一个测试数据集对于程序中的各程序单元而言都是充分的并不表示它对整个程序是充分的。这一公理表明，若我们对父类中某一方法进行了重定义，仅对该方法自身或其所在的类进行重新测试是不够的，还必须重新测试其他有关的类（如子类和引用类）。

4. 多态性对测试的影响

多态性为程序的执行带来了不确定性，给软件测试带来了新的挑战。多态性是面向对象方法的关键特性之一。同一消息可以根据发送消息对象的不同采用多种不同的行为方式，这就是多态的概念。如根据当前指针引用的对象类型来决定使用正确的方法，这就是多态性的行为操作。运行时系统能自动为给定消息选择合适的实现代码，这给程序员提供了高度柔性、问题抽象和易于维护。

例如，假设有类 A、类 B 和类 C 三个类，类 B 继承类 A，类 C 又继承类 B。成员函数 a（）分别存在于这三个类中，但在每个类中的具体实现则不同。同时在程序中存在一个函数 fn（），该函数在形参中创建了一个类 A 的实例 Ca，并在函数中调用了方法 a（）。程序运行时相当于执行了一个分情况语句 switch，首先判定传递过来的实参的类型（类 A 或类 B 或类 C），然后再确定究竟执行哪一个类中的方法 a（）。在测试时必须为每一个分支生成测试用例，以覆盖所有的分支和所有的程序代码。因而，多态性所带来的不确定性，使得传统测试实践中的静态分析方法遇到了不可逾越的障碍，也增加了系统运行中可能的执行路径，加大了测试用例选取的难度和数量。

5. 演化、迭代的开发模式

面向对象的开发往往用于大型软件项目，需求变更和方案变更较传统软件开发更为频繁。此外，基于面向对象方法中继承、封装等机制所提供的良好保障，使得面向对象软件的开发模式往往是演化、迭代的，因而不可能再用功能细化的观点检测面向对象分析和设计的结果。

综上所述，传统软件的测试方法和技术对面向对象软件已显得力不从心，针对面向对象软件的特点，应该有一套完整的测试方法和技术。

4.3 面向对象测试模型

面向对象的开发模型突破了传统的瀑布模型，将开发分为面向对象分析（OOA）、面向对象设计（OOD）和面向对象编程（OOP）3 个阶段。分析阶段产生整个问题空间的抽象描述，在此基础上，进一步归纳出适用于面向对象编程语言的类和类结构，最后形成代码。由于面向对象开发的特点，采用这种开发模型能有效地将分析设计的文本或图表代码化，不断适应用户需求的变动。针对这种开发模型，结合传统的测试步骤的划分，可将面向对象的软件测试分为面向对象分析的测试、面向对象设计的测试和面向对象编程的测试。

面向对象分析的测试和面向对象设计的测试是对分析结果和设计结果的测试，主要是对分析设计产生的文本进行测试，是软件开发前期的关键性测试。面向对象编程的测试主要针对编程风格和程序代码实现进行测试，其主要的测试内容在面向对象单元测试和面向对象集成测试中体现。

4.3.1 面向对象分析的测试

面向对象分析（OOA）是把 E-R 图和语义网络模型（即信息造型中的概念）与面向对象程序设计语言中的重要概念结合在一起而形成的分析方法，最后通常是得到问题空间的图表的形式描述。OOA 直接映射问题空间，全面的将问题空间中实现功能的现实抽象化。将问题空间中的实例抽象为对象，用对象的结构反映问题空间的复杂实例和复杂关系，用属性和服务表示实例的特性和行为。对一个系统而言，与传统分析方法产生的结果相反，行为是相对稳定的，结构是相对不稳定的，这更充分反映了现实的特性。OOA 的结果是为后面阶段类的选定和实现、类层次结构的组织和实现提供平台。因此，OOA 对问题空间分析抽象的不完整，最终会影响软件的功能实现，导致软件开发后期大量可避免的修补工作；而一些冗余的对象或结构会影响类的选定、程序的整体结构，增加程序员不必要的工作量。因此，对 OOA 的测试重点在其完整性和冗余性。

OOA 的测试是一个不可分割的系统过程，对 OOA 阶段的测试可划分为以下五个方面：
1）对认定的对象的测试。
2）对认定的结构的测试。
3）对认定的主题的测试。
4）对定义的属性和实例关联的测试。
5）对定义的服务和消息关联的测试。

（1）对认定的对象的测试

OOA 中认定的对象是对问题空间中的结构、其他系统、设备、被记忆的事件、系统涉及的人员等实际实例的抽象。对它的测试可以从以下几个方面考虑。

• 认定的对象是否全面，问题空间中所有涉及的实例是否都反映在认定的抽象对象中。
• 对认定为同一对象的实例是否有共同的、区别于其他实例的共同属性。
• 认定的对象是否具有多个属性。只有一个属性的对象通常应看成其他对象的属性，而不是抽象为独立的对象。
• 对认定为同一对象的实例是否提供或需要相同的服务，如果服务随着不同的实例而变化，认定的对象就需要分解或利用继承性来分类表示。
• 如果系统没有必要始终保持对象代表的实例的信息、提供或者得到关于它的服务，认定的对象也无必要。
• 认定的对象的名称应该尽量准确、适用。

（2）对认定的结构的测试

在 Coad 方法中，认定的结构指的是多种对象的组织方式，用来反映问题空间中的复杂实例和复杂关系。认定的结构分为两种：分类结构和组装结构。分类结构体现了问题空间中实例的一般与特殊的关系，组装结构体现了问题空间中实例整体与局部的关系。对认定的分类结构的测试可从以下几个方面着手。

• 对于结构中的一种对象，尤其是处于高层的对象，是否在问题空间中含有不同于下一层对象的特殊可能性，即是否能派生出下一层对象；
• 对于结构中的一种对象，尤其是处于同一低层的对象，是否能抽象出在现实中有意义的更一般的上层对象；
- 对所有认定的对象，是否能在问题空间内向上层抽象出在现实中有意义的对象；
- 高层的对象的特性是否完全体现下层的共性；
- 低层的对象是否有高层特性基础上的特殊性。

对认定的组装结构的测试从以下几个方面入手。
- 整体（对象）和部件（对象）的组装关系是否符合现实的关系。
- 整体（对象）的部件（对象）是否在考虑的问题空间中有实际应用。
- 整体（对象）中是否遗漏了反映在问题空间中有用的部件（对象）。
- 部件（对象）是否能够在问题空间中组装新的有现实意义的整体（对象）。

（3）对认定的主题的测试

主题是在对象和结构的基础上更高一层的抽象，是为了提供OOA结果的可见性，如同文章对各部分内容的概要。对主题层的测试应该考虑以下几个方面：
- 贯彻"7+2"原则，如果主题个数超过7个，就要求对有较密切属性和服务的主题进行归并；
- 主题所反映的一组对象和结构是否具有相同和相近的属性以及服务；
- 认定的主题是否是对象和结构更高层的抽象，是否便于理解OOA结果的概貌；
- 主题间的消息联系（抽象）是否代表了主题所反映的对象和结构之间的所有关联。

（4）对定义的属性和实例关联的测试

属性是用来描述对象或结构所反映的实例的特性，而实例关联是反映实例集合间的映射关系。对属性和实例关联的测试从如下方面考虑：
- 定义的属性是否能够不依赖于其他属性被独立理解。
- 定义的属性在现实世界是否与这种实例关系密切。
- 定义的属性在问题空间是否与这种实例关系密切。
- 定义的属性是否对相应的对象和分类结构的每个现实实例都适用。
- 定义的属性在分类结构中的位置是否恰当，低层对象的共有属性是否在上层对象属性体现。
- 在问题空间中每个对象的属性是否定义完整。
- 定义的实例关联是否符合现实。
- 在问题空间中实例关联是否定义完整，特别需要注意"1-多"和"多-多"的实例关联。

（5）对定义的服务和消息关联的测试

定义的服务，就是定义的每一种对象和结构在问题空间所要求的行为。由于问题空间中实例间必要的通信，在OOA中需要相应定义消息关联。对定义的服务和消息关联的测试从以下几个方面进行：
- 对象和结构在问题空间的不同状态是否定义了相应的服务。
- 对象或结构所需要的服务是否都定义了相应的消息关联。
- 定义的消息关联所指引的服务提供是否正确。
- 沿着消息关联执行的线程是否合理，是否符合现实过程。
- 定义的服务是否重复，是否定义了能够得到的服务。

4.3.2 面向对象设计的测试

面向对象设计（OOD）采用"造型的观点"，以OOA为基础归纳出类，并建立类结构或进一步构造成类库，实现分析结果对问题空间的抽象。OOD归纳的类，可以是对象简单的延续，可以是不同对象的相同或相似的服务。由此可见，OOD是对OOA的进一步细化和更高层的抽象。所以，OOD与OOA的界限通常是难以严格区分的。OOD确定类和类结构不仅是满足当前需求分析的要求，更重要的是通过重新组合或加以适当的补充，能方便实现功能的重用和扩增，以不断适应用户的要求。因此，针对功能的实现和重用以及对OOA结果的拓展，对OOD的测试可以从对认定的类的测试、对构造的类层次结构的测试和对类库的支持的测试三个方面考虑。

1. 对认定的类的测试

OOD认定的类可以是OOA中认定的对象，也可以是对象所需要的服务的抽象，以及对象所具有的属性的抽象。认定的类原则上应该尽量具有基础性，以便于重用和维护。可从如下方面测试认定的类：

- 是否包含了OOA中所有认定的对象。
- 是否能体现OOA中定义的属性。
- 是否能实现OOA中定义的服务。
- 是否对应着一个含义明确的数据抽象。
- 是否尽可能少地依赖其他类。
- 类中的服务是否为单用途的。

2. 对构造的类层次结构的测试

OOD应对OOA阶段产生的类层次结构进行优化。在当前的问题空间，对类层次结构的主要要求是能在解空间构造实现全部功能的结构框架。为此，可从如下方面对构造的类层次结构进行测试：

- 类层次结构是否涵盖了所有定义的类。
- 是否能体现OOA中所定义的实例关联。
- 是否能实现OOA中所定义的消息关联。
- 子类是否具有父类没有的新特性。
- 子类间的共同特性是否完全在父类中得以体现。

3. 对类库支持的测试

对类库的支持虽然也属于类层次结构的组织问题，但它强调的是软件部件的重用性。由于它并不直接影响当前软件的开发和功能实现，因此，可将它单独提取出来测试，也可作为对高质量类层次结构的评估。可从如下方面进行测试：

- 一组类中关于某种含义相同或基本相同的服务，是否有相同的接口。
- 类中服务的功能是否较单纯，相应的代码行是否较少（建议不超过30行）。
- 类的层次结构是否是深度大、宽度小的。

4.3.3 面向对象编程的测试

典型的面向对象程序具有继承、封装和多态的新特性,这使得传统的测试策略必须有所改变。封装是对数据的隐藏,外界只能通过被提供的操作来访问或修改数据,这样降低了数据被任意修改和读写的可能性,以及传统程序中对数据非法操作的测试。继承是面向对象程序的重要特点,继承使得代码的重用率提高,同时也使错误传播的概率提高。多态使得面向对象程序对外呈现出强大的处理能力,但同时却使得程序内"同一"函数的行为复杂化,测试时不得不考虑不同类型具体执行的代码和产生的行为。

面向对象程序是把功能的实现分布在类中。能正确实现功能的类,通过消息传递来协同实现设计要求的功能。正是这种面向对象程序风格,能将出现的错误精确地确定在某一具体的类。因此,在面向对象编程(OOP)阶段,忽略类功能实现的细则,将测试的目光集中在类功能的实现和相应的面向对象程序风格,主要体现为数据成员是否满足数据封装的要求和类是否实现了要求的功能两个方面。

1. 数据成员是否满足数据封装的要求

数据封装是数据和与数据有关的操作的集合。检查数据成员是否满足数据封装的要求,基本原则是数据成员是否被外界(数据成员所属的类或子类以外的调用)直接调用。更直观地说,当改编数据成员的结构时,是否影响了类的对外接口,是否会导致相应外界必须改动。注意,有时强制的类型转换会破坏数据的封装特性,例如:

```
Class Hiden
{
Private:
int a=1;
char *p= "hidden";
}
Class Visible
{
Public:
int b=2;
char *s= "Visible"
}
…
…
Hiden pp;
Visible *qq= (Visible*) & pp;
```

在上面的程序段中,pp 的数据成员可以通过 qq 被随意访问。

2. 类是否实现了要求的功能

类所实现的功能,都是通过类的成员函数执行的。在测试类的功能实现时,应该首先保证类成员函数的正确性。单独的看待类的成员函数，与面向过程程序中的函数或过程没有本质的区别。几乎所有传统的单元测试中所使用的方法，都可在面向对象的单元测试中使用。具体的测试方法在面向对象的单元测试中介绍。类函数成员的正确行为只是类能够实现要求的功能的基础，类成员函数间的作用和类之间的服务调用是单元测试无法确定的。因此，需要进行面向对象的集成测试。具体的测试方法在面向对象的集成测试中介绍。需要着重声明：测试类的功能，不能仅满足于代码能无错运行或被测类能提供的功能无错，而是应该以所做的OOD结果为依据，检测类提供的功能是否满足设计的要求、是否有缺陷。必要时（如通过OOD仍不清楚明确的地方）还应该参照OOA的结果，以之为最终标准。

4.3.4 面向对象的单元测试

面向对象软件的单元测试即对面向对象软件中的基本模块——类进行测试。类是对若干方法和数据进行封装后形成的模块。一个类对象有它自己的状态和依赖于状态的操作行为，该行为会使对象从现有状态变迁到其他状态。由于要关注对象的状态，面向对象软件的单元测试不能脱离类中的数据仅对方法进行测试，因而与传统软件的单元测试不同，面向对象软件的最小可测试单元不是单个方法，而是类或对象。

面向对象软件的类测试是由封装在类中的操作（方法）和类的状态行为所驱动的。类测试将对象与其状态结合起来，考查封装在一个类中的方法和数据之间的相互作用，对对象的状态行为进行测试。

1. 类测试方法

类测试就是验证类的实现是否和该类的说明完全一致。如果类的实现正确，那么类的每个实例的行为也应该是完全正确的。因此，要求被测试的类有正确而且完整的描述。也就是说，要求这个类在设计阶段产生的所有要素都是正确且完整的。

类测试设计的方法可以分为方法范围的测试设计、类范围的测试设计、继承的测试设计。

（1）方法范围的测试设计

1）方法范围测试设计的基本过程。

第一步：设置测试消息的参数、类变量、全局变量为希望的状态。

第二步：设置被测对象为希望的状态。

第三步：从驱动模块向该被测对象发送测试消息。

测试检查，测试检查时应注意：

- 比较被测对象返回的值和期望的值，若不同，则记录未通过。
- 比较被测对象的状态和期望的状态，若不同，则记录未通过。
- 若使用按引用调用，则比较测试消息参数的状态和期望的状态，若不同，则记录未通过。
- 捕获所有异常，假如是期望的异常，确定它是否正确。假如无异常或有一个不正确的异常，记录未通过。
- 假如一个断言的违反是期望的，确定它是否正确。若不是期望的，则记录未通过。
- 假如必要，比较类变量、全局变量的结果状态与期望的值，若有不期望的，则记录未通过。

・假如发生任何未通过，则诊断和矫正该问题。

2）方法范围测试设计的样式。

方法范围测试设计的样式可以分为范畴划分、组合功能测试、递归功能测试、多态消息测试。对范畴划分的说明：

・目标：根据输入/输出分析、设计方法范围测试包。

・上下文和故障模型：假定故障与消息参数和实例变量值的组合有关，也假定这种故障将导致遗漏或错误的方法输出。

・策略：标识每个功能的输入参数的范畴，范畴必须导致不同的输出；把每个范畴划分为选择，通过枚举所有选择的组合产生测试实例。

对组合功能测试的说明如下。

・目标：为了根据消息值的组合选择状态，设计一个测试包。

・上下文和故障模型：一个方法根据消息参数和实例变量的组合，选择很多不同动作中的一个时，选择输入组合以便适当地检测选择逻辑。

・策略：对每个动作最少开发一个测试。

对递归功能测试的说明如下。

・目标：对一个调用自己的方法，设计一个测试包。

・上下文和故障模型：递归方法接收不正常的参数值、没有足够的栈空间或基本条件不能到达时，都会使递归失败。

・策略：零次递归；一次递归；递归最大允许的或可行的深度。

・破坏初始调用、下降阶段和上升阶段的前置、后置条件。

对多态消息测试的说明如下。

・目标：多态服务执行所有客户与服务器的编联，对这种多态服务的一个客户开发测试。

・上下文和故障模型：不能满足所有可能编联的前置条件；不希望的名字解析或指针的不正确构造，发生一个不希望的编联；服务类的实现发生了变化或扩充。

・策略：对被测对象中每个多态消息的每种可能编联最少检测一次。

（2）类范围的测试设计

类范围的测试设计可分为不变量边界、非模态类测试、准模态类测试、模态类测试。

1）不变量边界。

对不变量边界的说明如下：

・目标：为由复杂的和原始的数据类型组成的类、接口及构件选择能高效测试的测试值组合。

・上下文和故障模型：为所有的变量提供值，随后运行一个测试；实例变量值的有效和无效的组合可被类的不变量指定。

・策略：assert（（txCounter>=0&&txCount<=5000）&&（creditlimit>99.99&&creditLimit<=1000000）&&（（!account1.isClosed（）||!account2.isClosed（）））。

2）非模态类测试。

非模态类对接收的消息序列不强加任何限制，对非模态类测试的说明如下。

・目标：为不限制消息顺序的类开发一个类范围测试包。

- 上下文和故障模型：拒绝一个合法的顺序；一个合法的顺序产生一个错误的值；接收非法的修改参数导致错误状态；错误的计算导致类的不变量被破坏等。
- 策略：随机序列；质疑序列。

3）准模态类测试。

准模态类对随对象的状态而改变的可接受消息进行顺序限制。对准模态类测试的说明如下。

- 目标：为类产生一个类范围测试包，该类对随类状态改变而改变的消息序列进行限制。
- 上下文和故障模型：容器和收集类通常是准模态的；有效的测试必须区别决定行为的内容和不影响行为的内容。
- 策略：定义不变量边界，集成操作序列。

4）模态类测试。

模态类对可接收的消息序列进行消息和域的限制。对模态类测试的说明如下。

- 目标：为一个在消息序列上有固定限制的类，开发一个类范围测试包。
- 上下文和故障模型：对可接收的消息序列和域两方面的限制；需要验证所有合法状态；将要被接受的消息被接受；在这些状态下非法的消息被拒绝；对接受或拒绝消息所得到的结果状态正确；对每个测试消息的响应是绝对正确的。
- 策略：基于状态的测试。

（3）继承的测试设计

继承的测试设计是为了确定继承的属性可在子类的环境中正确的运行。尽可能地复用父类测试包。对子类可以使用类范围内的测试。

- 设置被测对象为希望的状态。
- 设置测试消息的参数、类变量、全局变量为希望的状态。

2. 单元测试方法

通常可将单元测试使用的方法分为故障测试、随机测试、划分测试。

（1）故障测试法

故障测试方法是从分析模型开始查找可能的故障，对可能的故障设计案例，使之执行不正确的表达式，导致失败。

（2）随机测试法

随机测试方法是用于分析类中最小的测试序列和最大的操作序列。在最小和最大序列之间，随机产生一系列不同的操作序列。

（3）划分测试法

按状态、属性、操作、类级别分别归类所有的操作，设计测试案例，达到减少测试案例的功效。

- 状态划分测试方法：可定义的操作为状态操作、非状态操作。
- 属性划分测试方法：可定义的操作为使用 creditLimit、修改 creditLimit、不使用或不修改操作 credtLimit。
- 操作类别划分测试方法：可定义的操作为初始化操作、计算操作、查询操作、终止操作。

- 类级别划分测试方法：类级别的划分测试可以减少测试类所需要的测试案例数量、输入和输出被分类、设计测试案例来处理每个类别。

4.3.5 面向对象的系统测试

为最后确认开发完毕的整个软件产品在实际运行环境下能否满足用户的全部需求，即能否实现需求规格说明书中指定的功能指标和满足性能、可靠性、安全性等非功能性指标，必须对软件产品进行严格、规范的系统测试；测试开发的软件作为最终系统的一个组成元素，与系统其他元素能否很好地协作运行，以满足用户需求。

与传统软件的系统测试相似，面向对象的系统测试不再考虑各模块之间相互连接的细节，集中检查用户可见的动作和可识别的输出，即验证软件系统确实实现了用户的需求。

系统测试是对所有类和主程序构成的整个系统进行整体测试，以验证软件系统的正确性和性能指标等满足需求规格说明书和任务书所指定的要求。它体现的具体测试内容包括：

（1）性能测试

测试软件的运行性能。这种测试常常与强度测试结合进行，需要事先对被测软件提出性能指标，如传输连接的最长时限、传输的错误率、计算的精度、记录的精度、响应的时限和恢复时限等。

（2）功能测试

测试是否满足开发要求，是否能够提供设计所描述的功能，用户的需求是否都得到满足。功能测试是系统测试最常用和必须的测试，通常还会以正式的软件说明书为测试标准。

（3）强度测试

测试系统的能力最高实际限度，即软件在一些超负荷情况下的功能实现情况。如要求软件某一行为的大量重复、输入大量的数据或大数值数据、对数据库大量复杂的查询等。

（4）安全测试

验证安装在系统内的保护机制确实能够对系统进行保护，使之不受各种非常的干扰。安全测试时需要设计一些测试用例试图突破系统的安全保密措施，检验系统是否存在安全保密漏洞。

（5）恢复测试

采用人工的干扰使软件出错，中断使用，检测系统的恢复能力，特别是通讯系统。恢复测试时，应该参考性能测试的相关测试指标。

（6）可用性测试

测试用户是否能够满意使用。具体体现为操作是否方便，用户界面是否友好等。

（7）安装／卸载测试（install/uninstall test）

系统测试应该尽量搭建与用户实际使用环境相同的测试平台，应该保证被测系统的完整性，对没有的系统设备部件，也应有相应的模拟手段。系统测试需要对被测的软件结合需求分析进行仔细的测试分析，建立测试用例。如以 UML 中的用例图为依据，对用例图进行逐层细化，以导出测试用例。从用例图导出测试用例的主要步骤如下：

1）标识出系统的功能。软件系统的功能是整个系统测试的基础，也是系统测试的出发点。

如果这一阶段还不能准确描述,那么该系统的开发将很难取得成功,更不用说测试了。

2)建立高层用例图。用例开发从很高层次的视图开始,高层用例关注于待建系统的总的描述。

3)建立基本用例图。高层用例只是对系统的总的描述,很少涉及细节,因此必须对其进行不断的精化。

4)扩展基本用例图。如果该系统的功能相对较复杂,在基本用例中还没有完全描述清楚其功能,可以对基本用例进一步细化,进行扩展。

5)根据基本用例的描述,导出系统测试用例,完成系统测试。当然,为了更好地完成系统测试工作,可以考虑在不同的覆盖范围内,对系统进行测试。

4.4 面向对象测试用例设计

传统软件测试用例设计从软件的各个模块算法出发,而OO(面向对象)软件测试用例着眼于操作序列,以实现对类的说明。OO测试用例设计对OO的5个特性(局域性、封装性、信息隐藏、继承性和抽象)进行测试,Berard提出了测试用例的设计方法,关于设计合适的操作序列以及测试类的状态,主要包括以下原则:对每个测试用例应当给予特殊的标识,并且还应当与测试的类有明确的联系;测试目的应当明确;应当为每个测试用例开发一个测试步骤列表,列表中列出所要测试对象的说明、将要作为测试结果的消息和操作、测试对象可能发生的例外情况、对软件进行测试所必须有的外部环境的变化、帮助理解和实现测试所需要的附加信息。

4.4.1 类测试用例设计

类测试用例要确保类实例完全满足类的设计描述(可使用OCL语言、自然语言和状态转换图对类进行描述),对某个类进行测试除了要确保它能实现预定设计外,还要关注这个类和其他类之间的特殊关系(如关联、泛化、依赖、实现等)。另外,由于不可能对类进行穷举测试,在设计类测试用例时要考虑是否能够保证对类进行充分性的测试。通常,会先根据类的设计说明来设计测试用例,但仅仅使用这种方法容易将开发人员在类实现期间解释类说明时所犯的错误引入到类测试中,因此需要补充测试用例(如针对类实现时引入的边界值进行测试)。如果被测试类的说明不存在,可通过"逆向工程"产生一个类说明,但要在测试之前请开发人员对其进行检查,以免引入不必要的错误。

一般基于如下3个标准设计测试系列,即基于状态的覆盖率、基于限制的覆盖率和基于代码的覆盖率。在基于状态的覆盖率标准中,以测试系列覆盖了多少个状态转换图中的状态转换为衡量测试充分性的依据;在基于限制的覆盖率标准中,以测试系列覆盖了多少个前置条件和后置条件为衡量测试充分性的依据。在基于代码的覆盖率标准中,以测试系列覆盖了多少实现类的测试代码为衡量标准。

(1) 根据前置和后置条件确定测试用例

根据操作的前置和后置条件来确定测试用例的总体思想是：为所有可能出现的组合情况确定测试用例需求，然后创建测试用例来表达这些需求，最后排除不可能出现的情况。在实际的测试过程中，我们可以根据这些需求确定特定的输入值和输出值，还可以增加测试用例来描述违反前置条件时的情况。

为了便于从前置条件和后置条件中确定测试用例的总体需求，我们使用 OCL（对象约束语言）来分析每种逻辑关系，对使用不同种逻辑关系表示的前置条件和后置条件，分别列出相应的测试用例。

(2) 根据状态转换确定测试用例

为了阅读方便，我们首先对状态图加以简单介绍。对象从产生到结束，可以处于一系列不同的状态。状态影响对象的行为，当这些状态的数目有限时，就可以用状态图来对对象的行为建模。状态图显示了单个类的生命周期，通常用于描述一个特定对象的所有可能状态以及引起状态跃迁的事件。一个状态图包括一系列的状态以及状态之间的跃迁，也用来模拟对象的描事件排序的行为。状态图中包含 4 种状态：初始状态、最终状态、中间状态、复合状态。另外，一个状态图只能有一个初始状态，而最终状态可以有多个。其中带箭头的连线被称为跃迁，状态的跃迁通常是由事件触发的，此时应在跃迁上标出触发跃迁的事件表达式。如果跃迁上未标明事件，则表示在源状态的内部活动执行完毕后自动触发跃迁。

下面以图 4-3 为例来说明状态图的表示方法。

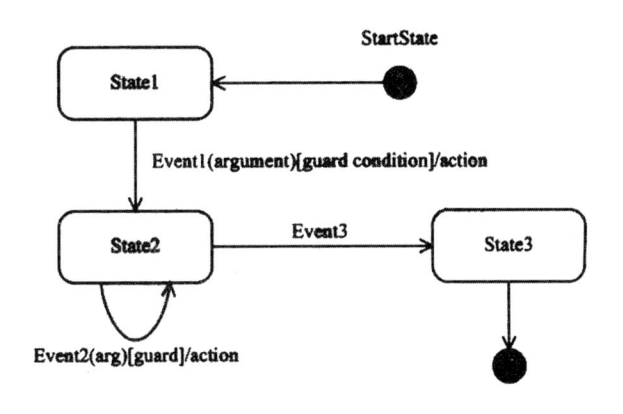

图 4-3 状态图

与根据前置条件和后置条件创建类的测试用例相比，根据状态转换图创建类的测试用例有很大的优势。在类的状态图中，与类相关联的行为非常的明显和直观，测试用例的需求直接来自于状态转换，因而很容易确定测试用例的需求。很多人习惯用状态转换图来确定测试用例而不是根据测试用例的前置条件和后置状态来确定测试用例。因为在状态图中类关联行为明显且很容易被测试者辨别，但是这同样要求测试者设定更多的特殊值验证类关联关系（例如：使用极端的输入值引起了不可预料的状态崩溃），并且有时使用状态图很难确定所有的测试用例，如要完全理解怎样根据属性值来定义状态；事件是如何在一个给定的状态内影响特定值等。这些都很难仅从简单的状态图中确定。因此，在使用基于状态转换图进行测试时，务必在生成测试用例时检查每个状态转换的边界值和预期值。

4.4.2 类层次的分割测试

类层次的分割测试可以减少用完全相同的方式检查类测试用例的数目。分类可分为基于状态的分割、基于属性的分割、基于类型的分割。
- 基于状态的分割：按类操作是否会改变类的状态进行分割（归类）。
- 基于属性的分割：按类操作所得到的属性来分割（归类）。
- 基于类型的分割：按完成的功能分割（分类），如初始操作、计算操作、查询操作。

1）基于状态的分割。

基于状态的分割是指按类操作是否改变类的状态来分割（归类）。这里仍以 account 类为例，改变状态的操作有 deposit、withdraw，不改变状态的操作有 balance、summarize、creditlimit。如果测试按检查类操作是否改变类的状态来设计，则结果如下。

用例 1：执行操作改变状态。

open+setup+deposit+deposit+withdraw+withdraw+close

用例 2：执行操作不改变状态。

open+setup+deposit+summarize+creditlimit+withdraw+close

2）基于属性的分割。

基于属性的分割是指按类操作所用到的属性来分割（归类），如果仍以一个 account 类为例，其属性 creditlimit 能被分割为三种操作：用 creditlimit 的操作、修改 creditlimit 的操作、不用也不修改 creditlimit 的操作。这样，测试序列就可按每种分割来设计。

3）基于类型的分割。

基于类型的分割是指按完成的功能分割（归类），例如，在 account 类的操作中，可以分割为：初始操作 open、setup；计算操作 deposit、withdraw；查询操作 balance、summarize、creditlimit；终止操作 close。

4.4.3 面向对象类的随机测试

若一个类有多个操作（功能），这些操作（功能）序列有多种排列，而这种不变化的操作序列可随机产生，用这种可随机排列的序列来检查不同类实例的生存史，就叫随机测试。

例如一个银行信用卡的应用，其中有一个类：计算（account）。该 account 的操作有：open, setup, deposit, withdraw, balance, summarize, creditlimit 和 close。

这些操作中的每一项都可用于计算，但 open 和 close 必须在其他计算的任何一个操作前后执行，即使 open 和 close 有这种限制，这些操作仍有多种排列。所以一个不同变化的操作序列会因应用不同而随机产生，如一个 account 实例的最小行为生存史可包括以下操作：

open+setup+deposit+[deposit|withdraw|balance|summarize|creditlimit]+withdraw+

close

由此可见,尽管这个操作序列是最小测试序列,但在这个序列内仍可以发生许多其他的行为。

(1)类层次的分割测试

这种测试可以减少用完全相同的方式检查类测试用例的数目。这很像传统软件测试中的等价类划分测试。分割测试又可分三种:
- 基于状态的分割,按类操作是否改变类的状态来分割(归类)。
- 基于属性的分割,按类操作所用到的属性来分割(归类)。
- 基于类型的分割,按完成的功能分割(归类)。

(2)由行为模型(状态、活动、顺序和合作图)导出的测试状态转换图(STD)

可用来帮助导出类的动态行为的测试序列,以及这些类与合作类的动态行为测试序列。为了说明问题,仍用前面讨论过的 account 类。开始由 empty acct 状态转换为 setup acct 状态。类实例的大多数行为发生在 working acct 状态。而最后,取款和关闭分别使 account 类转换到 non-workin acct 和 dead acct 状态。这样,设计的测试用例应当是完成所有的状态转换。即操作序列应该能导致 account 类所有允许的状态进行转换。

测试用例:open+setupAcct+deposit(initial)+withdraw(final)+close。还可导出更多的测试用例,来保证该类所有行为被充分检查。

4.4.4 基于故障和脚本的测试

1. 基于故障的测试

在面向对象的软件中,基于故障的测试具有较高的发现可能故障的能力。由于系统必须满足用户的需求,因此,基于故障的测试要从分析模型开始,考察可能发生的故障。为了确定这些故障是否存在,可设计用例去执行设计或代码。

基于故障测试的关键取决于测试设计者如何理解"可能的错误"。而在实际中,要求设计者做到这点是不可能的。基于故障测试也可以用于集成测试,集成测试可以发现消息联系中"可能的故障"。"可能的故障"一般为意料之外的结果,错误地使用了操作、消息、不正确引用等。为了确定由操作(功能)引起的可能故障,必须检查操作的行为,这种方法除用于操作测试外,还可用于属性测试,用以确定其对于不同类型的对象行为是否赋予了正确的属性值(因为一个对象的"属性"是由其赋予属性的值定义的)。

2. 基于脚本的测试

基于脚本的测试主要关注用户需要做什么,而不是产品能做什么,即从用户任务(使用用例)中找出用户要做什么并去执行。这种基于脚本的测试有助于在一个单元测试情况下检查多重系统。所以基于脚本测试比基于故障测试不仅更实际(接近用户),而且更复杂一点。

例如:考察一个文本编辑器的打印场景测试的用例设计。

Use Case1:打印最终的文档。

测试案例:

- 打印完整的文档。
- 在文档中修改某些页的内容。
- 再次打印完整文档或某些页。

Use Case2：打印复制的新页。

测试案例：
- 打开文档。
- 选择菜单中的 print 选项。
- 设定打印（还是完整文档）。
- 单击 print 开始打印。
- 关闭文档。

其执行事件序列是：打印整个文件；移动文件，修改某些页；当某页被修改，就打印某页；有时要打印许多页。

显然，测试者希望发现打印和编辑两个软件功能是否能够相互依赖，否则就会产生错误。

4.4.5 状态机模型导出测试

状态机是一个系统，它的输出是由当前的输入和过去的输入决定的。状态机模型导出的测试由状态、转换、事件和动作构成。状态机的机制由以下五点构成：

1）机器开始于初态。
2）机器在一个不确定的时间间隔内等待一个事件。
3）如果一个事件在当前状态没有被接受，则被忽略。
4）如果事件在当前状态被接受，则说明指定的转换被触发。
5）从第二步开始重复这个周期，直到结果状态变成终止状态。

状态机的测试设计主要是：实现必须符合指定的状态机的约束；了解如何实现与观察到的约束不相符合，为测试设计提供了重点，也为评估测试设计策略提供基准。

一个控制错误允许一个不正确的事件序列被接受或产生一个不正确的输出动作序列。

控制错误的类型主要有如下几点：
- 丢失的或不正确的转换。
- 丢失的或不正确的事件。
- 丢失的或不正确的动作。
- 多余的、丢失的或讹误状态。
- 潜行路径（一个不应被接受的消息被接受）。
- 非法消息的失效（一个不期望的消息引起的失效）。
- 陷阱门（实现了没有定义的消息）。

状态模型检查表的主要内容包括：结构、状态名称、受监视转换、好的子类行为、健壮性等。模型在结构上是完全且一致的，具有如下重点：
- 一个状态被指定为初态并且只有一个离开的转换。
- 至少有一个终止状态并且只有一个进入转换。

- 没有等价状态。
- 每一个状态都可以从初态到达。
- 从任何一个状态都可以到达终止状态。
- 每一个被定义的事件和动作至少出现在一个转换上。
- 除了初态和终态外，每个状态至少有一个输入转换和输出转换。
- 对任一给定状态，同样的事件不能出现在多个转换上。
- 状态机是完全确定的。

不好的状态名经常是不完全和不正确设计的征兆，设计状态名称时要注意的问题如下：
- 状态名称在应用领域中是有意义的。
- 当怀疑一个状态名时，就把它删掉。
- 不要用"等待的 x"或"等待 x"作为状态名。
- 状态名没有表达不相关的信息，没有名称描述和动作相关的过程；没有名称用于输入描述。

对于条件转换的主要注意事项如下：
- 在状态转换的条件集中，条件表达式产生的真值的全部范围必须被覆盖。
- 对一个转换，每一个条件都和其他的条件相互排斥。
- 一个抽象状态模型的条件变量是被测类的客户提供的输入。
- 一个具体类状态模型的条件变量是由被测类的实现定义的，例如 self 或 this。
- 条件表达式的计算对被测类不会产生任何副作用。

好的子类的行为是指以下情况：
- 子类没有删除任何超类状态，在超类中接受的转换也被子类接受。
- 子类不会减弱任何超类状态的状态不变量。
- 子类不会破坏任何超类状态的状态不变量。
- 子类或者加强超类状态不变量，也可能仅仅继承它。
- 子类可以添加由子类引入的实例变量定义的正交状态。
- 超类转换中所有的条件和子类转换相同或弱于子类。
- 所有被继承的输出动作和子类的责任一致。
- 发送到对象的消息不会对被测类产生副作用。

模型规定了如下健壮行为：
- 对没有被明确拒绝的事件，有一个明确规定的错误处理和异常处理机制。
- 对于一个非法消息的结果，实现的状态不会被错误地改变、被讹误或没有被定义。
- 对每一个动作，没有与这个动作相关的结果状态的副作用或异常。
- 对前置/后置条件、不变式的冲突，规定了明确的异常、错误注册和恢复机制。
- 对丢失或延迟的事件规定了明确的异常、错误注册和恢复机制。
- 对每一个超时，规定了明确的异常、错误注册和恢复机制。
- 被测系统的目标环境的主要和不重要的失败模式被分类，对每个失败模式规定了一个明确的异常机制。
- 对每一失败模式，指定了结果状态或硬性的终止状态。

- 重新开始机制被建模并定义了一个到正常状态的路径。

4.4.6 面向 UML 的测试

统一建模语言 UML 具有定义良好、易于表达、功能强大的特点，不仅支持面向对象的分析与设计，而且支持从需求分析开始的软件开发的全过程。UML 的目标是以面向对象的方式来描述任何类型的系统，它提供了非常丰富的图例模型。

1. 用例图的测试需求

用例图的测试需求如表 4-1 所示。

表 4-1 用例图的测试需求

关系	测试需求（至少有一个测试用例检查）
执行者和用例通信	每一用例和每一执行者的用例
用例 1 扩展用例 2	每一个完全的扩展组合
用例 1 使用用例 2	每一个完全的使用组合

2. 类图的测试需求

类图的测试需求如表 4-2 所示。

表 4-2 类图的测试需求

关系	测试需求（至少有一个测试用例检查）
关联	关联关系的特定应用
聚集	类和构件的独立创建和析构
构成	类和构件的顺序创建和析构、类和构件失败的独立创建和析构
泛化	在每一个子类中，每一个超类的特性被使用
依赖	依赖关系的特定应用
精化	精化类中被精化类型的每一行为

3. 顺序图的测试需求

顺序图的测试需求如表 4-3 所示。

表 4-3 顺序图的测试需求

关系	测试需求（至少有一个测试用例检查）
客户调用服务者（同步）	客户调用服务者并返回
客户调用服务者（异步）	客户调用服务者并返回，服务者继续执行
客户调用服务者 1、2…	客户调用服务者 1、2…

续表

客户重复到服务者的调用	客户重复到服务者的调用
客户递归调用服务者	客户递归调用服务者

4. 活动图的测试需求

活动图的测试需求如表 4-4 所示。

表 4-4　活动图的测试需求

关系	测试需求（至少右一个测试用倒检查）
动作 1 在动作 2 之前	动作 2 跟随动作 1
动作依赖于同步点	动作跟随同步点
动作 2、3…跟随动作 1	动作 2 跟随动作 1、动作 3 跟随动作 1…
动作依赖信号	在信号到达之后执行动作
同步点跟随动作	在动作之后到达同步点

5. 协作图的测试需求

协作图的测试需求如表 4-5 所示。

表 4-5　协作图的测试需求

关系	测试需求（至少有一个测试用例检查）
消息 1 在消息 2 之前	消息 1 和消息 2
客户发送消息到服务者	客户发送消息到服务者并返回
客户也许发送消息到服务者（条件调用）	客户发送消息到服务者并返回、客户不发送消息到服务者
客户重复到服务者的消息	客户重复到服务者的消息并返回
向自己发送递归消息	客户递归地调用自己
客户到服务者的异步调用	客户发送消息到服务者并返回，服务者收到消息

6. 构件图的测试需求

构件图的测试需求如表 4-6 所示。

表 4-6　构件图的测试需求

关系	测试需求（至少有一个测试用例检查）
构件发送到接口的消息	客户发送消息到服务者并返回
构件依赖构件	特定应用

7.配置图的测试需求

配置图的测试需求如表 4-7 所示。

表 4-7 配置图的测试需求

关系	测试需求（至少有一个测试用例检查）
构件运行在节点上	在每一个指定的主机节点上，构件能被加载并且运行
节点和节点的通信	打开、传送、关闭到每一个远程构件的通信

第5章 软件自动化测试

随着计算机日益广泛的应用，计算机软件越来越庞大和复杂，软件测试的工作量也越来越大。据统计，软件测试工作一般要占用整个工程40%的开发时间，而一般可靠性要求较高的软件测试时间甚至占到总开发时间的60%。在整个测试工作中，手工测试往往占了绝大部分的时间，尤其是模块级的白盒测试和黑盒测试，遍历数据路径和测试各模块的功能，都需要通过手工测试来完成。但是有些测试工作却非常适合应用计算机来自动进行，其原因是测试的许多操作是重复性的、非智力创造性的、要求准确细致的工作，对于这样的工作更适合用计算机代替人去完成。随着人们对软件测试工作的重视，大量的软件测试自动化工具不断涌现出来，自动化测试能够满足软件公司想在最短的进度内充分测试其软件的需求，一些软件公司在这方面的投入，会对整个并发工作的质量、成本和周期带来非常明显的效果。

5.1 自动化测试概述

5.1.1 自动化测试的定义

测试人员在进行手工测试时，具有创造性，可以举一反三，从一个测试用例想到另外一些测试用例，特别是可以考虑到测试用例不能覆盖的一些特殊的或边界的情况。同时，对于那些复杂的逻辑判断、界面是否友好，手工测试具有明显的优势。但是手工测试在某些测试方面，可能还存在着一定的局限性，如无法做到覆盖所有代码路径；工作量往往较大，却无法体现手工测试的优越性；在系统负载、性能测试时，需要模拟大量数据或大量并发用户等各种应用场合时，也很难通过手工测试来进行；许多与时序、死锁、资源冲突、多线程等有关的错误通过手工测试很难捕捉到；如果有大量（几千）的测试用例，需要在短时间内（1天）完成，手工测试几乎不可能做到；在进行系统可靠性测试时，需要模拟系统运行10年、几十年，以验证系统能否稳定运行，这也是手工测试无法模拟的。

自动化测试是相对于手工测试而存在的，主要是使用软件工具来代替手工进行的一系列动作，具有良好的可操作性、可重复性和高效率等特点。自动化测试的目的是减轻手工测试的工作量，以达到节约资源（包括人力、物力等），保证软件质量，缩短测试周期的效果，是软件测试中提高测试效率、覆盖率和可靠性的重要测试手段。也可以说，自动化测试是软件测试不可分割的一部分。

自动化测试将毫无差错地以同一方式多次运行同一测试。但是自动化测试不会执行与脚本编写的内容不一样的行为。正因为如此，自动化测试通常被看成为一系列的回归测试，只能捕获被引入原来工作代码的缺陷。不过事情也会出现例外，例如大型数据数组循环输入。但是可以肯定自动化测试大都属于回归测试的范畴。

自动化测试涉及测试流程、测试体系、自动化编译，以及自动化测试等方面的整合。也就是说，要让测试能够自动化，不仅是技术、工具的问题，更是一个公司和组织的文化问题。首先公司要从资金、管理上给予支持，其次要有专门的测试团队去建立适合自动化测试的测试流程和测试体系，最后才是把源代码从受控库中取出、编译、集成，并进行自动化的功能和性能等方面的测试。

5.1.2 自动化测试的原理和方法

软件测试自动化实现的基础是可以通过设计的特殊程序模拟测试人员对计算机的操作过程、操作行为，或者类似于编译系统那样对计算机程序进行检查。软件测试自动化实现的原理和方法主要包括：直接对代码进行静态和动态分析、测试过程的捕获和回放、测试脚本技术和测试管理技术。

1. 代码分析

代码分析类似于高级编译系统，一般针对不同的高级语言去构造分析工具，在工具中定义类、对象、函数、变量等定义规则、语法规则等；在分析时对代码进行语法扫描，找出不符合编码规范的地方；根据某种质量模型评价代码的质量，生成系统的调用关系等。为了更好地进行代码分析，可以向代码生成的可执行文件中插入一些监测代码，随时了解这些关键点，关键时刻的某个变量的值、内存/堆栈状态等。

2. 捕获和回放

记录用户每一步操作，常用方式有两种：程序用户界面的像素坐标或程序显示对象（窗口、按钮、滚动条等）的位置，以及相对应的操作、状态变化、或属性变化。所有的记录转换为一种脚本语言所描述的过程，以模拟用户的操作。

回放时，将脚本语言所描述的过程转换为屏幕上的操作，然后将被测系统的输出记录下来同预先给定的标准结果比较。这可以大大减轻黑盒测试的工作量，在迭代开发的过程中，能较好地进行回归测试。

代码分析实际上就是一种白盒测试的自动化方法，而捕获和回放则是一种黑盒测试的自动化方法。

3. 脚本技术

脚本是一组测试工具执行的指令集合，也是计算机程序的一种形式。脚本可以通过录制测试的操作产生，然后再做修改，这样可以减少脚本编程的工作量。当然，也可直接用脚本语言编写脚本。测试工具脚本中可以包含数据和指令，并包括同步、比较、捕获屏幕数据及存储在何处、控制等信息。

脚本技术围绕着脚本的结构设计，实现测试用例，在建立脚本的代价和维护脚本的代价中得到平衡，并从中获益。脚本技术可以分为以下几类。

（1）线性脚本

线性脚本是录制手工执行的测试用例得到的脚本。这种脚本包含所有的击键、移动、输入数据等，所有录制的测试用例都可以得到完整的回放。对于线性脚本也可以加入一些简单的指令，如时间等待、比较指令等。线性脚本适合于简单的测试、一次性测试。多数用于脚本的初始化、演示等。

（2）结构化脚本

类似于结构化程序设计，具有各种逻辑结构，包括选择性结构、分支结构、循环迭代结构，而且具有函数调用功能。结构化脚本具有很好的可重用性、灵活性，所以结构化脚本易于维护。

（3）共享脚本

共享脚本是指某个脚本可以被多个测试用例使用，即脚本语言允许一个脚本调用另一个脚本。线性脚本可转换为共享脚本。

（4）数据驱动脚本

将测试输入存储在独立的（数据）文件中，而不是存储在脚本中。这样的脚本可以针对不同的数据输入实现多个测试用例。

4. 测试管理

测试管理是指对测试输入、执行过程和测试结果进行管理。除了对和手工测试共性的东西，如测试计划、测试用例、测试套件、缺陷、产品功能和特性、需求变化等实施管理之外，还要对自动化测试中特有的东西进行跟踪、控制和管理，主要有测试数据文件、测试脚本代码，预期输出结果、测试日志、测试自动比较结果等。

5.1.3 自动化测试的前提与成本

1. 自动化测试的前提

实施自动化测试之前需要对软件开发过程进行分析，以观察其是否适合使用自动化测试。通常需要同时满足以下条件：

1）产品本身特征具有长期可维护性。

2）项目周期足够长：由于自动化测试需求的确定、自动化测试框架的设计、测试脚本的编写与调试均需要较长的时间来完成。如果项目的周期比较短，没有足够的时间去支持这样一个过程，那么不适合使用自动化测试。

3）软件需求变动不频繁：项目中的某些模块相对稳定，而某些模块需求变动性很大时，便可对相对稳定的模块进行自动化测试，而变动较大的仍然使用手工测试。

4）产品结构相对复杂。

5）产品本身非紧迫的大项目。

6）资源投入相对充裕。

7）在手工测试无法完成、需要投入大量时间与人力时，也需要考虑引入自动化测试，如性能测试、配置测试、大数据量输入测试等。

2. 自动化测试的成本

有的人说："从管理的角度来说，100%的自动化目标只是一个从理论上可能达到的，但是实际上达到100%的自动化的代价是十分昂贵的。一个40%～60%的自动化利用程度已经是非常高了，达到这个级别以上，需要增加测试相关的维护成本"。在大多数情况下，创建一次自动化测试所花费的时间要比一次手工测试所花费的时间多得多。测试成本因产品的架构以及自动化测试的方式不同而有所差别。

如果要通过图形用户界面来测试产品，还需要写一些驱动图形用户界面的脚本，自动化测试的费用将会是手工测试的几倍。

如果使用GUI捕捉/回放工具来跟踪测试与产品之间的交互，同时建立脚本，自动化测试的费用会相对便宜一些。但是，有时候因为出现一些错误，测试工作必须从头开始。另外，使用工具来组织和录制组成测试套件的所有文件，以及使用工具来捕获和解决BUG也要花费时间。如果把所有影响测试成本的因素都考虑进来，测试的成本将会大大增加。

如果要测试的是一个编译器，那么大部分测试工作是编写一些测试程序让编译器进行编译。同手工测试相比，自动化测试所花费的成本可能只稍多一点。

假设目前测试工作非常适合自动化测试，已进行过10次自动化测试，而只进行了1次手工测试，或者在用户使用之前从来没有做过手工测试。但是如果自动化测试的成本很高，那么这10次自动化测试可能会使我们放弃20次或者更多的手工测试。而这些测试又能够捕获什么样的Bug呢？因此，进行自动化测试之前要首先考虑的问题就是：如果要进行1次自动化测试，要放弃掉哪些手工测试？可能会少捕获多少Bug？这些Bug会不会很严重？

这些问题的答案可能因项目不同而异。假设你将要测试一个改动很大的产品，但却没有时间重新进行所有测试。此时进行自动化测试，保证至少能捕获到一个新的Bug，那么这种自动化测试的成本就是很高的。或者假设你是一个测试员，将要对电信系统进行测试，对于这个系统来说质量很重要，测试经费很充足。如果应用自动化测试，大概要放弃3次手工测试。但能够把测试的设计工作做得很完美，并且确信那些额外的测试在所有测试中不是十分重要的。严格来讲，已经得到了不同程度的测试，并且怀疑这些测试不能捕获到新的Bug，那么这种自动化测试的成本就是低的。

我们通常使用测试所花费的时间来衡量自动化测试的成本。但有时候，也使用测试所能捕获的Bug数目来衡量自动化测试的成本。因为自动化测试的关键在于下一次运行测试的时候能否捕获更多的Bug。可以说Bug就是自动化测试的价值所在，因此使用所捕获的Bug数目来衡量测试成本的高低更加合理。总之，我们应该根据如下几条原则进行测试评估：

1）仔细估计1下，进行一次自动化测试大概会少捕获多少Bug。
2）估计一下测试的生存周期。
3）估计一下在整个生存周期内，自动化测试能捕获到多少Bug。
4）对手工测试和自动化测试的评估结果进行比较，然后再做决定。

5.1.4 自动化测试的优势与局限性

1. 自动化测试的优势

好的自动化测试可以达到比手工测试更有效、更经济的效果。自动化测试的优势可以总结为：

（1）回归测试的开销小

对程序的新版本运行已有的测试，即回归测试。对于产品型的软件，每发布一个新的版本，其中大部分功能和界面都和上一个版本相似或完全相同，这部分功能特别适合于自动化测试，从而达到可以重新测试每个功能的目的。这是最主要的任务，特别是经过了频繁地修改后，一系列回归测试的开销是最小的。假设已经有一个测试在程序的一个老版本上运行过，那么在几分钟之内就可以选择并执行自动化测试。

（2）软件开发测试周期短

自动化测试的最大好处就在于，软件测试具有速度高、效率高的特点，可以在较少的时间内运行更多的测试。例如，产品向市场的发布周期是 3 个月，也就是说开发周期只有短短的 3 个月，在测试期间要求每天或每 2 天就要发布一个版本供测试人员测试，一个系统的功能点有几千个或上万个，如果使用人工测试来完成这么多烦琐的工作，将需要花费大量的时间，难以提高测试效率。

（3）节省人力资源，降低测试成本

将频繁的测试任务自动化，如需要重复输入数据的测试。这样可以将测试人员解脱出来，提高准确性和测试人员的积极性，把更多的精力投入到测试用例的设计当中。由于使用了自动化测试，手工测试就会减少，相对来说测试人员就可以把更多的精力投入到手工测试过程中，有助于更好地完成手工测试。另外，测试人员还可以利用夜间或周末机器空闲的时候执行自动化测试。

（4）可以进行一些手工测试难以完成或不可能完成的测试

有些非功能性方面的测试，如压力测试、并发测试、大数据量测试、崩溃性测试，用人来测试是不可能实现的。例如，对于 200 个用户的联机系统，用手工进行并发操作的测试几乎是不可能的，但用自动化测试工具就可以模拟来自 200 个用户的输入。客户端用户通过定义可以自动回放的测试，随时都可以运行用户脚本，技术人员即使不了解整个内容复杂的商业应用也可以胜任。另外，在测试中应用测试工具，可以发现正常测试中很难发现的缺陷。例如，Numega 的 Dev Partner 工具就可以发现软件中的内存方面的问题。

（5）测试具有一致性和可重复性

由于每次自动化测试运行的脚本是相同的，所以每次执行的测试具有一致性，很容易就能够发现被测软件是否有修改之处。这在手工测试中是很难做到的。再如，有些测试可能在不同的硬件配置下执行，使用不同的操作系统或不同的数据库，此时要求在多种平台环境下运行的产品具有跨平台质量的一致性，这在手工测试的情况下更不可能做到。另外，好的自动化测试机制还可以确保测试标准与开发标准的一致性。例如，此类工具可以测试每个应用程序的相同类型的功能以相同的方法实现。

（6）增强测试的稳定性和可靠性

通过测试工具运行测试脚本，能保证100%进行。但是，有时个别测试人员并没有执行那些测试用例，但对方可能告诉你，他已经运行了。

（7）测试具有复用性

自动测试具有复用性，但对于一些要重复使用的自动化测试要确保其可靠性。

（8）软件发布时间缩短

一旦一系列自动化测试准备工作完成，就可以重复地执行一系列的测试，因此能够缩短测试时间。

（9）自动化程度高

手工不能做到的事情，软件测试自动化能做到，比如负载、性能测试。

总之，自动化测试的好处和优点是不言而喻的，但只有正确并顺利地实施自动化测试才能从中受益。

表 5-1 显示了手工测试与自动化测试的比较结果。这个测试案例中包括 1750 个测试用例和 700 多个错误。

表 5-1 自动化测试和手工测试比较

测试步骤	手工测试	自动化测试	通过使用工具改善测试的百分比
测试计划的开发	32	40	-25%
测试用例的开发	262	117	55%
测试执行	466	23	95%
测试结果分析	117	58	50%
错误状态/更正检测	117	23	80%
产生报告	96	16	83%
时间总和	1090	277	75%

2. 自动化测试的局限性

尽管自动化测试能够给项目开发带来很多收益，但自动化测试并不能完全取代手工测试。例如，下面几种情况就不适合使用自动化测试。

（1）定制型项目（一次性的）

为客户定制的项目，其维护期是由客户方承担的，甚至它所采用的开发语言、运行环境也是客户特别要求的，即公司在这方面的测试积累较少，这样的项目不适合做自动化测试。

（2）项目周期很短的项目

对于开发与测试周期很短的项目，就不值得花费精力去投资自动化测试。因为好不容易建立起的测试脚本，得不到重复的利用是不经济的。

（3）涉及业务规则复杂的对象

业务规则复杂的对象，有很多的逻辑关系、运算关系，工具就很难测试。

（4）关于美观、声音、易用性的测试

也就是一些通过人的感观进行的测试，如针对界面的美观、声音的体验、易用性的测试，只能通过手工测试来完成。

（5）测试的软件不稳定

如果软件不稳定，其中的不稳定因素可能导致自动化测试失败，只有当软件达到相对的稳定，没有界面性严重错误和中断错误时才能开始自动化测试。

（6）涉及物理交互的测试

工具很难完成与物理设备的交互，比如刷卡的测试等。

综上所述，自动化测试的局限可归纳如下：

（1）软件自动化测试可能降低测试的效率

当测试人员只需要进行很少量的测试，而且这种测试在以后的重用性很低时，花大量的精力和时间去进行自动化的结果往往是得不偿失的。因为自动化的收益一般要在很多次重复使用中才能体现出来。

（2）测试人员期望自动测试发现大量的错误

测试首次运行时，可能发现大量错误。但当进行过多次测试后，发现错误的几率会相对较小，除非对软件进行了修改或在不同的环境下运行。

（3）需要测试经验

如果缺乏测试经验，测试的组织差、文档少或不一致，则自动化测试的效果比较差。

（4）测试工具与其他软件的互操作性较弱

测试工具与其他软件的互操作性也是一个严重的问题，技术环境变化如此之快，使得厂商很难跟上。许多工具看似理想，但在某些环境中却并非如此。

（5）技术问题、组织问题、脚本维护

自动化测试实施起来并不简单。首先，商用测试执行工具是较庞大且复杂的产品，要求具有一定的技术知识，才能很好地利用工具，这对于厂商或分销商培训直接使用工具的用户，特别是自动化测试用户来说十分重要。除工具本身的技术问题外，用户也要了解被测试软件的技术问题。如果软件在设计和实现时没有考虑可测试性，则测试时无论自动化测试还是手工测试难度都非常大。如果使用工具测试这样的软件，无疑更增加测试的难度。其次，还必须有管理支持及组织艺术。最后，还要考虑组织是否能够重视，是否能成立这样的测试团队，是否有这样的技术水平，对于测试脚本的维护工作量也是很大的，是否值得维护等问题。

因此，对软件自动化测试应该有正确的认识，它并不能完全代替手工测试。不要期望仅仅通过自动化测试就能提高测试的质量，如果测试人员缺少测试的技能，那么测试也可能会失败。

5.2 自动化测试框架

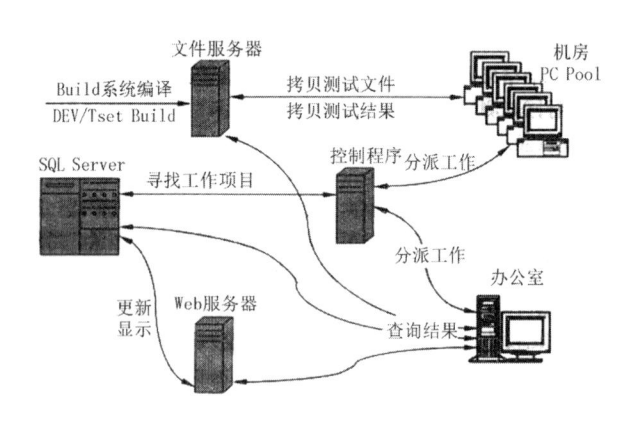

5.2.1 自动化测试的基本结构

自动化测试的基本结构由六部分组成：①构建、存放程序软件包和测试软件包的文件服务器，在这个服务器上进行软件包的构建，并使测试工具可以存取这些软件包。②存储测试用例和测试结果的数据库服务器，能够提高过程管理的质量，同时生成统计所需要的数据。③执行测试的运行环境——测试试验室，或一组测试用的服务器或 PC 计算机。单元测试或集成测试可能多用单机运行。但对于系统测试或回归测试，就有可能需要多台计算机在网络上同时运行。④控制服务器，负责测试的执行、调度，从服务器读取测试用例，向测试环境中代理（Agent）发布命令。⑤Web 服务器负责显示测试结果、生成统计报表、结果曲线。作为测试指令的转接点，接受测试人员的指令，向控制服务器传送。同时，根据测试结果，自动发出电子邮件给测试或开发的相关人员。Web 服务器，让开发团体的任何人员都可以方便地查询测试结果，也方便测试人员在自己办公室运行测试。⑥客户端程序，测试人员在自己计算机上安装的程序，许多时候，要写一些特殊的软件来执行测试结果与标准输出的对比工作或分析工作，因为可能有部分的输出内容是不能直接对比的，此时就要用程序进行处理。

理想的测试工具可以在任何一个路径位置上运行，可以到任何路径位置取得测试用例，同时也可以把测试的结果输出到任何路径位置上去，如图 5-1 所示。这样的设计，可以使不同的测试运行能够使用同一组测试用例而不至于互相干扰，也可以灵活使用硬盘的空间，并且使备份保存工作易于控制。

图 5-1　自动化测试的基本结构

此外，软件自动测试工具必须能够有办法方便地选择测试用例库中的全部或部分内容来运行，也必须能够自由地选择被测试的产品或中间产品作为测试对象。

5.2.2 自动化测试的计划与设计

1. 自动化计划

测试计划就是定义一个测试项目的过程，以便能够正确的度量和控制测试。在测试计划阶段存在的主要问题有：测试计划经常是等到开发周期后期才开始实行，使得没有时间有效的执行计划；测试计划的组织者可能缺乏相关的测试经验；测试的量度和复杂性可能太大，很难计划和控制。

测试策略描述测试工程的总体方法和目标。描述目前在进行哪一阶段的测试（单元测试、集成测试、系统测试、验收测试）以及每个阶段内在进行的测试种类（功能测试、性能测试、压力测试等）。

测试计划的书写可以分为以下几个步骤。

（1）确定工程

收集项目计划、需求规格、设计规格、用户手册等文档信息；定义新的工程；确定软件的结构。

（2）定义测试策略

包括测试方法、测试类型、测试技术、完成标准、特殊考虑等策略项。比如测试方法为黑盒测试，测试类型为系统测试，测试技术为75%自动测试、25%手工测试，完成标准为测试用例全部通过并且缺陷全部解决，特殊考虑为测试必须在上午进行。

（3）分解软件，作出测试需求

分析各种信息，反复检查并理解各种信息，同用户交流，理解他们的要求。确定软件提供的主要任务；对每个任务，确定完成该任务所要进行的操作。确定从数据库信息引出的计算结果；对于对时间有要求的操作，确定所需要的时间和条件。确定会产生重大意外的压力测试，包括：内存、硬盘空间、频繁的事务操作。确定应用需要处理的数据量。确定需要的软件和硬件配置。通常情况下，不可能对所有可能的配置都测试到，因此，要选择最有可能产生问题的情况进行测试，包括：最低性能的硬件、几个有兼容性问题的软件并存、客户端机器通过最慢的 LAN/WAN 连接访问服务器。确定安装过程，包括标准安装、定制安装、升级安装。确定所有隐含在功能测试中的用户界面要求，把需求组织成层次图等。

（4）估计测试工作量

测试工作量的估算比较复杂，可按已有的测试度量方面的模型计算，也可根据已有的测试经验进行估算。

（5）确定资源

包括人力资源和系统资源，其中系统资源是指软硬件资源。

（6）创建工程调度表

包括各项测试任务以及相关工作量。

（7）书写测试计划

根据上面收集到的信息，依照模板书写测试计划。

2. 自动化测试设计

在设计阶段，主要实现自动化测试用例的设计和编写，或者从测试用例库中选择适合用自动化方式实现的测试用例。

（1）测试用例的自动化因素

测试用例的好坏可以用图 5-2 中的效率、有效性、执行成本和维护成本 4 个属性衡量。对于是否把一个测试用例采用自动化方式实现，应该综合考虑这 4 个因素。

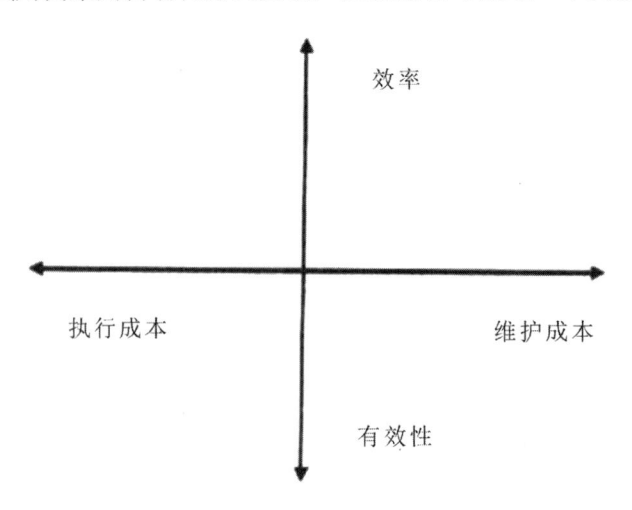

图 5-2 测试用例自动化因素

执行成本与维护成本往往是对立的，手工测试的测试用例，其执行成本会比较高，因为它需要人工执行每一个操作步骤，如果重复执行多次，则执行成本会进一步加大。但是它的维护成本却比较低，很多测试用例设计完后基本不需要改动，除非需求发生了变化。

效率和有效性也是对立的，对于自动化测试的测试用例，其执行效率很高，可以快速地完成一个测试用例的执行，但是其有效性非常有限，它能发现的 Bug 不多，即使是设计非常精巧的自动化测试脚本，也可能在发现一次错误后，很难发现另外的错误，除非对脚本持续进行更多的逻辑判断的设置。更多的时候，它只是在确保软件能正确地运行某些功能。

（2）选择适合自动化的测试用例

应该仔细地分析和设计自动化测试用例，分清哪些测试用例适合自动化实现，哪些不适合。一般而言，适合自动化测试的用例包括：

- 容易实现自动化、且重要的功能模块。
- 能被有效地识别出控件的界面。
- 能比较好地插入验证点进行结果验证的功能。

对那些容易实现自动化、且重要的功能模块需要进行自动化测试，例如，主要功能模块的主成功场景。对于那些扩展场景和需要很多人工确认的场景，则不适合进行自动化测试。对于那些很难识别、且很难用其他方式访问的控件，只有等到开发人员采用其他的替换控件，或提供更好的可测性后再考虑自动化测试的实现。

5.2.3 自动化测试的开发与执行

1. 自动化测试的开发

测试开发的输入为被测软件、基于测试需求的测试设计,输出为测试过程和测试用例。

测试开发的目标是:创建可以重用的测试过程和测试用例;维护测试过程、测试用例与相关测试需求的一一对应。

测试开发阶段存在的问题有:测试开发混乱,与测试需求或测试策略没有对应性;测试过程不可重复或不可重用;测试过程被作为一个编程任务来执行,导致脚本太长,不能满足软件移植性的要求。

当测试过程发生错误时,有几种解决办法:跳转到别的测试过程;调用一个能够清除错误的过程;退出过程,启动另一个;退出过程和应用程序,重新启动,在失败的地方重新开始测试。

测试开发大致可以细分为以下若干步骤:

1)建立开发环境。
2)录制和回放原型过程。
3)录制测试过程和测试用例,具体又可分为:录制模块测试过程和与测试需求最底层对应的测试用例;录制初始化过程;录制 Shell 过程,把前面的过程串联起来。
4)测试和调试测试过程。
5)修改测试过程。
6)建立外部数据集合——如果测试过程是用来循环一套输入和输出数据,就需要建立数据集合。
7)重复测试和调试测试过程。

2. 自动化测试的执行

测试执行的具体步骤如下:

1)建立测试系统。
2)准备测试过程。
3)运行初始化过程。
4)执行测试。
5)从终止的测试恢复。
6)验证预期结果。
7)分析突发结果。
8)记录缺陷日志。

测试执行过程中发现的错误有以下几种:

• 测试用例失败:正常错误。
• 脚本命令失败:当测试过程不能执行录制过程中的某个功能时,会产生这种错误,如鼠标单击按钮或选择菜单项等。它也能指示是缺陷还是测试过程的设计问题。
• 致命错误:导致测试停止,这种情况最好重启。

5.2.4 自动化测试评估与每日构建

1. 自动化测试评估

测试评估的目标为：缺陷报告、缺陷评估以及测试覆盖率的总结报告。缺陷报告包括以下几类：
- 缺陷分布报告可以生成缺陷数量与缺陷属性的函数。
- 缺陷趋势报告可以看出缺陷增长和减少的趋势。
- 缺陷生存期报告展示一个缺陷处于某种状态的时间长短。
- 测试结果进度报告展示测试过程在被测应用的几个版本中的执行结果以及测试周期。

缺陷评估是评估软件质量的重要指标，通常评估模型假设缺陷的发现是呈泊松分布的；严格的缺陷评估要考察在测试过程中发现缺陷的间隔时间长短。评估要估计软件当前的可靠性并预测随着测试的继续进行，软件可靠性会怎样提高。

2. 自动化测试与每日构建的结合

自动化测试脚本如果每次都要依赖于人工启动并执行的话，会浪费测试人员的很多时间，因此，最好对每个新构建的版本运行自动化测试，以便验证新添加的代码或修改是否引发了新的问题。最好能建立一种自动运行的机制，而最合适的方式是与每日构建结合。

一个新的版本对于自动化测试而言只会有两个结果，一个是新的代码造成了新的问题，这可以期待自动化测试脚本检查出来；另一个是新的版本发生了改变，而自动化测试脚本已经不适应这些改变。例如界面发生了变化，导致自动脚本回放失败，因此需要及时修改自动化测试脚本。无论是哪一种情况，都需要有一种持续跟踪的机制用于及时发现问题。与每日构建结合则可以及时地、持续地进行自动化测试，也能不断地发现问题，这些问题可能是被测试程序的问题，也可能是脚本自身的问题，如图5-3所示。

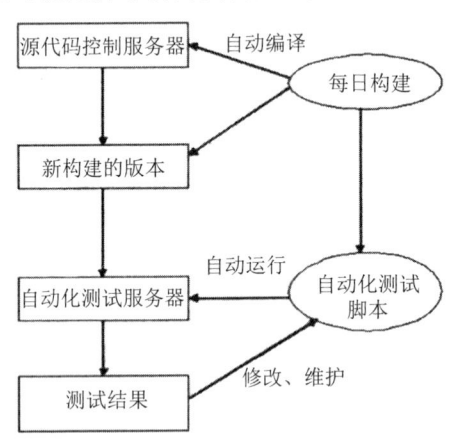

图5-3 自动化测试与每日构建结合

可以让每日构建来驱动自动化测试的运行，测试人员根据自动化测试结果来判断是否需要进一步修改和完善测试脚本。如果自动化测试脚本比较完善的话，定时进行的自动化测试相当于给软件设置了一道错误防护网，一旦出现错误，则能及时发现。

5.2.5 自动化测试的管理规范

要确保自动化测试项目顺利进行,必须建立规范化的管理制度。例如,定义实现自动化的脚本编写方式及自动化测试用例的原则,包括注释原则、执行原则,自动化测试与其他工作流程的结合原则等。

自动化测试的管理规范可分为内部规范和外部规范。内部规范是指测试人员需要遵循的一些制度和原则;外部规范则是指自动化测试的工作流程规范,这些都是确保自动化测试能顺利进行的基础制度。

(1)自动化测试用例的设计原则

自动化测试应遵循从简单开始,先遍历所有界面,设计所有主成功场景的测试用例,然后再考虑实现扩展场景及流程的自动化测试。

(2)自动化测试脚本的可读性

测试人员应该尽量保持脚本的简单性。一个脚本单元只做一件事,按一定的逻辑分组,从而提高脚本的可维护性。注意测试脚本的可读性,应在每一个脚本前加上注释,来描述这个测试脚本实现的功能。在复杂的脚本中也要有必要的注释,例如主要的操作步骤,对复杂代码的解析等。

(3)自动化测试脚本的可维护性

测试脚本的可维护性是降低自动化测试成本,使自动化测试持续发展的基础。测试人员应该尽量避免"Hard Coding",也就是说避免在脚本中编写固定的值,或测试运行需要依赖的数据等。

(4)脚本语言的使用

有些测试工具支持使用多种测试脚本语言,应该在项目组中统一选用其中一种语言,这有利于测试项目的开展和测试人员之间的交流。

(5)复杂控件的测试方法

不要纠缠于对复杂控件的测试,尽量用其他方法绕过去,或者请求开发人员给予更多的可测性接口,甚至更换控件。

(6)遵循基本的测试脚本开发步骤

遵循一定的测试脚本开发步骤,例如,先定义期待的输出结果,再输入某些测试数据,执行测试步骤,将输出结果与预期结果进行比较,并记录比较结果。

(7)正在修复的缺陷的自动化测试脚本处理方法

假设通过自动化测试脚本发现并录入了一个 ID 为 55559 的 Bug,在开发人员还没有修改它之前,如果执行重复测试的话,则会出现相同的错误信息。这时候,测试人员并不能把检查这个错误的脚本删除或注释掉,因为这样做很容易使人忘记这部分已被"绕过去"的脚本,使得这部分测试可能永远也不会再被执行,不管开发人员是否修改了那个缺陷。解决办法是,引进一段额外的脚本用于检查那个缺陷的状态。若查找到缺陷跟踪库中 ID 为 55559 的 Bug 已经被设置为 Fixed 状态,则可以执行相应的脚本;若状态没有变成 Fixed,则继续"绕过"那段测试脚本。

除以上的几个内部规范外,还需要制定一些外部规范,用于协调自动化测试流程与其他工作流程，如图 5-4 所示是与配置管理协调的流程规范。

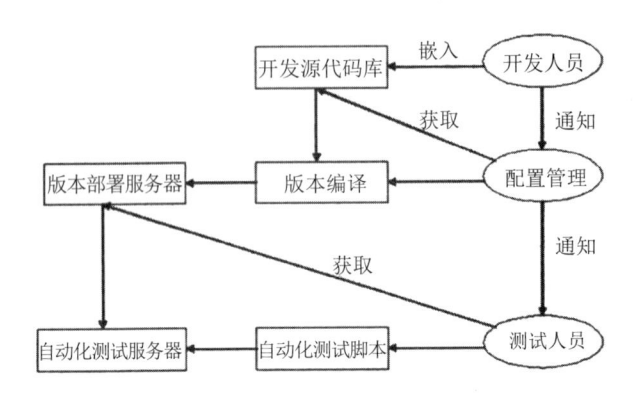

图 5-4 自动化测试与配置管理的协调

配置管理员在发布新版本或部署新版本后，都必须及时通知测试人员，供测试人员决定是否采用新的版本更新到自动化测试服务器进行测试。

5.2.6 自动化测试框架模型 SAFS

SASF（Software Automation Framework Support）是一个支持多平台的自动化测试框架模型。SASF 是一个开源的支持多平台的自动化测试框架，由 SAS Institude 的 Carl Nagel 开发。支持多平台的自动化测试框架模型的结构图如图 5-5 所示。

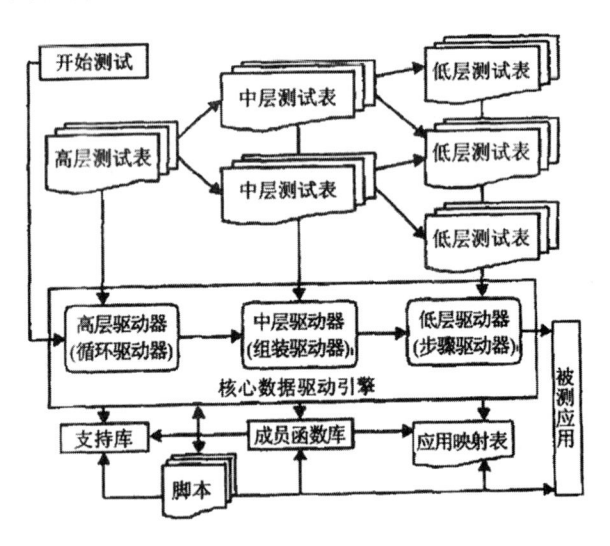

图 5-5 自动化测试框架

自动化测试框架由测试表（Test Tables）、核心数据驱动引擎（Core Data Driven Engine）、成员函数库（Component Function）、支持库（Suppoa Libraries）和应用映射表（Application Map）组成。

（1）测试表

测试表用于保存测试数据和关键字，分为高层测试表、中层测试表、低层测试表。其中，下层的测试表被上层的测试表所调用。

（2）核心数据驱动引擎

核心数据驱动引擎与测试表对应，分为高层驱动器（也叫循环驱动器）、中层驱动器（也叫组装驱动器）和低层驱动器（也叫步骤驱动器）。高层驱动器读取相应测试表的关键字逐级传递给下层的驱动器，最后由低层驱动器调用关键字库中的指令对应的组件函数来执行。

（3）支持库

支持库是通用的程序和工具库，提供诸如数据库访问、文件访问、字符串操作、日志记录等基础性的支持功能。

（4）成员函数库

成员函数库实现了用户对界面对象的各种操作指令，它在被测应用和自动化工具之间提供了一个隔离层。

（5）应用映射表

应用映射表是对应用中的对象定义一套命名规范，将这些实际对象的名字和自动化工具识别的对象名联系起来，形成映射表，使应用对象元素和测试对象名分离，从而很大程度上提高了脚本的可维护性。

5.3 自动化测试技术

5.3.1 录制／回放技术

录制／回放技术是以前比较流行的脚本生成技术。采用这种技术的工具，可以自动录制测试执行者所做的所有操作，并将这些操作写成工具可以识别的脚本。录制生成的脚本还包含测试输入，例如数据信息、键盘输入等。工具通过读取脚本，并执行脚本中定义的指令，可以重复测试执行者手工完成的操作。脚本通常以文件的形式保存，可以方便地进行维护和编辑。

对于自动化测试的初始开展，录制和回放脚本能够起到积极的效果。但是这种作用比大多数自动化初学者所期待的要小得多。这种录制自动准备了测试数据，且能够自动产生可以直接使用的测试，脚本测试人员可以很快得到可回放的测试比较结果。

录制和回放的缺点会随着使用的次数越来越明显，并且录制的脚本阅读起来会非常困难。录制脚本与所录制的对象紧密相关，脚本可能与屏幕的对象、特定的字符串，甚至是位图位置相关。因此捕捉、回放过程在实际应用中会存在诸多问题，例如，测试针对程序界面进行，一旦界面有任何改动，就需要手工修改已录制好的相应测试脚本，或者重新进行一次录制。尤其对于程序中各模块都要使用的一些公共程序部分（如用户登录界面），它的改动会引起我们大量测试工作的返工。通过对手工测试过程的录制产生的测试脚本，通常只能作为设计测试用例的初始原型，必须经过大量的修改和对脚本编程的工作，才能重复利用，如增加检查点、进行参数化等。在某些情况下修改脚本往往比再次进行手工测试重新录制脚本还要困难。这种情况下，录制和回放就失去了意义。现在的专业测试工具，如 Robot、Winrunner 等，均提供通过 GUI 录制回放进行功能测试的功能。但在使用过程中仍然存在很多问题。

（1）脚本的维护性

因为 GUI 经常会有变化，导致脚本回放失败。另外，被测程序会有众多的窗口，回放过程中经常会出现不期望的窗口，导致回放失败，然后修改脚本加入对新窗口的处理代码，这个过程会令人感到厌烦。所以很多测试者都是等到程序相对稳定时才开始自动化测试。

（2）界面识别问题

虽然现在的专业测试工具都支持很多种编程语言，但是还是有很多的控件无法正确识别。虽然工具也提供了通过记录鼠标移动轨迹和按键的功能，但是实际的使用效果并不一定理想。

（3）效率问题

好不容易将脚本修改的可以处理全部窗口（已经花费了很多时间和精力）了，效率问题又出现了。如果需要测试大量的数据，虽然可以使用多台计算机同时回放，但是有时还是满足不了要求。

虽然 GUI 录制回放有很多的缺点，但是它仍然是一种不错的测试方法，还是有很多适合使用的地方。专业的测试工具是通用的，在具体的测试环境中并不能完全满足要求。可以结合其他的工具使用，各取所长。

5.3.2 脚本技术

脚本是一组测试工具执行的指令集合，也是计算机程序的一种形式。脚本可以通过录制测试的操作产生，然后再做修改，这样可以减少脚本编程的工作量，也可直接用脚本语言编写脚本。

脚本技术是实现自动化测试最基本的一条要求，脚本语言具有与常用编程语言类似的语法结构，并且绝大多数为解释型语言，可以方便地在 IDE 中对脚本进行编辑修改。具体来讲，任何一种脚本技术应该至少具备以下功能：

- 支持数组、列表、结构，以及其他混合数据类型。
- 支持函数的创建和调用。
- 支持多种常用的变量和数据类型。
- 支持循环（FOR、WHILE 语句）。
- 支持各种条件逻辑（IF、CASE 等语句）。
- 支持文件读写和数据源连接。

测试工具脚本中可以包含数据和指令，并包括同步、比较、捕获屏幕数据及存储在何处、控制等信息。脚本技术围绕着脚本的结构设计，实现测试用例，在建立脚本的代价和维护脚本的代价中得到平衡，并从中获益。

常见的脚本技术有以下几类。

1. 线性脚本

线性脚本不需要深入的工作或计划；加快开始自动化；对实际执行操作可以审计跟踪；用户不必是编程人员；提供良好的（软件或工具）的演示。但是其过程繁琐；无共享或重用脚本；线性脚本容易受软件变化的影响；线性脚本修改代价大，维护成本高。

2. 结构化脚本

结构化脚本的调用功能，即将一个脚本的控制点转到另一个子脚本的开始，执行完被调用的子脚本后再将控制点返回到前一个脚本。这种机制可以将较大的脚本分为几个较小的易于管理的脚本。调用结构不仅可以提高脚本的重用性，还可以增加脚本的功能和灵活性。总之，充分利用不同的结构，可以开发出易于维护的合理脚本，更好地支持自动化测试体系的有效性。

结构化脚本的优点是健壮性好，具有很好的可重用性、灵活性，可以通过循环和调用减少工作量，易于维护。

结构化脚本的缺点是脚本更复杂，而且测试数据仍然"捆绑"在脚本中。

3. 共享脚本

共享脚本是脚本可以被多个测试用例使用。这种脚本技术的思路是产生一个执行某种任务的脚本，而不同的测试要重复这个任务，当要执行这个任务的时候，只需要在测试用例适当的地方调用这个脚本。这样带来的好处是可以节省生成脚本的时间，另外还有当重复的任务发生变化时，只需要修改一个脚本。

目前的开发工具的特点之一是使用图形开发环境可以方便地修改系统的用户界面。然而，对用户和开发者最有吸引力的方面也是对自动化测试最不利的方面。共享脚本的使用朝建立迅速修改软件的自动化测试迈进了一步，即不需要额外的维护。

共享脚本大致可以分为两种：一种是不同的软件应用或系统的测试之间共享脚本，例如注册和注销、同步、输入检索、结果存储、错误恢复等，与应用无关的脚本更适合长期的测试；另一种是用同一个软件应用或系统的测试之间共享脚本，例如菜单、导航、非标准控件等。共享脚本适合小型系统或者大型应用中只有一小部分需要测试的情况。要确保所有的测试在适当的时候确实使用共享脚本。

共享脚本能够以较少的开销实现类似的测试；维护开销低于线性脚本；删除明显的重复；可以在脚本中增加更智能的功能。但是需要跟踪更多的脚本，给配置管理带来一定的困难；对于每个测试，仍然需要特定的测试脚本，因此维护费用比较高；共享脚本通常是针对被测软件的某部分，存在部分脚本不能直接运行。

如果想从共享脚本中获得更多的收益，必须经过一定的训练。使用共享脚本需要注意的是：应当建立和管理可重用脚本库，并将脚本文档化。脚本库可以帮助测试人员很快地查找可重用的脚本，并且在维护时迅速定位。脚本文档让使用者清楚每个脚本的功能以及知道如何使用它们。

4. 数据驱动脚本

数据驱动脚本技术将测试输入存储在独立的数据文件中，而不是绑定在脚本中。执行时是从数据文件而不是从脚本中读入数据。这种方法最大的好处是可以用同一个脚本允许不同的测试。对数据进行修改，也不必修改执行的脚本。使用数据驱动脚本，可以以较小的开销实现较多的测试用例，这可以通过为一个测试脚本指定不同的测试数据文件达到。将数据文件单独列出，选择合适的数据格式和形式。可将用户的注意力集中到数据的维护和测试上。达到简化数据，减少出错概率的目的。

数据驱动脚本可以快速增加类似的测试；测试者增加新测试不必掌握工具脚本语言的技术；对第二个及以后类似的测试无额外的维护开销。但是，其初始建立的开销较大；需要专业（编程）支持；必须易于管理。

5. 关键字驱动脚本

关键字驱动实际上是比较复杂的数据驱动技术的逻辑扩展。将数据文件变成测试用例的描述，用一系列关键字指定要执行的任务。在关键字驱动技术中，假设测试者具有某些被测系统的知识，所以不必告诉测试者如何进行详细的动作，只是说明测试用例做什么，而不是如何做。这样在脚本中使用的是说明性方法和描述性方法。描述性方法将被测软件的知识建立在自动化测试环境中，这种知识包含在支持脚本中。关键字驱动脚本的数量不随测试用例的数量变化，而仅随软件规模而增加。这种脚本还可以实现跨平台的用例共享，只需要更改支持脚本即可。

在实际应用中，都是将几种技术结合起来应用，如数据驱动脚本技术和关键字驱动脚本技术经常是一起使用的。

5.3.3 自动比较

测试输出的比较常常是最简单的自动化测试任务，同时也是最有用的任务之一。为使比较有用且高效，通常有如下准则：

（1）保持简单

通常认为每个问题都需要用计算机处理的解决方案。最好让比较工具作80%～90%的最简单的比较，尽管随后人工要做余下的10%～20%的工作。这实际上是最有效的选择。尽可能简单的比较极少产生错误的失败或丢失正确的差异。虽然一些比较任务好像需要很特殊且复杂的比较标准，但是通常不需要一步步地执行所有比较。通过把比较标准分成小的且不复杂的比较，用过滤器机制的观点，通过大量的包含简单比较和数据处理的单独或连续的处理过程来完成整个比较任务。

（2）尽可能标准化

标准化程度越高，越容易建立起自动化比较。标准过滤器和正则表达式将成为可用来建立其他过滤器和比较处理过程的构件。这将减少自动化比较的工作量。

（3）分割

有所限制的小比较更容易建立并很少有可能出错。如果每个比较集中于一个特定方面，那么经过多次比较这一策略可接连地应用于不同方面。

（4）编制比较的文档

保证每个使用比较处理过程的测试人员确切地理解内容是否要被忽略是很重要的。比较处理过程实用程序的敏感的命名规范对避免冲突和误解大有帮助。但是，旨在告诉用户比较处理过程能做什么及不能做什么的简短描述帮助更大。此外，为了帮助维护者的单独的图形被证实是很有价值的。这不仅是实现过程的说明或警告有过滤器的存在，为未来节省了很多时间和精力。

（5）提高效率

可集中处理比较，占用相当多的共享机时，特别是当使用有复杂比较功能的比较器时。但是，一些使比较变复杂的原因只是处理了测试软件的显著不同的版本之间可能出现的差异，而不是中间版或纠错版之间的差异。在类似的情况下，如果不浪费的话，运行许多复杂比较也烦乱。

有时，可能要验证使用简单比较的测试用例的输出（这样比复杂比较完成得快）。如果简单比较失败了，那么随后需要执行复杂比较，但是与执行测试用例次数比较起来，这不经常发生。可在单一的比较处理过程中容易地实现这样的双重比较，因此一旦完成，自动测试编写者不需要知道其具体内容，但希望看到改进的效率。

（6）避免比较位图

最好的建议是尽可能避免比较位图。比较位图极其麻烦耗时，可极大增加分析比较结果所需的时间。位图也取决于用于显示图像的硬件。如果要测试在不同 PC 机上运行的同一软件，那么当测试人员通过肉眼观察时，图像明显相同，而匹配位图可能彻底失败。如果需要比较位图，那么把比较的区域限制为尽可能小的屏幕或图像部分。

（7）敏感和健壮测试问题平衡的目标

每次有变化时总要运行宽度测试，它应该在数量上相对少，主要是对变化的敏感。例如，比较可包括全屏幕，只屏蔽掉最少的信息，诸如当前的日期和时间。

5.3.4 自动化前处理、后处理

1. 前处理

在大多数测试用例中，开始测试之前要具备一些适当的先决条件。例如，某一次测试可能需要一个数据库，其中包括某些特殊客户记录。前处理即指测试工作开始之前所必须进行的处理，也就是指所有与建立和恢复这些测试先决条件相关的工作。

有不少的任务可以描述为前处理。前处理可以将它们进行如下划分。一个特定的任务属于哪一类并不重要（实际上，有些任务可以同时适合不同种类）。

（1）创建

用于为测试建立适当的前提条件，例如，建立一个数据库并向其中填充测试所需的数据。有些前提条件需要某些必要数据，而另一些条件要求某些数据不存在。

（2）检验

自动化所有的设置任务是不太可能的，但检验特定的前提条件是否满足是可行的。例如，检验必须的文件是否存在，而不应该存在的文件是否真的不存在。其他还包括环境检验，比如检验局域网是否运转正常，OS 版本号等。

（3）改造

这同前面提到的"创建"任务类似，但特指那些从一处向另一处复制或移动文件的任务。例如，当一个测试需要改变一个数据文件时，可能需要将该数据文件从它的存储目录中复制到工作区域。这将确保该数据文件的主复件不被测试所破坏。

（4）转换

将测试数据保存为测试所需要的格式并不总是很方便和必要的。比如，较大的文件最好以压缩格式存储，而为了维护方便起见，非文本格式文件（如数据库和电子表格文件）最好以文本格式存储（这样做的原因之一是为了使测试数据与平台无关）。将数据转换为所需的格式是前处理任务。

2. 后处理

后处理就是指在测试自动化完成后进行的工作。

测试用例一旦执行就会立即产生测试结果，其中包括测试的直接产物（当前结果）和副产物（如工具日志文件），它们所涵盖的范围可能很广，需要对这些人为产物进行处理，或者是评估测试的成败或者是进行内务处理。

有些测试结果可以清除（例如没有发现差别的差异报告），而有一些则必须保留（例如同预期输出结果不符的输出文件）。要保存的结果应该存放到一个公共的位置以便对其进行分析或只是为了防止它们被以后的测试改变或损坏。

3. 前处理和后处理任务的特征

（1）数量多

有大量潜在的前处理和后处理任务要执行。其中一部分（与测试用例相关的那部分）需要在每次运行测试用例时都执行。这通常被列在重要工作之中。自动化前处理和后处理任务可节省大量工作。

（2）类型重复多

在某个特定系统上进行的多项测试只需要简单的物理设置，因此可能只存在少数几种不同类型的前处理和后处理行为。不同测试用例之间的许多变化源自所使用的数据不同。

（3）成批量出现

通常会有许多待处理的前处理和后处理任务在同一时刻出现。例如，可能需要复制好几个而不是一个文件，或是要编译数个脚本。这些任务可以按种类自动化。

（4）容易自动化

这些任务通常是简单的函数（像是"复制一个文件"），所以可以用一个简单的指令或命令来实现。许多复杂的函数可以缩减成用一个命令文件就可以执行的简单命令。

第一个特征暗示出自动化前处理和后处理任务可节省大量工作；第二个特征意味着这

些任务可以按种类自动化而不是各自为营;第三个特征可以看出一旦一个任务被自动化,那么很多其他任务也同样可以被自动化;第四个特征指出,可以用一个简单的机制来自动化所有的前处理和后处理任务。也就是说,一旦对前处理和后处理任务采取了自动化手段,新的测试用例只需要描述前处理和后处理任务,而不是指定每一个处理步骤的细节。这是前处理和后处理任务自身的需要。因为手工地处理这些烦琐的任务既容易出错又浪费时间。

如图 5-6 所示,显示了需要执行大量测试用例的一系列任务,并展现自动化测试与自动化测试过程之间的不同。两者之间一个关键的差异就在于前处理和后处理任务是否是自动化的。

```
自动化测试:                          自动化测试过程:
选择/确定要执行的测试用例            选择/确定要执行的测试用例
· 设置测试环境                       · 设置测试环境
· 创建测试环境                       · 创建测试环境
装载测试数据                         装载测试数据
每个测试用例重复以下步聚:            每个测试用例生复以下步骤:
· 建立测试先决条件                   · 建立测试先决条件
· 执行                               · 执行
· 比较结果                           · 比较结果
· 记录结果                           · 记录结果
· 分析失败原因                       · 在测试用例结束后进行清除
· 故障报告                           清除测试环境
· 在测试用例结束后进行清除           · 删除无用的数据
清除测试环境                         · 保存重要的数据
· 删除无用的数据                     总结测试结果
· 保存重要的数据                     · 分析失败原因
总结测试结果                         · 故障报告
```

图 5-6 自动化测试与自动化测试过程的区别

如果测试步骤是手工执行的,那么对测试结果的分析通常是在将实际输出结果与预期输出结果相对比后立即进行的。测试者将会花时间分析为什么结果会有所不同,是软件出了什么问题还是测试本身出了差错。而在自动化测试中,所有对差异的分析要推迟到测试完全结束后进行。

5.3.5 其他自动测试技术

除了前面介绍的录制/回放技术和脚本技术外,还有很多自动化测试技术,如脚本预处理、自动比较等技术。

1. 脚本预处理技术

脚本的预处理是指脚本在被工具执行之前必须进行编译,预处理功能通常需要工具支持。脚本预处理的功能主要有美化器、静态分析和一般替换。

美化器是一种对脚本格式进行检查的工具,必要时可以对脚本进行转换,以符合编程规范的要求。美化器可以让脚本编写者更专注于技术性工作。

静态分析对脚本或表格执行更重要的检查功能,检查脚本中出现的和可能出现的缺陷。通常,该测试工具可以发现一些如拼写错误或不完整指令等脚本缺陷,类似于程序设计中的 PcLint 和 Logi Scope 的功能。

一般替换也就是宏替换。可以让脚本更明确、易于维护。使用替换时,应注意不要执行不必要的替换。

2. 自动比较

自动测试时,预期输出是事先定义的,或插入脚本中,然后在测试过程中运行脚本,将捕获的结果和预先准备的输出进行比较,从而确定测试用例是否通过。因此自动比较在软件测试自动化中就非常重要。自动比较可以对比分析屏幕或屏幕区域图像、比较窗口或窗口上控件的数据或属性、比较网页、比较文件等。

(1) 静态比较和动态比较

动态比较是在测试过程中进行比较。静态比较在测试过程中并不作比较,而是将结果存入数据库或文件中,然后通过另外一个单独的工具来进行结果比较。

(2) 简单比较和复杂比较

简单比较要求实际结果和期望结果完全相同,而复杂比较是一种智能比较,允许实际结果和期望结果有一定的差异。智能比较需要使用屏蔽的搜索技术,来排除输出中预期会出现差异部分,忽略特定的差异。

(3) 敏感性测试比较和健壮性测试比较

敏感性测试比较要求比较尽可能多的信息,如在执行测试用例的每一步就比较整个屏幕的信息,屏幕输出中或多或少的改变,就可能导致不匹配,而标志此测试用例失败。健壮性测试只比较最少量、最需要的信息,如屏幕的最后输出。

(4) 比较过滤器

就是在对实际输出结束和期望输出结果进行预先处理,执行过滤任务之后,再进行比较。这样可以使比较标准化。测试结果可靠。

5.4 自动化测试工具

软件自动化测试通常借助测试工具进行。测试工具可以进行部分的测试设计、实现、执行和比较的工作。部分的测试工具可以实现测试用例的自动生成,但通常的工作方式为人工设计测试用例,使用工具进行用例的执行和比较。如果采用自动比较技术,还可以自动完成测试用例执行结果的判断,从而避免人工比对存在的疏漏问题。

5.4.1 自动化测试工具分类

软件开发生命周期的每个阶段的测试都有工具支持，图 5-7 所示为不同的工具类型及其在生命周期中的位置。测试工具可以从不同的方面去分类。

根据测试方法不同，分为白盒测试工具和黑盒测试工具；根据测试的对象和目的，分为单元测试工具、功能测试工具、负载测试工具、性能测试工具和测试管理工具等。

1. 白盒测试工具

白盒测试工具是针对程序代码、程序结构、对象属性、类层次等进行测试，测试中发现的缺陷可以定位到代码行、对象或变量级。根据测试工具原理的不同，又可以分为静态测试工具和动态测试工具。

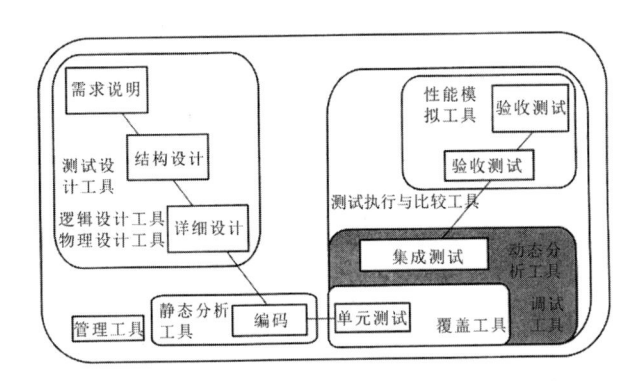

图 5-7 不同的工具类型及其在生命周期中的位置

静态测试工具对代码进行语法扫描，找出不符合编码规范的地方，根据某种质量模型评价代码的质量，生成系统的调用关系图等。它直接对代码进行分析，不需要运行代码，也不需要对代码编译链接、生成可执行文件。动态测试工具与静态测试工具不同，需要实际运行被测系统，并设置断点，向代码生成的可执行文件中插入一些监测代码，掌握断点这一时刻程序运行数据（对象属性、变量的值等）。

单元测试工具多属于白盒测试工具。常见的白盒测试工具，如表 5-2、5-3 和 5-4 所示。

表 5-2 Parasoft 白盒测试工具集

工具名	支持语言环境	简介
Jtest	Java	代码分析和动态类、组件测试
Jcontract	Java	实时性能监控以及分析优化
C++Test	C.C++	代码分析和动态测试
CodeWizard	C.C++	代码静态分析
Insure++	C.C++	实时性能监控以及分析优化
.test	.Net	代码分析和动态测试

表 5-3 Compuware 白盒测试工具集

工具名	支持语言环境	简介
BoundsChecker	C++, Delphi	API 和 OLE 错误检查、指针和泄露错误检查、内存错误检查
TrueTime	C++, Java, Visual Basic	代码运行效率检查、组件性能的分析
FailSafe	Visual Basic	自动错误处理和恢复系统
Jcheck	MSVisual J++	图形化的线程和事件分析工具
TrueCoverage	C++, Java, Visual Basic	函数调用次数、所占比率统计以及稳定性跟踪
SmartCheck	Visual Basic	函数调用次数、所占比率统计以及稳定性跟踪
CodeReview	Visual Basic	自动源代码分析工具

表 5-4 Xunit 白盒测试工具集

工具名	支持语言环境	官方站点
Aurlit	Ada	http://www.libre.act-europe.fr
CppUnit	C++	http://cppunit.sourceforge.net
ComUnit	VB, COM	http://comunit.sourceforge.net
Dunit	Delphi	http://dunit.sourceforge.net
DotUnit	.Net	http://dotunit.sourceforge.net
HttpUnit	Web	http://c2.com/cgi/wiki?HttpUnit
HtmlUnit	Web	hap://htmlunit.sourceforge.net
Jtest	Java	http://www.jsunit.net
JsUnit(Hieatt)	Javascript 1.4 以上	http://www.jsunit.net
PhpUnit	Php	http://phvunit.sourceforge.net
PerlUnit	Perl	http://perlunit.sourceforge.net
XmlUnit	Xml	http://xmlunit.s sourceforge.net

2. 黑盒测试工具

黑盒测试工具适用于系统功能测试和性能测试，包括功能测试工具、负载测试工具、性能测试工具等。黑盒测试工具的一般原理是利用脚本的录制（Record）/回放（Playback），模拟用户的操作，然后将被测试系统的输出记录下来同预先给定的标准结果比较。

黑盒测试工具可以大大减轻黑盒测试的工作量，在迭代开发的过程中，能够很好地进行回归测试。主流的黑盒功能测试工具集如表 5-5 所示。

表 5-5 主流黑盒功能测试工具集

工具名	公司名	官方站点
WAS	MS	http://www.microSoft.com
LoadRunner	Mercury	http://www.mercuryinteractive.com
Astra Quicktest	Mercurv	http://www.mercuryimeractive.com

续表

Qaload	Compuware	http://www.empirix//com
Team.Test: SiteLoad	IBM Rational	http://www.rational//com
Webload	Radview	http://www.radview.com
Silkperformer	Segue	http://www.segue.com
e.Load	Empirix	http://www.empirix.com
OpenSTA	OpenSTA	http://www.Opensta.cOm

3. 测试管理工具

测试管理工具用于对测试计划、测试需求、测试用例、测试实施、软件缺陷进行管理。测试管理工具的代表有 Rational 公司的 Test Manager、Compuware 公司的 Track Record 等软件，表 5-6 为测试管理工具典型产品的比较。

表 5-6 测试管理工具典型产品比较表

工具名称	Testdirector	ClearQuest	BMS	Bugzilla
Email 通知	Y	Y	Y	Y
构架模式	B/S	C/S，B/S	B/S	B/S
报表定制功能	Y	集成 CrystalReport	有标准报表和高级报表，定制功能不够	Y
支持平台	Windows	Windows，UNIX	Windows	Linux，FreeBSD
支持数据库	Oracle，MS Access，SQL Server 等	Oracle，MS Access，SQL Server	SQL Server 等 MSDE	MySQL
安装配置的复杂度	简单	有些复杂	容易	不复杂
许可证费用	昂贵	昂贵	适中	免费
售后服务	国内有多家代理公司提供相关服务	在国内有分公司提供技术支持	技术支持和服务体系完备	可自行修改源代码
与其他工具集成	本身又是测试需求、测试案例管理工具，与 winRunner、LoadRunner 集成，并且具有多种主流 Case 工具接口 Add-In	与 Rational 公司的其他产品无缝集成，特别与 Clear Case 配合可以实现 UCM 的配置管理体系	MS VSS，Project	开源配置管理工具 CVS
公司背景	世界主流测试软件提供商	已被 IBM 合并，世界著名软件公司		

一般而言，测试管理工具主要对软件缺陷、测试计划、测试用例、测试实施进行管理。在工作中使用比较多的管理工具主要是缺陷跟踪工具。缺陷跟踪工具可以对产品在各个开发周期内产生的缺陷和变更请求进行有效管理。尤其在测试阶段，项目组的每个成员几乎都以该系统为中心来展开各自的工作，设计良好的管理系统可以简化和加速变更请求的协调过程，理顺项目团队间的沟通，使之协作自动化。这个系统可以说是产品质量控制的基础。

4 其他测试工具

除上述的自动化测试工具之外,还有一些专用的测试工具,例如,针对数据库测试的 Test Bytes,对应用性能进行优化的 Ecoscope 等工具。

5.4.2 自动化测试工具的选择依据

面对众多的自动化测试工具,对工具的选择就成了一个比较重要的问题。在考虑工具选用的时候,可从以下几个方面来权衡和选择。

1. 功能

功能当然是我们最关注的内容,选择一个自动化测试工具首先要看它提供的功能。当然,这并不是说它提供的功能越多就越好,在实际的选择过程中,实用才是根本,就是说要结合公司软件开发的技术特点来看待这个问题。事实上,目前市面上同类的软件测试工具的基本功能都大同小异,各种软件提供的功能也大致相同,只不过有不同的侧重点。

除了基本的功能之外,以下的功能需求也可以作为选择自动化测试工具的参考。

(1) 报表功能

自动化测试工具生成的结果最终要由人进行解释,而且,查看最终报告的人员不一定对测试很熟悉,因此,自动化测试工具能否生成结果报表,能够以什么形式提供报表是需要考虑的因素。

(2) 自动化测试工具的集成能力

自动化测试工具的引入是一个长期的过程,应该是伴随着测试过程的改进而进行的一个持续的过程。因此,自动化测试工具的集成能力也是必须考虑的因素,这里的集成包括两个方面的意思:自动化测试工具能否和开发工具进行良好的集成;自动化测试工具能否和其他自动化测试工具进行良好的集成。

(3) 操作系统和开发工具的兼容性

自动化测试工具可否跨平台,是否适用于公司目前使用的开发工具,这些问题也是在选择一个自动化测试工具时必须考虑的问题。

2. 价格

除了功能之外,价格就应该是最重要的因素了。当然,要根据公司的具体财政状况进行详细规划。

3. 评估

对自动化测试工具进行评估,主要从以下几点来考虑:

1) 由于单一的工具不能普遍满足企业对自动化测试工具的所有需求,因此在确定了本企业对工具的需求后,要考虑今后项目组可能要采用的新技术,确定出企业对工具的期望。

2) 定义出评估的范围,选择合适的测试用例,评估工具是否能达到测试所要求的目标,自动化测试工具的实际性能是否和自动化测试工具文档中声明的一致。

3) 总结试用自动化测试工具的结果,得出评估报告。

4.连续性

引入工具需要考虑引入工具的连续性和一致性,而选择自动化测试工具是自动化测试的一个重要步骤之一,因此在选择和引入自动化测试工具时,必须考虑自动化测试工具引入的连续性。也就是说,对自动化测试工具的选择必须有一个全盘的考虑,分阶段、逐步地引入自动化测试工具。

5.4.3 主流的测试工具

1. LoadRunner

LoadRunner 是 Mercury Interactive 公司开发的一种预测系统行为和性能的负载测试工具,可以通过模拟成千上万个用户和实施实时监测来确认和查找问题。通过使用 LoadRurmer,企业能够最大限度地缩短测试时间、优化性能和加速应用系统的发布周期。一些著名的公司如 IBM、SUN、Oracle 等都用这个软件。但是它的价格也很贵。

LoadRunner 是一种具有较高规模适应性的自动负载测试工具,它能预测系统行为,优化性能,强调的是各个企业的系统。通过模拟实际用户的操作行为和实行实时性能监测,来查找和确认存在的问题。

使用 LoadRunner 的 Virtual User Generator 引擎,可以简便地创立起系统负载。该引擎能够生成代理或虚拟的用户模拟业务流程和真正用户的操作行为。它先记录下业务流程,如填写产品订单或机票预定,然后将其转化为测试脚本。利用虚拟用户,测试人员可以在采用不同操作系统(Windows、UNIX 或 Linux)的机器上,同时运行成千上万个测试。

虚拟用户建立之后,就能够方便地确定负载方案,例如采用怎样的业务流程组合和多少数量的实际用户会在每一个负载服务器上运行。应用 LoadRurmer 提供的交互控制环境,测试人员能够很快组织起多用户的测试方案。

LoadRunner 具有不错的测试灵活性。测试人员可以根据目前的用户人数事先设定测试目标,优化测试流程。例如,测试目标可以是应用系统承受的每秒点击数或每秒的交易量。

LoadRunner 内含集成的实时监视器,在负载测试过程中,可以随时观察应用系统的运行性能。这些实时监视器可实时显示传输,交换的性能数据,在测试过程中可以从客户/服务器的两端来评估这些系统组件的性能,从而更快地发现问题。

当测试完成,LoadRunner 能收集汇总所有的测试数据,并提供高级分析和汇报能力,以便迅速发现存在的性能问题并追溯其原因。

2. WinRunner

WinRunner 是一种企业级别,基于 MS Windows 的用于检测应用程序是否以用户所期望的方式运行的功能型测试工具。该工具通过自动捕获、检测和重复用户交互的操作,来识别缺陷,确保跨越多个应用程序和数据库的业务流程在初次发布就能避免出现故障,并保持长期可靠的运行。

（1）创建测试

用 WinRunner 创建一个测试，按照预期设计执行并将业务处理过程记录到测试脚本，支持测试脚本的编辑、扩展、执行和报告测试结果，且保证测试脚本的可重复使用，自动记录操作并生成所需的脚本代码。

（2）插入检查点来检验数据

在脚本中可以插入不同类型的检查点，包括文本、位图和数值等，并设定哪些数据库表和记录需要检测。在测试运行时，测试程序就会自动会收集一套数据指标、核对数据库内的实际数值和预期的数值。WinRunner 自动显示检测结果，在有更新／删除、插入的记录上突出显示以引起注意检查，从而确认应用程序是否运行正常。

（3）增强测试

WinRunner 针对相当数量的企业应用中的非标准对象，提供了 Virtual Object Wizard 来识别以前未知的对象。其数据驱动向导（Data Driver Wizard）可以把一个业务流程测试转换为数据驱动测试，从而反映多个用户各自独特且真实的行为。还可以通过 Function Generator 增加测试的功能，从目录列表中选择一个功能增加到测试中以提高测试能力。

（4）分析结果

WinRunner 通过变互式的报告工具来提供详尽的、易读的报告，会列出测试中发现的错误内容、位置、检查点和其他重要事件，帮助对测试结果进行分析。这些测试结果还可以通过 MI 自己的测试管理工具 TestDirector 来查阅。

（5）维护测试

每次记录测试时，WinRunner 会自动创建一个 GUI Map 文件以保存应用对象，这些对象分层次组织，既可以总览所有的对象，也可以查询某个对象的详细信息，通过修改一个 GUI Map 文件而非无数个测试，方便地实现测试重用。

3. Parasoft C++ Test

Parasoft C++ Test 是 Parasoft 公司开发的针对 C/C++ 源程序代码进行自动单元测试的工具。它能够对被测程序进行白盒测试、黑盒测试及回归测试。

（1）白盒测试

Parasoft C++ Test 针对 C/C++ 被测源程序进行分析，对所有类的成员函数、公共成员函数以及私有函数进行测试。在进行测试时，对指定的文件、类或者函数自动生成测试用例。当输入非法参数时，判断有关的函数是否能够处理。

（2）黑盒测试

Parasoft C++ Test 不对被测程序进行分析，只对类的公共接口函数进行测试。黑盒测试时，Parasoft C++ Test 不自动生成测试用例，而是直接运行在"测试用例编辑器"中，当前已有的测试用例需要手工添加。

（3）回归测试

在修改被测程序后，用原有的测试用例进行中心测试。

Parasoft C++ Test 的使用较为简单，既可针对 VC 工程进行全面的测试，也可只对一个 C/C++ 源文件进行测试。在项目较大时，通常按照一个一个的文件进行测试，不直接针对一个工程进行。

4. Web Application Stress（WAS）Tool

微软的 WAS 允许以不同的方式创建测试脚本，可以通过使用浏览器走一遍站点来录制脚本，可以从服务器的日志文件导入 URL，或者从一个网络内容文件夹选择一个文件。当然，也可以手工地输入 URL 来创建一个新的测试脚本。

WAS 可以使用任何数量的客户端运行测试脚本，全部都由一个中央主客户端来控制。在每一个测试开始前，主客户机透明地执行以下任务：
- 与其他所有的客户机通信。
- 把测试数据分发给所有的客户端。
- 在所有客户端同时初始化测试。
- 从所有的客户端收集测试结果和报告。

这个特性非常重要，尤其对于要测试一个需要使用很多客户端的服务器群的最大吞吐量时非常有用。除此之外，WAS 是被设计用于模拟 Web 浏览器发送请求到任何采用了 HTTP1.0 或 1.1 标准的服务器，而不考虑服务器运行的平台。除了它的易用性外，WAS 还有很多其他有用的特性，如对于需要署名登录的网站，它允许创建用户账号；支持随机的或顺序的数据集，以用在特定的名称-值对；支持带宽调节和随机延迟，以更真实地模拟显示情形；允许 URL 分组和对每组的点击率的说明等。

5. JTest

JTest 通过自动生成和执行能够全面测试类代码的测试用例，自动测试类的所有代码分支，从而彻底检查被测类的结构，使白盒测试完全自动化。JTest 使用一个符号化的虚拟机执行类搜寻未捕获的运行时异常。对于检测到的每个异常情况，JTest 报告一个错误，并提供导致错误的栈轨迹和调用序列。

JTest 报告下列未捕获的运行时异常：
- 行为错误的方法：这些方法对于某些特定输入不会产生异常，必须修改这些代码。
- 非预期参数：这一问题出现在当某方法遇到非预期的输入（不知任何处理）而产生一个异常。改正这类问题可以使代码更清晰、更易维护。
- 行为正确的方法：这时，方法的正确输出是产生一个异常。在这种情形下，建议开发人员修改代码，将这类异常的产生置于方法的 throw 子句中。这会得到更清晰的代码，并易于维护。
- 仅为开发人员使用的方法：在这种情况下，这些方法"不被假设"成处理 JTest 生成的输入，开发人员是这些方法的唯一使用者，并且不传递这些输入参数。

5.5 自动化测试生存周期方法

5.5.1 自动化测试生存周期方法学

1. 自动化测试的生存周期概述

自动化测试的价值主要体现在代码改变之后将要进行的回归测试过程中。除了少数几种测试之外，在代码没有改变的情况下，再次进行测试无疑是在浪费时间。有时，产品的变动会导致测试中止。因此，一个测试不可能永远存活下去。在这种情况下，要么放弃这次测试，要么修改测试。一般情况下，修改和放弃测试与重新创建测试的成本是差不多的。如果测试被中止了，剩下的工作最好使用手工测试来完成。测试的生存周期如图5-8所示。

在决定是否进行自动化测试之前，必须首先估计一下，产品的代码变动在什么范围内，测试仍能存活。如果要求代码不能有太多变动，要做的测试最好是非常善于捕获BUG的测试。

为了更好地估计测试的生存周期，常常需要一些背景知识。需要了解哪些代码会影响测试。假设我们的任务是创建一系列测试来检查产品是否能够正确地确认用户输入的电话号码，并且要求这些测试能检查电话号码的位数是否正确，确保用户不能使用非法字符等。如果对产品代码十分熟悉，可以拿来一份程序清单，高亮显示电话号码的确认代码。暂且把这些代码称做被测试的代码。为了完成测试任务，我们需要考虑的就是这些代码的行为。

在大多数情况下，不会直接使用这些代码。例如，我们并没有直接把电话号码传递给确认代码。相反，可以通过用户界面输入数据，程序就会把输入的数据转换成程序内部的数据，并且根据规则来确认数据。也不需要直接检查这些确认规则是否正确。相反，通过这些规则就可以把结果传递给其他代码，最后通过用户界面把结果显示出来。我们把这些介于需要被测试的代码和测试之间的代码称做中介代码。

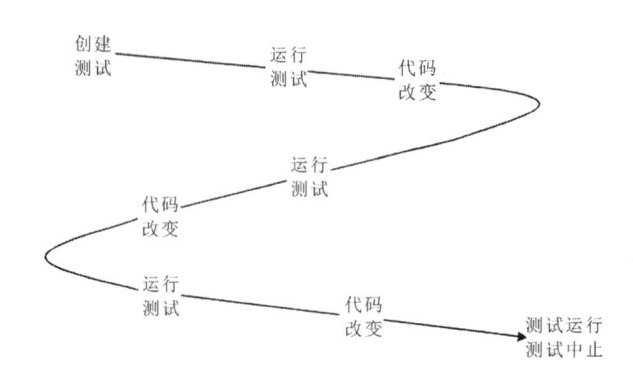

图5-8 测试的生存周期

中介代码是使测试中止的一个主要原因。相对于文本化的接口和标准的硬件设备的接口来说，图形用户界面尤其如此。例如，用户界面以前要求输入电话号码，现在变为提供一个可视的电话键盘，使用鼠标点击数字来模拟使用真实的电话。虽然通过两种界面向被测试的代码传递的都是相同的数据，但是因为没有了提供输入电话号码的地方，自动化测试可能就会中止。再例如，使用界面为用户提示输入错误的方式也许会有所改变。可能会播放类似"呼叫无效"这样的语音提示来代替弹出的对话框。那么，只有找到了弹出对话框才能够捕获到新 Bug 的测试就会因此而中止。

在有些情况下，自动化测试工具有时也会显得无能为力。例如，大多数的 GUI 自动化测试工具能够忽略文本框的尺寸、位置或者颜色的变化。想要处理复杂一些的变化，如前所述，就必须进行定制。也就是让项目组中的某个人针对产品来创建详细的测试库函数来完成这项工作。这样测试员就可以针对想要测试的特性来书写测试代码，尽可能忽略用户界面的各种细节。例如，自动化测试可能包括下面这行代码：

try 217 - 555 - 121

其中，try 是一个规则库函数，使用它可把电话号码翻译成用户界面能够理解的术语。如果用户界面接收了输入的字符，try 就会传入数值。如果要求从屏幕上的键盘上选择数字，try 也可以做到这一点。

事实上，测试库函数会过滤出无关的信息，使得测试能够详细而准确地对重要的数据进行说明。对于大多数的界面变化来说，无需改变测试，只需要改变测试函数库即可。但是，事情常常难以预计，即使是最好的补偿性的代码也不能保证永远把测试和所有的变化都隔离开。因此，可以说测试总有一天会终止。

为了使测试免受中介代码变化的影响，可以从以下几个方面考虑：

1) 评估一下中介代码的改变会不会影响测试。如果绝不会影响到测试（比如说用户界面不会变化），使用自动化测试就能节省大量的时间。但一般来说，用户界面不可能是固定不变的。

2) 如果中介代码的变化会影响到测试，就必须考虑使用测试库函数能够使测试不受影响的可能性会有多大。如果测试库函数做不到这一点，也许稍稍修改一下就能对付这种状况。倘若半个小时的修改工作能够挽救 300 个行将终止的测试，花费时间来修改就是值得的。但是，很多人会低估维护测试库函数的困难，尤其是当测试函数库为应对变化而被一次又一次地修补过之后，我们更不愿放弃测试以及这些测试函数库。

3) 假如没有测试函数库，如在捕捉、回放的模式下使用 GUI 测试自动化工具，那么不要指望测试会不受影响。下一个新版的用户界面可能会使许多测试的生存周期终止，测试的成本可能得不到回报。创建测试的成本低，测试的生存周期也短。

中介代码并不是唯一能改变的代码，被测试的代码也有可能改变。在特殊情况下，可能会变得和以前大不一样。例如，假设很久以前有人写过电话号码的确认测试，为了测试无效的电话号码，使用了 1-888-343-3533。因为在那时候，没有像 888 这样的数字，但现在有了。因此，由于产品结构的变化，以前不能使用的数字现在能用了，可是根据以前的确认规则却不能通过测试。对测试进行修改也许并不简单。如果能意识到问题只是由 888 改为 889，那么问题就简单了。但在实际工作中，因为自动化测试文档记录的内容少得可怜，难以意识到测试是为了验证电话号码的有效性，或者没有意识到 888 以前不是一个有效号码，因此你会认为测试理所当然地捕获到一个 Bug。此时，就需要判断一下被测试的代码的稳定性。

（1）重点考虑代码的行为

不同的产品，需要测试的代码不同，代码的稳定性也会不同。事实上电话号码是相当稳定的。从某种意义上讲，处理银行账号的代码也是很稳定的，某个余额为 100 元的账户，续存 50 元后，检查账户余额是否为 150 元的测试仍然能够使用（由于中介代码的变化使测试周期中止的情况除外）。但图形用户界面是相当不稳定的。

（2）考虑功能的增加会不会影响测试

例如，有这样一个测试：检查用户从一个余额为 50 元的账户里提取 100 元资金的时候，是否提示错误，并且保证账户余额没有变化。但是，完成这个测试之后，又增加了新的功能：如果拥有透支保护功能的账户，客户能提取的资金就可阻超出账户余额。只要默认的测试账户仍然保留原有的行为，这样的变化就不会中止现有的测试（当然还需要对新的功能进行测试）。

2. 自动化测试的生存周期结构

自动化测试生存周期方法学代表了实施自动化测试的结构化方法。同时，它还反映了现代快速应用程序开发工作的好处。在这种情况下，促使用户早期参与一个采用增量方式构建的软件版本的分析、设计和开发工程。自动化测试生存周期方法学的结构如图 5-9 所示。

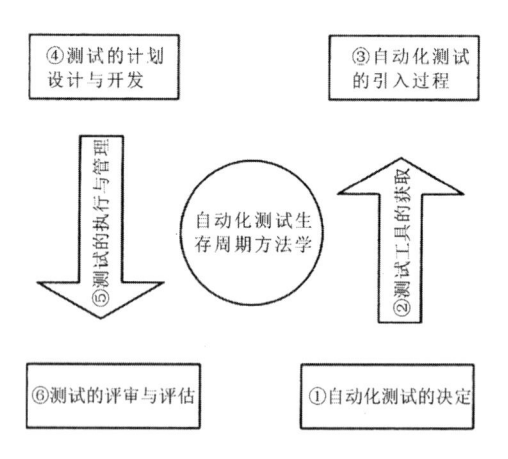

图 5-9 自动化测试生存周期方法学结构

（1）采用自动化测试方法的确认

决定采用自动化测试是自动化测试生存周期方法学的第 1 个阶段。其主要内容是帮助自动化测试组织管理自动化测试活动，并总结自动化测试对软件开发的潜在好处。

（2）自动化测试工具的获取

这是测试工具的自动化测试生存周期方法学的第 2 个阶段。应选择可用来支持整个生存周期各方面的不同类型的自动化测试工具,这些自动化测试工具还能够对在特定项目上开展的测试类型做出正确的决定。

(3)自动化测试的引入阶段

自动化测试的引入是自动化测试生存周期方法学的第3个阶段,这个阶段包括测试过程分析和测试工具的考查两个方面。

测试过程分析:定义测试目标、目的和策略。

测试工具的考查:测试的需求、测试环境、人力资源、用户环境、运行平台以及被测的应用产品特性。

(4)测试的计划、设计和开发

测试的计划、设计和开发是自动化测试生存周期方法学的第4个阶段,这个阶段主要包括以下几方面:

- 测试计划。确定测试程序的生成标准与准则以及支持测试环境所需的硬件、软件、网络和测试数据需求,初步安排测试进度。控制测试配置和环境的过程以及缺陷跟踪过程与跟踪工具。测试计划还包括结构化测试方法及初步阶段的结果描述。
- 建立测试环境这是测试计划的一部分。安装测试环境硬件、软件和网络资源,集成和安装测试环境资源,获取和细化数据库并制定环境建立脚本和测试脚本。
- 测试设计。测试设计部分论述需要实施的测试数目、测试方法、必须执行的测试条件以及需要建立的遵循的测试设计标准。
- 设计开发。网络是自动化测试可重用和可维护的环境条件,必须确定和遵循测试开发的标准。

(5)测试的执行与管理

测试小组必须根据测试程序执行进度来执行测试脚本,并推敲、分析集成的测试脚本。测试组对执行的结果必须进行评估活动,避免出现假肯定和假否定。

(6)测试活动的评审与评估

测试活动的评审与评估应在整个测试生存周期内进行,以确保连续地改进活动。在整个测试生存周期和后续测试执行活动中,必须评估各种度量,并进行最终评审和评估,以确保过程改进。

5.5.2 自动化测试生存周期方法的应用

1. 测试对象的选择

为了使测试工作的收获最大,必须在系统生存周期期间应用自动化测试生存周期方法学。自动化测试生存周期方法学与系统开发生存周期之间的关系如图5-10所示,与此相关联的自动化测试生存周期方法学阶段称为自动化测试决定。

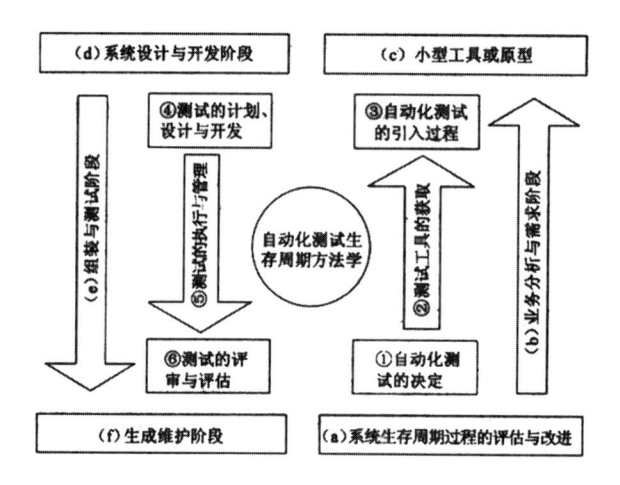

图 5-10 自动化测试生存周期学与系统开发生存周期的关系图

目前，自动化测试还不能解决所有的测试问题，随着对它的期望值日益增加，对技术与自动化的要求也越来越高。认为自动化测试工具能完成从测试计划到测试执行的所有过程、不需要人工干预、根据单个测试就能完成所有的测试任务、自动化测试能减轻测试工作量并尽快产生投资回报等都是不正确的。建立正确的自动化测试目标是十分重要的。

（1）测试计划的产生

目前没有现成的商用工具自动产生全面综合的测试计划，同时也支持测试设计与执行。测试计划的产生还是要靠测试工程师与软件生产质量保证专家的合作，自动化工具只能起辅助的作用。

（2）一种测试工具不完全适用于所有测试

目前没有一种单一的测试工具能够用来支持所有的操作系统环境，因此，单一的测试工具不能完成大多数企业的所有测试需求。

（3）自动化测试不一定能减轻工作量

引入自动化测试不会立刻减轻测试的工作量。当首次将自动化测试工具引入时，测试工作实际上变得更加艰巨和复杂了。测试的自动化要求测试组认真关注自动化过程的设计与开发。自动化测试工作也是一个小规模的开发生存周期，与任何开发工作一样，存在一些计划与协调的问题。

（4）测试进度不一定缩短

对自动化测试工具的期待的另一个误解是认为测试进度将缩短，事实上，引入自动化测试后，其测试进度从一开始反而增加了。要推广自动化测试工具，必须延长当前的测试过程，或者开发实施全新的测试过程。

（5）测试工具不一定易于使用

自动化测试需要新技能，因此需要更多的培训，应对培训和学习做出计划安排，实际上有效的自动化并不简单，自动化测试的基本原理表明：测试工具捕获（录制）测试人员的操作（击键）过程序列、生成背景脚本，脚本再用于回放。脚本必须人工修改，因此需要脚本编制知识与技术，为了达到这一点。测试人员必须经过工具与工具内部脚本语言方面的培训。

（6）自动化测试的普遍应用局限

自动化测试是手工测试技术的增强，但不能指望项目的所有测试都能自动化。例如，兼容测试对一些控件特性的识别困难较大；某些物理上的测试结果判定，如对打印结果的检查；没有时间和精力对所有 C/S 或 B/S 结构的情况实现遍历性的测试等。除了上述的各方面因素，自动化测试比起人工测试的费用要增加许多。

（7）测试覆盖率不会达到百分之百

对于覆盖测试，即使采用自动化，也并非每项均测试。做不到这一点的原因是：对于被测试的对象，为了验证功能不出问题，必须用所有可能的数据测试功能，包括有效的和无效的数据。自动化测试可能增加测试覆盖的深度和广度，但仍然没有足够的时间或资源进行百分之百的彻底测试。

2. 软件的可测试性

软件提供的可测试接口、GUI 控件的类型、程序使用的编程语言等，都会影响到软件的可测试性，从而影响自动化测试的覆盖面。解决的办法是，开发人员通过改善程序的可测性来支持自动化测试。经过大量的实践，自动化测试专家提出了如下几条提高自动化测试效率的建议：

1）弄清开发软件所采用的编程语言，确保测试工具支持这种语言编写出来的应用程序。

2）确保自动化测试工具能识别重要的 GUI 控件，如果不能，尝试使用键盘操作或要求开发人员构建一些对控件访问的支持。

3）用于展示内容的组件（如报表预览）是否有公开的 API，数据是否能输出到一个可读的文件格式。

4）要求开发人员不要把混淆工具应用到 GUI 层面的代码中。

5）要求开发人员给出一个或多个包含所有被测程序使用的 GUI 对象的窗口，测试人员尽早确定自动化测试工具是否支持这些控件。

6）清楚被测试应用程序是否提供 API，允许在 GUI 层以下进行测试。

想要成功地实现大面积的自动化测试，就必须为测试提供良好的测试接口，测试项目具有很强的可测性。那么项目组如何开发出可测性更强的软件产品呢？对于可测性的定义可分为可见性和可控制性两方面。可见性是指能观察到被测软件的状态、输出、资源利用和其他影响的程度；可控制性是指能向被测试软件输入，或把它设置到某个特定状态的程度。

（1）可见性

可见性是指能访问代码、设计文档和更改记录。这些是对大部分可测性进行改进的前提条件。测试人员要知道如何阅读代码，以及如何理解设计模型所采用的语言。在测试人员能提出测试接口、错误注入钩子或其他可测试软件之前，需要对系统设计有基本的理解。

（2）详细的输出

很多程序都有详细输出模式，这是可测性的很好的例子，它让人可以看到软件运行的细节。这些详细的输出信息可以帮助测试人员了解客户端和服务器端之间的通信过程，有助于测试人员设计出测试用例来测试服务器的错误处理能力。同时，这些信息还可以帮助暴露问题出现的地方。

（3）日志

详细的输出信息是记录软件事件的其中一种技术。日志可以帮助测试人员更容易理解软件的运行情况，也可以帮助发现一些容易忽略的Bug。当Bug出现，日志可以帮助定位到错误的代码并进行代码的调试。

（4）诊断、监视和错误注入

断言是一种普遍的诊断，是使程序对处理的输入的假设更加清晰明确的额外代码行。当断言被违反了（假设不成立），错误或异常就会自动出现。所以断言被违反就意味着Bug发生。如果没有断言，可能不会注意到Bug已经发生，因为内部数据可能已被破坏，只有当进一步的测试访问到这些数据时才出错。断言也可以帮助定位错误出现的代码位置。

查找内存泄漏问题的有效方法是监视内存的使用，有很多工具可以做到这点。如果能监视内部内存设置会使测试更容易。

错误注入特性可以帮助测试错误处理代码。有很多环境错误是很难出现的，特别是以可预见、可重复的方式出现。例如，磁盘满、坏介质、断网等。错误注入技术就是加入钩子，用于注入这些错误，并触发软件的错误处理代码。

另一种错误注入的方法是，使用工具HEAT或Holodeck，它们扮演的是程序和操作系统之间的中介者角色，可以控制操作系统为程序提供的各种服务，包括内存、磁盘空间、网络等，从而触发各种环境问题。

（5）测试接口

手工测试多采用GUI接口，自动化测试则使用编程接口。Excel的早期版本包含一个测试接口。由于数学计算的准确性是一个关键的要求，所以能用自动化的方式频繁地运行测试变得非常重要。这使得后来的Excel测试接口向用户公开，可以通过VBA来访问该接口。

（6）用户接口可测性

GUI自动化测试工具面临的一个普遍问题是个性化控件。个性化控件是指那些不被GUI测试工具所识别的控件。评估和确保软件产品在指定的GUI测试工具下的可测性包括如下方面：

• 测试GUI测试工具和开发工具的兼容性。
• 定义用户界面元素的命名标准。
• 查找个性化控件，如果有，计划提供可测性支持。
• 确保工具可以用名称、类型和位置识别控件对象。
• 确保控件使用的名字是惟一的，否则如果多个窗体或控件使用相同的标识可能导致无法识别工具。
• 确保工具可以检查控件的内容，如能访问文本框的文本、能确认某个复选框是否选中。
• 确保工具可以控制控件，如点击按钮、选择需要的菜单项。

通常，要反复试验才能找到操作个性化控件的方法和技巧，如：键盘操作；初始化控件；鼠标事件；字符识别；剪贴板的访问；外部访问等。

（7）投入与回报

进行任何测试都需要考虑投入与回报问题，自动化测试尤其如此。如何找到自动化测试脚本的实现成本与维护成本之间的最佳组合，如何综合考虑自动化测试的投入回报率与手工测试的投入回报率达到最佳平衡点，是组织开展自动化测试需要时刻思考的重要方面。

要做好平衡调整，需要根据测试的结果来分析，这要求测试人员在进行自动化测试时做好测试记录。通常包括以下方面：

- 自动化测试投入的人数。
- 自动化测试的执行次数。
- 自动化测试用例的个数。
- 自动化测试用例的编写时间。
- 自动化测试脚本的编写时间。
- 自动化测试发现的缺陷个数。
- 自动化测试的代码覆盖率。

第 6 章　国际化与本地化测试

国际化和本地化的国际组织是 OpenI18n，其前身是 I18nux。它原本是制定 GNU/Linux 自由操作系统上软件全球化标准的国际计划，后来扩充到 GNU/Linux 之外所有开放源代码的技术领域，因而更名为 Open Internationalization Initiative，现在由 Linux 基金会资助。将软件产品或软件服务推向全球市场时，还需要对软件进行本地化工作，以适应不同国家或地区的用户的需要，包括地理位置、语言、风俗习惯等各方面的要求。也就是说，作为国际化的产品要有多个本地化的软件版本来覆盖不同的国家或地区的用户需要。

6.1　国际化测试

软件国际化（I18N，Internationalization 的简写——由于首字母"I"和末尾字母"n"之间有 18 个字符，所以简称 I18N）是指为保证所开发的软件能适应全球市场的本地化工作而不需要对程序做任何系统性或结构性变化的特性，这种特性通过特定的系统设计、程序设计、缩码方法来实现。所以说，软件产品的国际化是赋予软件产品的一种能力，这种能力可以使软件产品能支持多种语言，并使其本地化工作变得非常容易。理想情况下，国际化的软件在进行本地化时，不需要修改源代码，而只是翻译资源库、进行特定的设置和定制就可以了。

6.1.1 软件国际化的基本内容

倒时差可以说是出国旅行的人最痛苦的事，这是由地球时区产生的影响。世界各地时间不一，按地球表面经线划分为 24 个时区，每区占经线 15°。以英国格林尼治天文台为世界标准时间（GMT）。进行换算时，在格林尼治以东每 15°加 1 小时，以西则减 1 小时。北京处在东 8 区，即比 GMT 早 8 小时，而纽约位于西 5 区，即比 GMT 晚 5 小时。北京和纽约相差 13 个小时，正好两地白天和夜晚颠倒过来。如果北京和纽约的用户在用一套系统进行交流、协作，那么他们如何约定时间？他们必须要说明是基于哪个时区来选定某个时间。例如纽约时间早上 8 点钟（这时是北京时间晚上 9 点钟）还是北京时间上午 8 点钟（这时是纽约时间前一天晚上 7 点钟）。所以在不同的用户界面上应该有不同的显示，并符合用户的习惯。

例如，

［中文简体，北京］

开始日期：　2008：12 月 1 日

开始时间： 8：00，上午中国标准时间（GMT+08：00，北京）
［英文，纽约］
Starting date： Sunday, November 30，2008
Starting time7：00 pm, Eastern Standard Time（GMT-05：00,NewYork）

从中可以看出，日期的显示格式在中英文也是不一样的，中文是年月日，美语是月日年。当然，用户也可以根据自己的爱好进行设置。例如，一个北京用户出差到美国，在那里工作一段时间，这个用户不需要改语言设置，而只要将时区改为美国东部（纽约）时间。为此，可以在 Web 站点设置自己的喜好。

在软件中，就必须处理这样的问题。例如，存储在数据库中的会议时间，不能按照某个用户的时间来存储，而是按照GMT时间来存取，这样就不会把时间搞乱。不同用户登录系统后，会根据其所在时区或用户选定的时区计算出当地时间，在客户端显示用户所在时区的时间。其处理逻辑如图 6-1 所示。

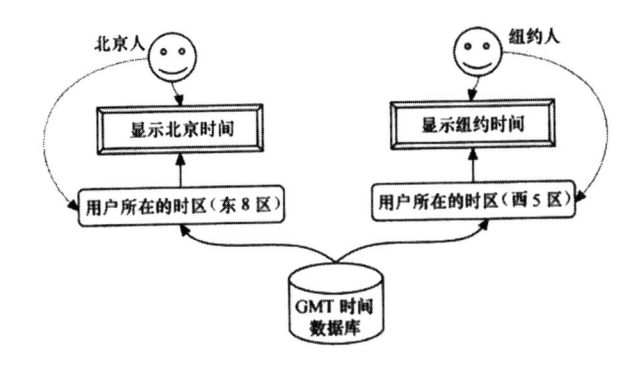

图 6-1 时间显示的逻辑处理示意图

除了时区，还有许多其他问题，如用户姓名。中文名字和英文名字的显示相差很大。例如，中文名显示为"张三"，而英文名显示为"San Zhang"或"Tom Zhang"。中文名的姓在前，英文名的姓（Last Name）在后面，而且姓和名（First Name）之间还有一个空格。所以对于姓和名，不能作为一项内容存储，而是将姓和名分开，分别存储。显示的时候，也不能直接将"姓"和"名"两字符串直接相加，而必须用单独的函数处理，即根据用户的国家、地区特定的要求，进行不同的处理，从而其显示格式符合本地要求。不同的地区，有不同的处理方式，所以需要一个特定的函数来处理，而不能用一种方法来处理。这就是用户注册时总是出现形如图 6-2 所示的文本框的原因。

图 6-2 注册对话框

通过上述例子可以理解，软件国际化需要从设计、编程等多个方面来实现。从设计角度看，系统不仅要支持多字节字符（如 Unicode 字符集）的处理，而且系统的界面应该可以灵活定制，包括颜色、时区和语言等选择和设置。从程序角度看，国际化软件的编程不能像国内软件项目那样随意，许多东西都不能简单处理，也不能写死（Hard Code）。例如，对于姓名处理、日期处理，不能通过一个简单的程序语句处理，而需要通过一个函数处理，根据用户所处的时区、所用的语言和所在的国家，分别进行相应的、不同的处理。其次，软件处理和输出的文字、图片等数据，都应该从程序中分离出来，存储在单独的资源文件中，为以后软件本地化创造良好的条件。

综合起来，软件国际化的基本内容包括：

• 支持 Unicode 字符集。如建立用于本地字符编码（ANSI 或 OEM）和 Unicode 间变换的字符映射表，既可以处理像英文的单字节语言，又能处理像中文、日文等双字节或多字节语言。

• 分离程序代码和显示内容（文本、图片、对话框、信息框和按钮等），如建立资源文件（*.rc）来存储这些内容。

• 消除硬代码(Hard Code,指程序代码中所包含一些特定的数据)，而尽量使用变量处理，其数据应该存储在数据库或初始化文件中。

• 使用 Header Files 去定义经常被调用的代码段；弹出窗口、按钮、菜单等的尺寸具有自动伸缩性或具有调整的灵活性，以适应不同语言所显示文本的长度变化。

• 支持不同时区的设定、显示和切换。

• 支持各个国家的键盘设置，但要支持统一的热键。

• 支持文字排序和大小写转换。

• 支持各个国家的度量衡、时间、货币单位等不同格式的显示方式等。

• 国际化用户界面设计，包括支持多个方向显示、右对齐、用户自定义颜色等。

综上所述，对于软件国际化，其主要解决的问题，可以概括为以下几点：

• 显示和打印的国际化，包括字符集（Character Set）和编码（Coding），字体（Font）和字体集（Font Set）。

• 输入的国际化，多个组合键输入单字符，支持不同国家的键盘。

• 信息的国际化，软件可以处理多国语言的信息，进行信息存储和转化。

• 客户程序间通信的国际化，如果两个应用程序之间所使用的字符集不同，数据会出现混乱，甚至可能丢失。

作为国际化软件，要么在应用软件运行时可以动态切换某种国家或地区的语言，要么在应用软件启动前或启动时可以设置某种语言。例如，像操作系统 Windows XP，不需要重新编译，就可以切换到不同语言和不同的国家或地区。作为国际化软件的规范可以归纳为五点：

• 切换语言的机制。

• 与语言无关的输出接口。

• 与语言无关的输入接口和标准的输入协议。

• 资源文件的国际化。

• 支持和包容本地化数据格式。

为了使软件国际化更为规范，需要建立相应的国际标准，来规范字符集、编码、数据变换、语言输入方法、输出（打印、用户界面）、字体处理、文化习俗等各个方面。比较著名的一些国际标准化组织包括：ANSI（American National Standards Institute）、POSIX（Portable Operating System Interface for Computer Environments）、ISO、IEEE、Li18ntlx（LinuxI18n）、X/Open and XPG 等。

与国际化有密切关系的国际标准有：ISO/IEC 106461:2003、ISO 6391:2002、ISO 31661:1997、RFC 3066 等。

6.1.2 全球通用字符集

字符集（Character Set）是操作系统中所使用的字符映射表。最早的字符集是 UNIX 系统使用的，包含 128 个字符的 7bit ASCII 字符集（包括 tabs、空格、标点、符号、大小写字母、数字和回车键等）。随后，就是标准 8bit ASCII，包含 256 个字符，早期的 Windows 操作系统使用 8bit ASCII 字符集。扩展后的 ASCII 字符集还是无法满足所有语言的需求，如汉语、日语等语言的字符都高达几万个字符。所以产生了 16bit 字符集（双字节、多字节或变数字节）——统一的字符编码标准 Unicode。

Unicode 是一个国际标准，采用双字节对字符进行编码，提供了在世界主要语言中通用的字符，所以也称为基本多文种平面。Unicode 以明确的方式表述文本数据，简化了混合平台环境中的数据共享。目前，很多操作系统都支持 Unicode，包括 Windows 系统、Linux 系统和 Mac OS、IBMA1X、HPUX 等。Unicode 简称为 UCS，现在用的是 UCS2，即 2 字节编码，和国际标准字符集 ISO 106461 相对应。UCS 最新版本是 2005 年的 Unicode 4.1.0，而 ISO 的最新标准是 ISO 106463:2003。

代码页转化表（Codepage）是各国的文字编码和 Unicode 之间的映射表，通过 Windows 操作系统控制面板中"区域和语言选项"的高级选项，如图 6-3 所示，可以了解完整的代码页转化表。例如，简体中文和 Unicode 的映射表就是 CP936，其他的映射关系有：

1）Codepage=950 繁体中文 BIG5。
2）Codepage=437 美国／加拿大英语。
3）Codepage=932 日文。
4）Codepage=949 韩文。
5）Codepage=866 俄文。

UCS 只是规定如何编码，并没有规定如何传输、保存编码。所以有了 Unicode 实用的编码体系，如 UTF8、UTF7、UTF16。UTF8

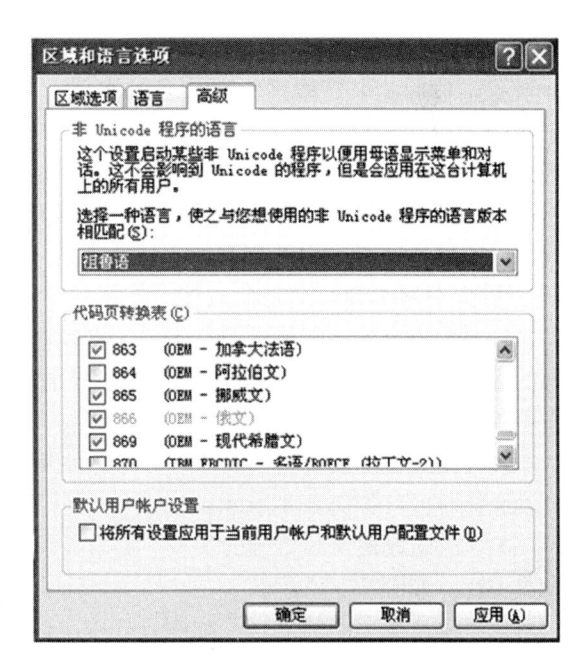

图 6-3 Windows 操作系统提供的代码页转化表

（UCS Transformation Format）和 ISO88591 完全兼容，解决了 UniCode 编码在不同的计算机之间的传输、保存，使得双字节的 Unicode 能够在现存的处理单字节的系统上正确传输。UTF8 使用可变长度字节来储存 Unicode 字符，这能解决敏感字符引起的问题。前面有几个 1，表示整个 UTF8 串是由几个字节构成的。UniCode 和 UTF8 之间的转换关系如表 6-1 所示。

表 6-1 UniCode 和 UTF8 的转换关系

UniCode	UTF8
U00000000U0000007F	0xxxxxxx
U00000080U000007FF	110xxxxx 10xxxxxx
U00000800U0000FFFF	1110xxxx 10xxxxxx 10xxxxxx
U00010000U001FFFFF	11110xxx 10xxxxxx 10xxxxxx 10xxxxxx
U00200000U03FFFFFF	111110xx 10xxxxxx 10xxxxxx 10xxxxxx 10xxxxxx
U04000000U7FFFFFFF	1111110x 10xxxxxx 10xxxxxx 10xxxxxx 10xxxxxx 10xxxxxx

6.1.3 国际化测试方法

软件国际化测试就是验证软件产品是否支持上述特性，包括多字节字符集的支持、区域设置、时区设置、界面定制性、内嵌字符串编码和字符串扩展等。软件国际化的测试通常在本地化开始前进行，以识别潜在的不支持软件国际化特性问题。

国际化测试中最有效的方法是设计评审和代码审查。首先，了解软件应用系统支持多少种语言，采用哪种字符集，是否选定 UniCode 字符集。然后，在设计上验证软件设计是否遵守软件开发的国际化标准，是否满足国际化特性的各方面要求——用户的时区、语言和地区等设置。最后，审查程序代码和资源文件，确认源代码和显示内容是否被分离，是否使用正确的各类数据格式处理的函数等。代码审查可以采用走查的方法，先列出一个简单的检查列表，依据这个列表，从头到尾快速地浏览所有代码，确保在代码上对 I18N 的充分支持。通过代码审查，可以发现大部分有关 I18N 的问题。

除了设计评审和代码审查外，I18N 测试有两种基本方法：

（1）针对源语言的功能测试

针对源语言的功能测试，在源语言版本中，直接检查某些功能特性是否符合要求，如不同的区域设置、不同的时区显示等。I18N 的测试，不同于本地化的测试，其中部分测试工作可以在源语言中进行。假定源语言是英文，我们可以在英文版本中进行下列测试：

• 时区的设置及其相应的时间显示，如 Windows 控制面板中的"时间和日期"设置功能，可以选择时区，如图 6-4 所示。

• 地区的设置及其相应的日期、货币显示，如 Windows 控制面板中的"区域和语言选项"设置功能，如图 6-5 所示。

• 可以选择不同的语言，如图 6-5 中"区域和语言选项"下"语言"所示设置选项。

• 多字节字符串的输入。即使在英文系统中，输入中文字符串，也不应该出错。

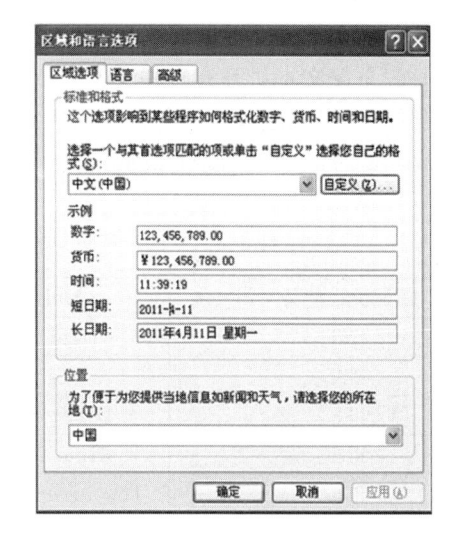

图 6-4　Windows 操作系统提供的时区设置　图 6-5　Windows 操作系统提供的区域设置

（2）针对伪翻译版本的测试

采用伪翻译（pseudocode，pseudotransition）版本的测试，即文字、图片信息中的源语言被混合式多种语言（如英文、中文、日文和德文等）替代，然后进行全面的 I18N 测试，包括相关的功能测试、界面测试，但不包括翻译验证等。

源语言的测试还是有其局限性，不能完全验证软件产品是否能很好地支持多字节字符集，例如弹出窗口是否可以根据显示内容的长度进行自我调整，窗口中显示的内容是否会出现乱码现象等。这时，采用伪翻译版本进行 I18N 的测试，可以解决这些问题。

伪翻译版本是软件国际化测试的重要手段之一，可以在不进行实际本地化处理之前预览和查看本地化的问题。例如，多字节字符文件目录、文件名、文件内容及其处理、多字节字符串的输入、显示、索引和排序等。在某些本地化工具中，可以设置伪翻译字符长度的扩展比例、替换字符、增加字符的前缀和后缀字符，以达到最好的测试效果。伪翻译版本测试的优势如下：

1）更早地进行 I18N 测试，能够比较快、更容易在源语言版本之上构造伪翻译版本，因为不需要准确翻译，甚至不需要翻译，仅仅是替换成不同语言的文字。

2）可以一举多得，同时验证多种语言的不同特性，如中文的多字节、德文的长度以及中英文混合等。

3）给测试者一个清晰信号，这是 I18N 测试，不是 L10N 测试。

6.1.4 国际化测试点

对于 I18N 测试而言，除前文提到的时区设置、地区设置、不同语言的支持、多字节语言的输入和显示、多字节字符文件（目录）名等，还有下列一些测试点需要得到格外的关注。

（1）"双向识别功能"

多数语言是从左到右（LTR）排列，但是阿拉伯语是从右到左（RTL）排列，如设置

<div dir="rtl" align="right" lang="ar">。国际化软件要支持双向显示(Bidirectional Display)，不仅文本对齐方式和文本读取顺序从右到左，而且 UI 布局也应遵循这种自然的方向。测试时，可以通过英语和阿拉伯语混合而成的文本来完成。表 6-2 列出了双向文本中不同的 Unicode 控制字符和相应的 HTML 转义表示。

表 6-2 双向文本中 Unicode 控制字符和 HTML 转义表示

Unicode 缩写	Unicode 字符名称	相应的 HTML 标签
LMR	LefttoRight Mark	&lrm;
RLM	RighttoLeft Mark	&lrm;
LRE	LefttoRight Embedding	dir="ltr"
RLE	RighttoLeft Embedding	dir="rtl"
PDF	Pop Directional Formatting	</bdo>
LRO	LefttoRight Override	</bdo dir="ltr">
RLO	RighttoLeft Override	</bdo dir="rtl">

（2）"硬编码"

验证应用程序所用的字符串都来自于资源库或资源文件，而不是直接将字符串写在代码里。测试方法是将资源库中字符串都改成由特殊字符（如数字）组成的字符串。然后遍历应用程序的所有显示窗口，看看所显示的内容是不是全部由数字组成，若不是，就能发现硬编码。

（3）"语言切换方式"

对于国际化版本，支持不同语言的切换，比较理想的做法是用被选择语言文字来显示对应的语言名称，这可以保证在任何时刻用户都能认识自己的本地语言名称。

（4）"大小写转换"

对于许多拉丁语言（包括英语），都有大小写问题，而大多数非拉丁语言（中文、日语、泰语等亚洲语言文字）就没有大小写概念。

（5）"多字节和单字节文字的混合"

例如中、英文混合格式比较常见，还有日文平假名、片假名、全角、半角等组合排列的测试。

（6）"输入法编辑器（IME）"

由一个将击键位置转换为拼音和表意字符的引擎和常用的表意字词典组成。测试软件是否可以采用不同的 IME 输入各种文字。

（7）"换行"

亚洲多字节语言的规则与拉丁语的规则完全不同，多字节语言一般不使用空格将一个字同下一个字区分开，泰语甚至不使用标点符号，所以容易由于换行位置不对而产生乱码，测试时，要检验换行算法并进行实例测试。

（8）"词序问题"

不同语言组成句子的词序可能是不相同的。例如，中文、英文基本是主+谓+宾结构，而德语和日语中动词出现在句尾。这样，本地化过程中可能改变字符串的顺序，因此如果存在字符串连接运算，则容易产生问题。在资源文件中使用完整的字符串而消除字符串连接操作，可避免此类问题。

（9）"各种数据格式"

常见的数据格式包括姓名、日期、时间、货币、数字、地址和度量单位等。

（10）"快捷组合键"

键盘布局因区域设置而异，某些字符不是所有的键盘都具备的，这对快捷组合键有影响，所以测试时检验组合键是否具有通用性，或者是根据选定的键盘而重新分配（产生）快捷组合键。

（11）"电话号码"

在不同地区，电话号码的格式有很大的差异，所以程序应当能够灵活处理不同格式的电话号码的输入和显示，如长度、分隔符（"-"、"."和空格）、分组等。

（12）"纸张大小"

北美喜欢使用 Letter 纸的大小（279mm×216mm），而欧洲和亚洲的大多数地区使用一种称为 A4（297mm×210mm）的标准。如果应用程序需要打印，则应允许配置默认纸张大小。

6.2 本地化测试

软件本地化是将一个软件产品按特定国家或语言市场的需要进行全面定制的过程，它包括翻译、重新设计、功能调整以及功能测试，是否符合当地的习俗、文化背景、语言和方言的验证等。

6.2.1 软件本地化测试概述

软件本地化（L10N，英文的 Localization 一词的简写。由于首字母"L"和末尾字母"n"间有 10 个字母，所以简称 L10N）意味着将一个软件产品按特定国家或地区的特定需要而进行全面定制的过程，即在源语言版本的基础上，通过翻译、定制和参数配置等工作，使软件产品或系统在语言、时区、度量衡、文化、风俗习惯等各个方面与当地国家或地区的相应内容相一致，从而满足特定地区的用户的使用需求。

1. 软件本地化测试的特征

软件本地化测试除了具有一般软件测试的特征外，还有其特有的特征。

（1）对语言的要求较高

不仅要准确理解英文（测试的全部文档，例如测试计划、测试用例、测试管理文档、工作邮件都是英文的），还要精通本地的语言。例如测试简体中文的本地化产品，我们完全胜任；而测试德语本地化软件，则需要母语是德语的测试人员。

（2）采用外包测试进行

为了降低成本，保证测试质量，国外大的软件开发公司都把本地化的产品外包给各个不同的专业本地化服务公司，软件公司负责提供测试技术指导和测试进度管理。

（3）特别强调交流和沟通

由于实行外包测试，本地化测试公司要经常与位于国外的软件开发公司进行有效交流，以便使测试按照计划和质量完成。有些项目需要每天与客户交流，发送进度报告。更多的是每周报告进度，进行电话会议、电子邮件等交流。此外，本地化测试公司内部的测试团队成员也经常交流彼此的进度和问题。

（4）使用许多定制的专用测试程序

本地化测试以手工测试为主，但是经常使用许多定制的专用测试程序。手工测试是本地化测试的主要方法，但为了提高效率，满足特定测试需要，经常使用各种专门开发的测试工具。一般这些测试工具都是由开发英文软件的公司的开发人员或测试开发人员开发的。

（5）本地化测试的缺陷具有规律性特征

本地化缺陷主要包括语言质量缺陷、用户界面布局缺陷、本地化功能缺陷等，这些缺陷具有比较明显的特征，采用规范的测试流程，可以发现绝大多数缺陷。

2. 国际化与本地化的关系

国际化与本地化是一个辨证的关系：国际化是核心，是内在的实现，是将来本地化的基础，为本地化作准备，使本地化过程不需要对代码作改动就能完成；另一方面，本地化是外在的表现，在国际化框架下来完成定制、配置等工作，其结果就是国际化向特定本地语言环境的转换。良好的国际化设计是减少软件本地化错误的根本保证。

即使现在还没有具体的本地化计划，软件产品也应该按照国际化要求去做，否则，将来需要进行本地化时工作量会很大，几乎所有的代码都要修改。所以国际化是核心工作，只有满足国际化的要求之后才比较容易实现本地化，翻译只是本地化工作的一部分。全球化不是技术概念，而是一个产品市场的概念和发展战略，目的是实现全球化业务，扩大市场规模。全球化是基于全球市场考虑，完成正确的国际化设计、本地化集成以及在全球市场进行的市场推广和销售与支持的全部过程。以便一个产品只做较小的改动就可以在世界各地出售。全球化可以看作国际化和本地化两者合成的结果。对于翻译、本地化、国际化与全球化之间的关系，如图6-6所示。

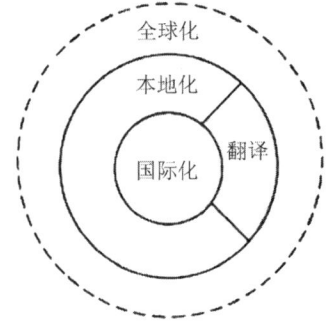

图6-6 翻译、本地化、国际化与全球化之间的关系

3. 软件本地化测试

软件本地化测试检查是为了适应某一特定文化或地区本地化的产品质量。这个测试是基于国际化测试的结果而进行的，国际化测试验证对特定文化或地区的功能性支持。本地化测试则着重于：受本地化影响的部分，如用户界面和内容；特殊的文化和地理位置、特殊的语言环境、特定的地区；翻译的正确性。此外，本地化测试还应该包括：基本的国际化测试。如主要功能性测试，有些传递参数、数据库的默认值会对系统的函数、功能产生一些影响，特别是单字节版本向多字节版本的转换；在本地化环境中的安装和升级测试，由于语言版本操作系统等环境不一样，安装、升级常常受影响；根据产品的目标区域而进行的应用程序和硬件兼容性测试，其应用程序的接口、标准可能不同，硬件流行种类更会有差异。

在具体测试的时候，可以选择任何语言版本的操作系统作为测试平台，但是在浏览器上必须安装对目标语言的支持。除此之外，要进行用户界面和语言文化方面的测试，其内容应覆盖以下几个方面：排版错误；应用程序源文件的有效性；用户界面的可用性；验证语言的准确性和源代码的属性；检查印刷文档和联机帮助、界面信息的一致性以及命令键的顺序等；文化适用性的估计；政治敏感内容的检查。

当发布一个本地化产品时，应该确保本地化文档（用户手册、在线帮助、文本帮助等）都包含在其中。同时应该检查翻译的质量和翻译的完整性，以及在所有的文档和应用程序界面中术语使用的一致性。

综上所述，本地化测试的内容包括以下六个方面：

1）功能性测试，所有基本功能、安装、升级等测试。
2）翻译测试，包括语言完整性、术语准确性等的检查。
3）可用性测试，包括用户界面、度量衡和时区等。
4）兼容性调试，包括硬件兼容性、版本兼容性等测试。
5）文化、宗教、喜好等适用性测试。
6）手册验证，包括联机文件、在线帮助、PUF 文件等测试。

由此可见，整个软件本地化的过程，其实是一个再创造的过程。文字翻译仅仅只做了本地化工作的一部分，要真正完成软件本地化确实有很多工作要做。

6.2.2 本地化测试的步骤与原则

1. 本地化测试的步骤

要做好软件本地化的测试工作，有必要了解软件本地化的步骤。软件本地化的基本工作是假定建立在软件国际化的基础上，或者说，软件本地化的第一项工作就是规范甚至是迫使原始语言的软件开发遵守软件国际化的标准。在此基础上，依次做好版本管理、建立专业术语表、翻译、调整 UI 等工作。

在软件全部翻译完毕，对技术部分做了必要的调整之后，还有一个软件测试的问题，不论原来的软件产品有多成熟，本地化之后的产品在经过了很多人的重新创造后，除了产品本来存在的问题之外，还有可能产生一些意想不到的新问题，所以进行本地化测试也是本地化非常重要的一个环节。

以下是本地化的基本步骤,在具体操作时可能会有不同,但这些步骤基本是不可省略的。
1) 建立个配置管理体系,跟踪目标语言各个版本的源代码。
2) 创造和维护术语表。
3) 从源语言代码中分离资源文件或提取需要本地化的文本。
4) 把分离或提取的文本、图片等翻译成目标语言。
5) 把翻译好的文本、图片重新插入目标语言的源代码版本中。
6) 如果需要,编译目标语言的源代码。
7) 测试翻译后的软件,调整UI以适应翻译后的文本。
8) 测试本地化后的软件,确保格式和内容都正确。

2. 本地化测试的原则

测试原则规定了测试过程中应该遵循的基本思路,软件本地化测试的原则如下。

(1) 在本地化软硬件环境中测试本地化软件

为了尽量符合本地化软件的使用环境和习惯,应该在本地化的操作系统上安装和测试本地化软件,使用当地语言市场的通用硬件,及当地布局的键盘等,这样可以发现更多的本地化软件的区域语言、操作系统和硬件的兼容性问题。为了便于参考和对比,必须将源语言(例如英语)软件安装在源语言操作系统上。

(2) 尽早地和不断地进行软件测试

软件本地化测试不是软件本地化的一个独立阶段,它贯穿于软件本地化项目的各个阶段。测试计划、测试用例等测试要素要在测试本地化软件版本前准备好。一旦得到可以测试的软件本地化版本,就立刻组织测试。争取尽早发现更多的错误,把出现的错误在早期进行修复处理,减少后期修复错误时耗费过多的时间和人力。软件本地化测试工作强调的是发现软件因本地化产生的错误。不要过多地耗费时间测试软件的功能,因为本地化测试前,源语言软件已经进行过功能测试和国际化测试。所以,应该将本地化测试的重点放在本地化方面的错误,例如语言表达质量,软件界面布局,本地化字符的输入、输出和显示等。

(3) 合理安排人员

软件错误报告、软件错误修复和软件错误修复验证应该由不同的软件工程师处理。为了保证软件测试效果,软件错误报告应该由测试工程师负责,软件错误修复应该由负责错误确认和处理的软件工程师负责,软件错误修复后的验证和关闭应该由软件错误报告者(测试工程师)负责。

6.2.3 常见的本地化测试类型

软件本地化测试是在本地化的操作系统上对本地化的软件版本进行测试。根据软件本地化项目的规模、测试阶段以及测试方法,本地化测试分为多种类型,每种类型都对软件本地化的质量进行了检测和保证。为了提高测试的质量,保证测试的效率,不同类型的本地化测试需要使用不同的方法,掌握必要的测试技巧。这里主要介绍几种本地化测试中具有代表性的测试类型。

1. 导航测试

导航测试（Pilot Testing）是为了降低软件本地化的风险而进行的一种本地化测试。大型的全球化软件在完成国际化设计后，通常选择少量的典型语言进行软件的本地化，以此测试软件的可本地化能力，降低多种语言同时本地化的风险。

导航测试尤其是用于数十种语言本地化的新开发的软件，导航测试版本的语言主要由语言市场的重要性和规模确定，也要考虑语言编码等的代表性。例如，德语市场是欧洲的重要市场，通常作为导航测试的首要单字节字符集语言。日语是亚洲重要的市场，可以作为双字节字符集语言代表。随着中国国内软件市场规模的增加，国际软件开发商逐渐对简体中文本地化提高重视程度，简体中文有望成为更多导航测试的首选语言。

导航测试是软件本地化项目早期进行的探索性测试，需要在本地化操作系统上进行，测试的重点是软件的国际化能力和可本地化能力，包括与区域相关的特性的处理能力，也包括测试是否可以容易地进行本地化，减少硬编码等缺陷。由于导航测试在整个软件本地化过程中意义重大，而且导航测试的持续时间通常较短，另外由于是新开发的软件的本地化测试，测试人员对软件的功能和使用操作了解不多。因此，本地化公司通常需要在正式测试之前收集和学习软件的相关资料，做好测试环境和人员的配备，配置具有丰富测试经验的工程师执行测试。

2. 功能测试

原始语言开发的软件的功能测试主要测试软件的各项功能是否实现以及是否正确，而本地化软件的功能测试主要测试软件经过本地化后，软件的功能是否与源软件一致，是否存在因软件本地化而产生的功能错误，例如，某些功能失效或功能错误。

本地化软件的功能测试相对于其他测类型具有较大难度，由于大型软件的功能众多，而且有些功能不经常使用，可能需要多步组合操作才能完成，因此本地化软件的功能测试需要测试工程师熟悉软件的使用操作，对于容易产生本地化错误之处能够预测，以便减少软件测试的工作量，这就要求测试工程师具有丰富的本地化测试经验。

除了某些菜单和按钮的本地化功能失效错误外，本地化软件的功能错误还包括软件的热键和快捷键错误，例如，菜单和按钮的热键与源软件不一致或者丢失热键。另外一类是排序错误，例如，排序的结果不符合本地化语言的习惯。

发现本地化功能错误后，需要在源软件上进行相同的测试，如果源软件也存在相同的错误，则不属于本地化功能错误，而属于源软件的设计错误，需要报告源软件的功能错误。另外，如果同时进行多种本地化语言（例如简体中文、繁体中文、日文和韩文）的测试，在一种语言上的功能错误也需要在其他语言版本上进行相同的测试，以确定该错误是单一语言特有的，还是许多本地化版本共有的。

3. 用户界面测试

本地化软件的用户界面测试（UI Testing）也称作外观测试，主要对软件的界面文字和控件布局（大小和位置）进行测试。用户界面至少包括软件的安装和卸载界面、软件的运行界面和软件的联机帮助界面。软件界面的主要组成元素包括窗口、对话框、菜单、工具栏、状态栏、屏幕提示文字等内容。

用户界面的布局测试是本地化界面测试的重要内容。由于本地化的文字通常比原始开发语言长度长,所以此类常见的本地化错误是软件界面上的文字显示不完整,例如按钮文字只显示一部分;另一类常见的界面错误是对话框中的控件位置排列不整齐,大小不一致。

相对于其他类型的本地化测试,用户界面测试可能是最简单的测试类型,软件测试工程师不需要过多的语言翻译知识和测试工具。但是由于软件的界面众多,而且某些对话框可能隐藏比较深入,因此,软件测试工程师必须尽可能地熟悉被测试软件的使用方法,这样才能找出那些较为隐蔽的界面错误。另外,某些界面错误可能是一类错误,需要报告一个综合的错误。例如,软件安装界面的"上一步"或"下一步"按钮显示不完整,则可能所有安装对话框的同类按钮都存在相同的错误。

4. 语言质量测试

语言质量测试是软件本地化测试的重要组成部分,贯穿于本地化项目的各个阶段。语言质量测试的主要内容是软件界面和联机帮助等文档的翻译质量,包括正确性、完整性、专业性和一致性。

为了保证语言测试的质量,应该安排本地化语言是母语的软件测试工程师进行测试,同时请本地化翻译工程师提供必要的帮助。在测试之前,必须阅读和熟悉软件开发商提供的软件术语表,了解软件翻译风格的语言表达要求。

由于软件的用户界面总是首先进行本地化,因此,本地化测试初期的软件版本的语言质量测试主要以用户界面的语言质量为主,重点测试是否存在未翻译的内容,翻译的内容是否正确,是否符合软件术语表和翻译风格要求,是否符合母语表达方式,是否符合专业和行业的习惯用法。

本地化项目后期要对联机帮助和相关文档(各种用户使用手册等)进行本地化,这个阶段的语言质量测试,除了对翻译的表达正确性和专业性进行测试之外,还要注意联机帮助文件和软件用户界面的一致性。如果对于某些软件专业术语的翻译存在疑问,需要报告一个翻译问题,请软件开发商审阅,如果确认是翻译错误,需要修改术语表和软件的翻译。

关于本地化软件的语言质量测试,一个值得注意的问题是"过翻译",就是软件中不应该翻译的内容如果进行了翻译,应该报告软件"过翻译"错误。

5. 可接受性测试

本地化软件的可接受性测试(Build Acceptable Testing)也称作冒烟测试(Smoke Testing),是指对编译的软件本地化版本的主要特征进行基本测试,从而确定版本是否满足详细测试的条件。理论上,每个编译的本地化新版本在进行详细测试之前,都需要进行可接受性测试,以便在早期发现软件版本的可测试性,避免不必要的时间浪费。

注意,软件本地化版本的可接受性测试与软件公司为特定客户定制开发的原始语言软件在交付客户前的验收测试完全不同。验收测试主要确定软件的功能和性能是否达到了客户的需求,如果一切顺利,只进行一次验收测试就可以结束。

本地化软件在编译后,编译工程师通常需要执行版本健全性检查,确定本地化版本的内容和主要功能可以用于测试。而编译的本地化版本是否真的满足测试条件则还要通过独立的测试人员进行可接受性测试，它要求测试人员在较短的时间内完成，确定本地化的软件版本是否满足全面测试的要求，是否正确包含了应该本地化的部分。如果版本通过了可接受性测试，则可以进入软件全面详细测试阶段；反之，则需要重新编译本地化软件版本，直到通过可接受性测试。

在进行本地化软件版本的可接受性测试时，需要配置正确的测试环境（软件和硬件），在本地化的操作系统上安装软件，确定是否可以正确安装。运行软件，确定软件包含了应该本地化的全部内容，并且主要功能正确。然后卸载软件，保证软件可以彻底卸载。软件的完整性是需要注意的一个方面，通过使用文件和文件夹的比较工具软件，对比安装后的本地化软件和英文软件内容的异同，确定本地化的完整性。

软件的测试类型数量众多，可谓五花八门，而软件本地化测试又具有其自身的特点。除以上常见的本地化测试类型外，还包括联机帮助测试、本地化能力测试等。不论何种类型的本地化测试，其最终测试目标都是尽早找出软件本地化错误，保证本地化软件与原始开发语言软件具有相同的功能。通过正确配置本地化测试环境，合理组织本地化测试人员，采用正确的本地化流程和测试工具，完善软件缺陷的报告和跟踪处理，来保证软件本地化测试的有效实现。

6.2.4 本地化测试的翻译问题

当一个软件产品需要在全球范围应用时，就需要考虑在不同的地域和语言环境下的使用情况，最简单的要求就是用户界面上的内容能用本地化语言来显示，这就是我们将要说到的翻译问题。当然，一个优秀的全球化软件产品关于国际化和本地化的要求远远不止于此。我们所说的本地化不仅是界面的本地化，还包括内核的本地化。

1. 翻译的内容

这是软件本地化要做的第一项任务。一般来说，需要翻译的内容大致分为三个部分：用户界面、联机文档和用户手册等。首先，我们需要从源代码中把需要翻译的资源提取出来，不论使用的是什么编程语言或平台（Windows、Mac 或 UNIX），都可以使用 Visual C++ 或其他有效工具把资源从源代码中分离开来。翻译完毕，再把翻译好的文字替换到相应的位置，可以说其他工作都是在完成这一步的基础上才展开的。这个阶段的要求是翻译准确，能够照顾到目标语言的文化和习惯。

本地化不仅仅是翻译，不同的文化使用不同的语法和句子结构，所以直接的词对词的翻译远远不够。相反，在保持原有意思和风格的基础上，还必须把源语言格式替换为目标语言的格式。联机文档常用的格式有 PDF、HTML 和 HTML Help 文件等，本地化翻译人员也应该把翻译后的文档转换成相应的格式。测试人员也要注意其转换后的格式是否能够正常显示，各部分内容和相关的链接是否都正常等。此外，软件中的按钮、图标和插图等上面的文字也需要翻译，本地化测试人员应该指出翻译人员没有翻译的部分，协助其尽快完成。

2. 翻译错误

翻译错误是指在软件本地化中由于翻译不当而引起的错误。这类错误产生的主要原因包括：翻译人员不熟悉翻译要求；翻译人员的工作疏漏；用户界面的翻译与标准词汇表不一致。其主要表现特点为：应该翻译而没有翻译的英文字符；不应该翻译而翻译的本地化字词；错误翻译的字词；只在本地化版本中存在该类型错误；较多隐含在对话框各控件以及帮助文档中等。

3. 特殊符号

把一种语言翻译成另一种语言，同时还要注意目标语言的特殊符号，如标点符号、货币符号以及该目标语言所特有的其他符号。英语中的标点符号和亚洲语言的标点符号不太相同，英文的句号是一个圆点（单字节符号），而汉语和日语的句号都是一个小圆圈（双字节符号）。汉语中的标点符号是比较完备的，英文中通常用斜体表示书名，汉字则用"《》"表示书名。几乎各国都有表示自己货币的货币符号，如美元$、人民币￥。在翻译的过程中，这些符号是绝对不能出差错的。如果一个金融软件把本该用￥表示的地方用了$，后果将是不堪设想的。这些也都是本地化测试所应该特别注意的细节问题。

4. 目标语言的文化心理

翻译的时候要照顾到目标语言的文化心理，尤其是翻译其宣传品的时候，更要注意把它转换为与目标市场相适应的宣传。包装的规格和包装的颜色也应该留意。比如日本人比较忌讳数字4，就连4个一组包装的产品都不容易卖出去；美国人不太喜欢鲜艳的红色，那么宣传资料和包装纸就应该尽量避免大红的颜色。

翻译不能单纯地追求字与字的对译，这是没有必要的，也是不科学的。对于一些涉及文化方面的内容，最好能用本民族中相应的内容来替换，如中国人以红色为喜庆的颜色，中国人的结婚礼服都是红色的，而英美等国家则是白色的礼服，这里的红色和白色是一组对应物。本地化时，要把内容做相应的替换。

综上所述，在测试翻译时，应该遵循相应的原则，如翻译时，应该尽量使用简单的句子结构和语法，选择意义明确的词；检查翻译的内容是不是断章取义，是否会导致词不达意；如果在源文件中使用了缩写词，检查缩写词在第一次出现的时候是否正确地标出了它的全称，以便用户能够明白它的意思；检查在不同的国家标点符号、货币单位等是否显示正确。

在国际化基础上，本地化过程就相对简单。如果国际化没有做好，翻译和本地化的过程就会变为一个相当冗长的过程，其中包括将屏幕、对话框等重新设定，而且需要重建在线文件，图像和插图也可能需要更改。最后，计算机程序还可能需要做出某些修改去适应那些使用双字节字符的语言。

6.2.5 本地化测试的技术

对于整个本地化过程来说，语言转换的完成才只是完成了第一阶段。要使该软件真正投入使用，还有很多技术方面的问题有待解决，主要包括字符集问题、数据格式、页面显示和布局，以及配置和兼容性问题。其中，关于字符集问题已在前文中介绍过，在此不再赘述。

1. 数据格式

数字、货币和日期的表达方法在不同的国家格式也不尽相同，所以在把软件本地化时，也应该特别注意这些方面的问题，考虑到本地化格式的要求，否则就有可能出现错误。幸运的是，今天可以使用标准 APIs（比如微软提供的）来处理这类转换的问题。如果是由自己设计的显示方式或模式，就必须设计好其变量含义和处理方式、数据存储方式等去适应这种显示的要求。

在程序设计、编程时，可以通过一些特殊的函数来处理不同语言的数据格式。例如，使用自定义函数 LocLongdate()、LocShortdat()、LocTime()、LocNumberFormat() 等替换原来的 date() 函数，来处理日期的完整显示、简写、数字等不同的显示格式。现在我们先来看看不同地方表达数字、货币和日期等的不同格式，以供本地化测试人员参考。

（1）数字与货币

几乎每一个国家都有标志自己货币的特殊符号，如 $、¥、€ 等，这些符号出现在金额的前后也各不相同。很多欧洲语言使用逗号而不是小数点来表示千位，有的则使用句号或空格代替逗号。所以，本地化的软件也必须注意这个问题，如若不然，有可能一个顾客存入 5000 欧元，而却只能取出 5 美元。比如，相同数目的款项（4130.50）在美国、意大利和法国有三种不同的表达方式。

美国：$4,130.50

意大利：€ 4.130,50

法国：4130,50 €

（2）日期格式

不同国家的日期显示格式大都是不一致的。美国的标准是 MM/DD/YY 来显示月、日、年，也有很多不同的分割符号（如"/"和"-"）；欧洲（除少数例外）的标准是日、月、年（DD/MM/YY）；中国的标准则是年、月、日。下面以 2010 年 12 月 14 日为例来说明。

美国：12 / 14 / 2010 或 Dec.14，2010

英国：14.12.2010 或 14Dec，2010

中国：2010.12.15 或 2010 年 12 月 15 日

（3）时间

同样，各国时间的习惯表达方式也是不一样的，美国习惯上使用 12 小时来表达时间，而欧洲国家使用 24 小时模式来表达时间。如，同样是晚上 8：15，各国的表示方式分别如下。

美国：8：15 PM

德国：20：15

加拿大：20h15

（4）度量衡的单位

虽然许多国家开始使用国际公制度量系统，如米、千米、克、千克、升等，但美国、英国等一些国家仍旧使用英式度量单位，如英尺、英里、盎司、英镑等。因此，软件本地化必须解决公制和英式度量单位的转化问题，如用户可以自己设置度量衡体系，或提供不同度量单位之间的转换功能。

（5）复数问题

生成复数的规则因语言的不同而有差异。即使在英语中，复数的规则也并不是始终如一的，如 bed 的复数是 beds，而 leaf 的复数却不是 leafs，以下例子说明了复数的问题。如：

"%d program%s searched"和"%d file%s searched"

如果%d 大于 1，%s 将把 s 插入到该单词中去，从而组成其复数形式，该信息显示格式如下：

"1 program searched"和"1 file searched"

或者

"3 programs searched"和"3 files searched"

在英语中，这样编码是没有问题的，但是对于德语和多数其他欧洲语言，它们的复数规则却不是这样的，如：

program=programma，而其复数 programs=programmas's

file=bestand，而其复数 files=bestanden

在做本地化测试的时候，一定要注意这些地方是否被充分地考虑并做了适当的修改。

2. 页面显示和布局

在有些本地化软件中，有时会发现乱码的问题，这是由于没有设置相应的本地化字符集或字符编码方式不支持本地化语言所致。不同的浏览器或邮件接收软件的编码解码方式不同，解决这类问题的方法是：

1）开发本地化时应用自定义函数 GetCurCharse（）。

2）针对不同的浏览器采取不同的解码方法。

由于源代码没有充分考虑到国际化（I18N）版本的要求，很多软件本地化之后在页面的外观上会出现一些不尽如人意的地方。例如，没有翻译的字段、对齐问题、大小写问题、文字遮挡图像问题、乱码显示问题等。这些有表格设置所产生的问题，也有未考虑翻译后的文字扩展而产生的设计问题。本地化、国际化测试工程师应该指出这些地方，让开发人员尽快修改。

3. 配置和兼容性问题

软件本地化的配置和兼容性测试，是适应本地的一些特殊应用环境要求，所以兼容性测试也被称为本土测试，使软件产品或系统真正能适应本土的环境。本地化的兼容性测试包括本地的硬件（如键盘、打印机、扫描仪等）、第三方本地化软件等兼容性验证。比较有利的一面是多数硬件支持国际标准，如大多数外部设备都支持 USB 接口。其驱动程序也支持多字节字符集。这里以数据库、热键的兼容问题来展示软件本地化的配置和兼容性测试。

（1）数据库问题

软件本地化会涉及数据库的改动。例如，由于文本的"最大长度"属性只限制输入字符的长度，而非字节长度。当多字节字符解析成 NCR 形式（&#dddd），导致输入的字符长度超出数据库字段宽度，从而引起数据库一类的问题。在本地化过程中，要避免上述问题产生，有不同的解决方案。例如，可以在输入页面提交之前，检测输入字符的宽度是否超长或显示数据库操作错误。

（2）热键问题

在做本地化测试的时候，还有一个不能忽略的问题——热键问题。许多程序都为不同的命令设置了组合键（键盘快捷方式）。比如，在微软的 Word 中，可以同时按下 Ctrl 和 F 键打开"查找"对话框。组合键 Ctrl+F 就是代替鼠标选择 Word 编辑菜单中查找命令的快捷方式。通常，文字被翻译之后，原来的组合键很可能不再适用，我们需要为翻译过的文本设定新的组合键。新的组合键应该和本地操作系统环境相匹配，确保所有的组合键都是唯一的。不过中国、日本和韩国的版本，都沿用英文原有的组合键，所以本地化之后不存在这个问题。

此外，还有很多应该注意的技术问题，如对于欧洲语言的本地化，还有大小写字母转换的问题、连字符号连接规则、键盘的问题等。对于有些国家的本地化，例如希伯莱文和阿拉伯文还要考虑文字方向的问题等，这些都是在实际工作中会遇到的具体问题，这里就不一一详述了。

6.2.6 本地化的功能测试

任何一件产品，人们最关心的还是它所能提供的服务，因此功能的实现总是很重要。如果软件得到充分的 I18N 测试，在实施软件本地化过程中，一般不会产生功能方面的缺陷，功能方面的风险很小，但是，在实际工作中，源语言的 I18N 测试覆盖率并不高，一般在 80% 左右，还有 20% 的 I18N 特性需要在本地化测试阶段被验证，因此，软件本地化（L10N）的功能测试还是必要的。

要验证一个软件是否被正确地本地化，要在相对真实的环境下对软件的所有功能进行测试。这个过程可能会需要很多人的参与，比如市场销售人员、国内用户群体等。有条件的话，在本地化软件向市场发布之前，还应该让目标语言的语言专家来最后审稿。关于本地化软件的功能测试，可以同原软件相对比来进行。此外，还要注意是否能够正确地输入目标语言，输入之后是否能够正确显示等。

1. 集成测试

集成测试的一个重点是在客户端和服务器之间的相互作用，客户端的本地化往往考虑得比较充分，而服务器端有时会被忽视。如果源语言是单字节字符集的欧美语系（如英文、法文等），在转换为多字节字符集的目标语言（如中文、日文等）时，容易引起问题，如客户端发出的请求，服务器端不能识别，甚至会出现崩溃。

2. 索引和排序

英文排序和索引习惯上按照字母的顺序来编排，但是对于一些非字母文字（多字节文字）的国家（如亚洲许多国家、地区等），这种方法就不适用了。如中文就有按拼音、部首和笔画等不同的索引方法，即使是单字节文字的国家，其排序方法和英文也有较大不同。比如瑞典语，它的字母比英文字母多 3 个，在索引排序时也应加以考虑。所以，在本地化软件时，应该根据不同国家和地区的语言习惯分别加以考虑，在进行本地化测试的时候更应该仔细核对这些问题，如英文为源语言的软件，其本地化的瑞典语版本中，用来排序的有 29 个字母，在字母 A，B，C，X，Y，Z 后会增加几个特殊的字母——瑞典语中的 3 个字母，即 Ä、Å、Ö。

3.联机文档的功能测试

就像打印好的文档一样,测试人员应该验证任何一个在线文档的有效性、可用性。

本地化软件测试人员应该对它们进行功能测试,以确保它们能够正常工作,并且与目标市场的要求一致。

不论是 PDF 还是 HTML 格式的在线文档都应该在目标语言的操作系统下测试,确保其功能能够实现、字符能够正确显示。一般来说,主要检测这些文件的下述方面:

1)与目标语言操作系统的兼容性。
2)字体和图形能够正确显示。
3)与本地化的 Acrobat Reader 版本和 HTML 浏览器兼容。
4)超级链接的正常跳转。

根据 PDF 和 HTML 文件的高级特征,在对在线文档进行功能测试的时候,还可以加入其他的测试项目。

4.页面内容和图片

很多页面的内容都是文字和图片,正如我们此前所介绍的一样,同样的规则也适用于这里。测试人员应该时刻谨记 HTML 页面上有些文字不是一眼就能看到的。包括:

1)显示在浏览器界面顶部的页面标题。
2)图片的标题,当图片正在下载或者用户鼠标指向该图形时所显示的 ALT 属性。
3)超级链接的标题。

另外,还要确保站点上包含文字的图片也同时进行了本地化。

5.Web 链接和高级选项

测试员需要关注页面上的超级链接未被本地化或者链接到其他未被本地化的站点上去。如果可能的话,建议开发人员去修改这些链接,可以把它指向特定的站点(如果该链接所指向的站点有相应的本地化版本),或者用目标语言在这些链接旁给出提示,指出这些站点是外文的。

同时,测试人员还要关注很多站点日益增多的动态效果,以及应该去检查 CGI 脚本、Java 代码或脚本和 ActiceX applets 是否受到影响。

6.3　常用测试工具

Java 语言已经具有国际化和本地化的基本处理能力,提供了一些基本的国际化和本地化处理函数。但是,Java 应用程序的本地化和国际化工作依旧会面临一些困难,如消息获取、编码转换、显示布局和数据格式处理等。如果仅用手工来完成国际化和本地化的工作,将花费大量的时间和资源。因此要考虑采用工具来完成相应的工作,这就是 Java 国际化和本地化工具集（Java I18N/L10N ToolKit）。这个工具集包括5个工具——项目管理器、国际化检验工具、国际化消息生成工具、资源处理工具和翻译器，其中国际化消息生成工具能定义资源绑定（Resource Bundle），根据不同的区域参数来产生资源绑定文件，从而完成消息转换和获取。有了这个工具集，就可以从资源创建、配置、管理到最终验证报告的自动生成，可以高效率地处理软件的本地化工作。其中国际化检验工具就是国际化测试工具。

1. 字符集转化工具

Charset Convert Studio（Chilkat Software, Inc.）可以批处理 text 和 HTML 格式的文字内容，支持亚洲语系、阿拉伯语系、欧洲语系等。

Oracle 字符集扫描工具（Character Set Scanner Utility）在多字符集的数据库环境中，完成数据迁移和数据验证，可以按数据库、用户表和单个表来进行不同的扫描处理。

2. 国际化测试工具

OneRealm 的工具套件（http://www.onerealm.com）可以评估代码并识别国际化问题。

3. 本地化安装测试工具

本地化安装，卸载测试工具：InCtrl
ISO 文件测试辅助工具：Daemon Tools
MSI 文件测试辅助工具：Orca

4. 用户界面测试工具

Corel Catalyst 是一款功能强的、可视化的软件本地化工具，遵循 TMX 等本地化规范，具有自定义解析器的功能，支持多种资源文件格式，适用于软件资源（Resource）文件本地化翻译和工程处理。Catalyst 所提供的验证专家（Validate Expert）可用于本地化测试，以检查各种类型的本地化处理错误，例如，热键重复、热键不一致、控件重叠、控件截断、拼写错误等。Catalyst 还提供了其他功能：

Pseudo Translate Expert——伪翻译专家
Leverage Expert——重用本地化翻译资源
Generate Report——生成字数统计报告
Update Expert——更新资源文件
Quick Ship Expert——打包项目文件
Translator Toolbar——本地化翻译
Extract Terminology Expert——抽取本地化术语

Tool Proof 是由 Translation Craft 开发的本地化测试工具，与 Catalyst 类似，可以显示用户界面元素和对话框，可以查看控件尺寸是否正确以及检查其他本地化 UI 问题。

5. 在线文档测试工具

SDL International 公司的 HelpQA 和 HTMLQA 是分析大型帮助系统时的测试工具，可以检查链接和跳转，识别其他本地化问题。如果出现由于本地化引起的编译错误还会发出警告。

HTMLQA 用于测试源语言和本地化语言的项目文件的本地化质量。HTMLQA 可以执行一系列本地化 HTML 文件检查，发现在本地化后产生的问题（如删除了链接、格式标识符，遗漏图像引用等），确定本地化的 HTML 文件与源语言对应的 HTML 文件具有一致的功能。

在线字符集转化工具：http://www.kanjidlct.stc.cx/recode.php。

6. 翻译管理工具

翻译管理工具很多，主要有 TRADOS、SDLX、Wordfast、Catalyst、LocStudio、Passolo Software Localizer、Language Studio、Helium、Trans Suite 2000、Transit、Visual Localize 等。国内的产品有雅信 CAT、华建 IAT 等。这些软件功能部比较强大，能满足软件本地化翻译工作的需要。以 Passolo Software Localizer 为例，它具有功能特性有：

1）提供脚本引擎和自动化对象的接口，通过编写宏来扩展现有功能。
2）可以直接将程序的 GUI（图形用户界面）本地化为用户需要的语言。
3）可以与其他软件本地化工具交换数据，方便用户协同工作。
4）在可视化的环境下可以对程序实行本地化处理。
5）可以自动识别用户在本地化过程中出现的错误，并提出修复建议。
6）内置的翻译记忆技术，可以重复使用现有的译文。
7）模糊匹配技术搜索相似文本的译文，为翻译人员提供参考。

第 7 章 测试计划与测试文档

专业的测试工作必须以一个好的测试计划作为基础。尽管测试的每一个步骤都是独立的，但是必定要有一个起总体指导作用的测试计划。软件测试计划是整个测试工作的基本依据，在日常测试工作中，无论是手工测试还是自动化测试，都要以测试计划为纲，软件测试人员对计划所列的各项都必须逐一执行。

7.1 软件测试计划

系统的高可靠性是指系统在遇到故障时，能够尽量不受影响，或者把影响降到最低，并能够迅速地自动修正某些故障而恢复正常运行。因此可以看出，系统的高可靠性是在系统的分析、设计、编码和实施的过程中，通过测试过程而实现的。测试必须按照一定的方法、步骤和措施实施，以达到提高系统可靠性的目的。

7.1.1 制定测试计划的目的与原则

随着测试走向规范化管理，测试计划成为测试经理必须完成的重要任务之一。一般说来，要测试一个大型项目软件，需要编写上万个测试用例，并执行用例，检验测试结果。这个过程可能要涉及几百个模块，修改几千个故障，需要几十、几百人。软件测试计划作为软件项目计划的子计划，在项目启动初期是必须规划的。在越来越多公司的软件开发中，软件质量日益受到重视，测试过程也从一个相对独立的步骤转为越来越紧密地嵌套在软件整个生命周期中，这样，如何规划整个项目周期的测试工作，如何将测试工作上升到测试管理的高度都依赖于测试计划的制定。测试计划因此也成为测试工作展开的基础。如果测试人员之间不能很好地交流计划测试的对象、需要的资源以及进度安排等，则整个项目很难成功。因此，高效率的测试是经过计划的，需要运用一定的方法，包括条例、结构、分析和度量等。

1. 制定测试计划的目的

设计测试计划是一项重要的工作，主要目的如下所述。

（1）指导软件测试

在测试的过程中，经常会遇到一些问题而导致测试过程延误，如果提前做好防范，把其列入软件测试计划内，那么软件测试会更为顺利地进行。

在测试计划内列出风险评估，对于解决或避开风险将有很大的帮助。

（2）促进彼此沟通

测试的重点会根据所测试的产品不同而有所变化，如果把这些内容都列入测试计划中，那么就会让所有的测试人员在所进行的测试方向上达成一定的共识，从而避免产生认识偏差，促进测试人员之间的沟通。

（3）协助质量管理

测试计划可以让整体的软件测试采取系统化的方式来进行，从而让测试的管理更易进行。

2. 制定测试计划的原则

制定测试计划是软件测试中最有挑战性的一项工作，以下几个原则将有助于测试计划的制定工作。

（1）制定测试计划应尽早开始

即使还没掌握所有细节，也可以先从总体计划开始，然后逐步细化来完成大量的计划工作。尽早地开始制定测试计划可以大致了解所需的资源，并且在项目其他方面占用该资源之前进行测试。

（2）保持测试计划的灵活性

制定测试计划时应考虑能很容易地添加测试用例、测试数据等，测试计划本身应该是可变的，但是要受控于变更控制。

（3）保持测试计划简洁易读

测试计划没有必要很大、很复杂，事实上测试计划越简洁易读，它就越有针对性。

（4）尽量争取多方面来评审测试计划

多方面人员的评审和评价会对获得便于理解的测试计划很有帮助，测试计划应该像项目其他交付结果一样受控于质量控制。

（5）计算测试计划的投入

通常，制定测试计划应该占整个测试工作大约1/3的工作量，测试计划做得越好，执行测试就越容易。

7.1.2 测试计划的相关内容

1. 测试计划的内容

测试计划的主要内容如下：

（1）测试项目简介
- 归纳所要求测试的软件项和软件特性，可以包括系统目标、背景、范围及引用材料等。
- 在高层测试计划中，如果存在下述文件：项目计划、质量保证计划、有关的政策、有关的标准等，则需要引用它们。

（2）测试项

描述被测试的对象，包括其版本、修订级别，并指出在测试开始之前对逻辑关系或物理变换的要求。

（3）被测试的特性

指明所有要测试的软件特性及其组合，指明与每个特性或特性组合有关的测试设计说明。

（4）不被测试的特性

指出不被测试的所有特性和特性的有意义的组合及其理由。

（5）测试方法

- 描述测试的总体方法，规定测试指定特性组合需要的主要活动和时间。
- 规定所希望的测试程度，指明用于判断测试彻底性的技术，例如检查哪些语句至少执行过一次。
- 指出对测试的主要限制，例如测试项可用性、测试资源的可用性和测试截止期限等。

（6）测试开始条件和结束条件

- 规定各测试项在开始测试时需要满足的条件。
- 测试通过和测试结束的条件。

（7）测试提交的结果与格式

指出测试结果及显示的格式。

（8）测试环境

- 测试的操作系统和需要安装的辅助测试工具（来源与参数设置）。
- 软件、硬件和网络环境设置。

（9）测试者的任务、联系方式与培训

- 测试成员的名称、任务、电话、电子邮件等联系方式。
- 为完成测试需要进行的项目课程培训。

（10）测试进度与跟踪方式

- 在软件项目进度中规定的测试里程碑以及所有测试项的传递时间。
- 定义所需的新的测试里程碑，估计完成每项测试任务所需的时间，为每项测试任务和测试里程碑规定进度，对每项测试资源规定使用期限。
- 规定报告和跟踪测试进度的方式：每日报告、每周报告、书面报告、电话会议等。

（11）测试风险与解决方式

- 预测测试计划中的风险。
- 规定对各种风险的应急措施（延期传递的测试项可能需要加班、添加测试人员或减少测试内容）。

（12）测试计划的审批和变更方式

- 审批人和审批生效方式。
- 如何处理测试计划的变更。

2. 测试计划的层次

一般而言，测试计划可分为三个层次。

（1）概要测试计划

概要测试计划是软件项目实施计划中的一项重要内容，应当在软件开发初期，即需求分析阶段制定。这项计划应当定义测试对象和测试目标，确定测试阶段和测试周期的划分，制定测试人员、软硬件资源和测试进度等方面的计划，规定软件测试方法、测试标准以及支持环境和测试工具。例如，被测试程序的语句覆盖率要达到95%，错误修复率需要达到95%，所有决定不修复的轻微错误都必须经过专门的质量评审委员会同意等。

（2）详细测试计划

详细测试计划是针对子系统在特定的测试阶段所要进行的测试工作制定出来的，它详细规定了测试小组的各项测试任务、测试策略、任务分配和进度安排等。

（3）测试实施计划

测试实施计划是根据详细测试计划制定的测试者的测试具体实施计划，它规定了测试者在每一轮测试中负责测试的内容、测试强度和工作进度等。测试实施计划是整个软件测试计划的组成部分，是检查测试实际执行情况的重要依据。

3. 测试阶段的日程安排

清楚了划分阶段后，接下来的问题是测试执行需要多长时间，标准的工程方法或CMM方式是对工作量进行估算，然后得出具体的估算值。但是这种方法过于复杂，可以另辟专题讨论。一个简单的操作方法是：根据测试执行上一阶段的活动时间进行换算，换算方法是与上一阶段的活动时间之比，为1∶1.1～1∶1.5。例如，对测试经理来说，因为开发计划可能包含了单元测试和集成测试，所以系统测试的时间大概是编码阶段（包含单元测试和集成测试）的1～1.5倍。这种方法的优点是简单、依赖于项目计划的日程安排，缺点是水分太多、难以量化。那么，可以采用的另一个简单方法就是经验评估。评估方法具体如下：

• 计算需求文档的页数，得出系统测试用例的页数。

需求页数：系统测试用例的页数，大约为1∶1。

• 由系统测试用例的页数计算编写系统测试用例的时间。

编写系统测试用例的时间，大约为系统测试用例页数×1小时。

• 计算执行系统测试用例的时间。

编写系统用例用时：执行系统测试用时，大约为1∶2。

• 计算回归测试包含的时间。

系统测试用时：回归测试用时，大约为2∶1。

注意：以上只是个人经验值，需要更正比值的测试可以在具体实践中收集数据。基于评估方法的优点是需求为已知的，可以利用已知来推算未知，适用于需求是已知且相对稳定的情况；缺点是处于研发状态的项目需求不清晰时比较难计算。

4. 测试计划规格说明

在测试计划详细制定阶段应使用更多特定的软件信息，以预测软件各阶段的可测试性。测试的层次需要基于特定的环境来定义，包括人员、硬件、软件、接口、数据甚至测试人员的观点等。为特定层次创建测试计划时要能够理解与该层次相关的各种因素，包括产品风险、资源约束、人员和培训需求、进度安排、测试策略以及其他一些因素。测试计制规格说明主要包括环境说明、策略说明、技术说明和操作说明。

（1）环境说明

该部分描述每个测试场所的软件测试环境，如图 7-1 所示。对执行测试所需的物理构件进行文档化有助于识别测试需求和实际存在之间的差异。其内容要说明需要的测试环境应具备的属性，包括硬件、通信和系统软件等方面的物理特件，使用模式以及需要用来支持测试的其他任何软件或设施。

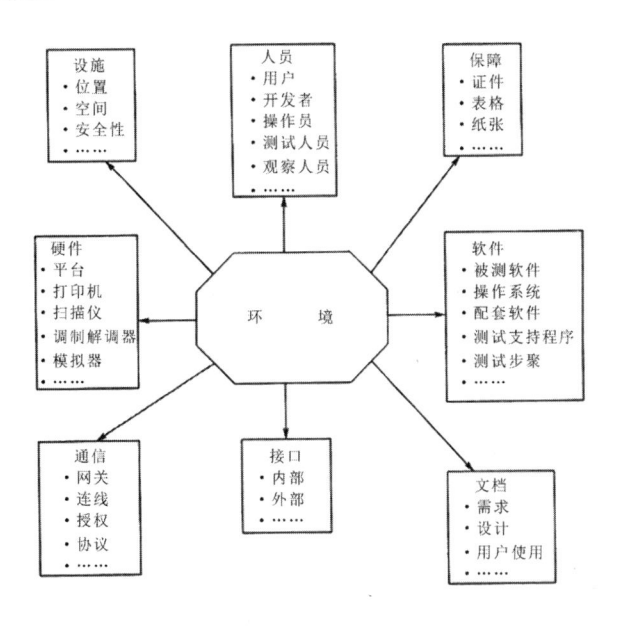

图 7-1 环境说明

对于由测试小组执行的独立测试和集成测试而言，测试环境相对稳定，它由开发者完成并满足需求的有关对象组成。软件测试环境应规定测试设施、系统软件以及其他软件、数据、硬件等构件所提供的安全性等级。另外，还要说明以下内容：
- 需要的特殊测试工具。
- 任何其他测试需要。
- 如果目前测试小组还不具备这些需要的设施，那么给出获取来源。

测试环境最初配备的是各个对象最新的可用版本，当开发环境出现最新经过变更的对象时，就要进行更新。要尽可能把测试环境配置成为接近系统真实使用环境。如果一个系统将来会在多种不同的配置下运行，那么需要决定是在测试时复制所有这些配置，还是仅使用风险最大或最常用的配置，或是这二者相结合。

（2）策略说明

该部分是测试计划的核心，需要描述怎样执行测试，并对影响系统成功测试的每个方面进行阐述。另外，针对每个特定阶段解释其测试实施所用的策略，包括从一个阶段到另一个阶段的开始和结束准则。测试策略整体描述每个测试阶段中用到的方法和技术，以及整个测试过程中包含的步骤。策略说明应描述将要在每个阶段实施的测试方法。

该部分要识别出所有软件特征、被测软件特征的组合以及与它们相关的设计规格说明，对所有的不被测试的特征以及重要特征进行组合，以及需要从用户角度说明系统将会做什么。此外，还要从配置管理或版本控制角度给出不对其进行测试的合理解释。

需要在策略说明中事先定义整个测试计划的结束标准，同时要为每个阶段设立一些基准或检查表，以判断一个测试阶段是否已经完成，即其中一定比例的测试用例发现了最少规定数目的缺陷，并且代码覆盖工具表明所有代码都被覆盖到。

（3）技术说明

测试计划规格说明的另一个主要内容是：必须选择一组合适的工具和自动化技术。测试工具可以对开发及测试人员产生极大的帮助，但如果测试工具的选择和使用未经过谨慎的计划和考虑，那么很可能引起灾难。与手工执行测试用例相比，有些工具用于开发、实现以及第一次运行测试用例可能需要更多的时间。为了选择合适的工具，需要对工具的选择和使用建立需求。实际上，可能没有一种特定类型工具能够达到所有的要求，工具的不同潜在用户也可能具有不同的需求。因此，有时需要在同一类工具中选择几种以满足被测系统在多种不同环境下运行的情况。

（4）操作说明

测试操作是执行所有或选定测试用例并观察运行结果的过程。尽管测试操作需要在整个软件开发生命周期中进行准备和计划，但操作本身主要在开发生命周期末期或接近末期时执行。测试操作的副产品包括测试事件报告、测试日志、测试执行状态和结果等，如图7-2所示。每个测试用例的结果都需要记录。如果测试是自动化的，工具将记录输入和结果。如果测试是手工的，则需要在测试用例文档中记录结果。另外还要记录测试用例是通过还是失败，失败的测试用例要生成一个事件报告。测试日志对测试用例执行的相关细节按时间顺序进行记录，其目的是便于测试人员、用户、开发人员及其他相关人员之间共享测试信息，而且便于复现测试中面临的状况。

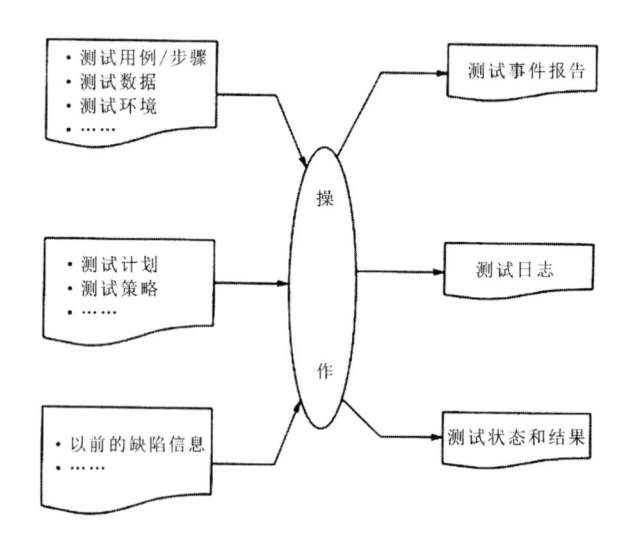

图 7-2 操作说明

事件定义为执行测试时出现的任何非正常结果,可分为存在缺陷或超预期增强这两种情况。如果是一个无关紧要或不记入的结果,仅记录事件的当时状况即可。事件报告为软件事件记录提供了一种正式的机制。测试执行状态报告通常是一种正式的交流渠道,测试管理者可以利用该报告把测试小组当前进展情况通知给组内其他部门。测试总结报告用来总结测试活动的结果,并基于这些结果进行评价。它使得测试管理者能够对测试过程进行总结,并识别软件的局限性以及失效的可能性。

5. 测试计划举例

图 7-3 所示是一份测试计划目录。

```
1. 总论                    4. 测试组织
   1.1 项目背景                4.1 测试团队结构
   1.2 项目目标                4.2 功能划分
   1.3 系统视图                4.3 联系方式
   1.4 文档目标             5. 资源需求
   1.5 文档摘要                5.1 培训需求
2. 测试策略                   5.2 硬件需求
   2.1 总体策略                5.3 软件需求
   2.2 测试范围                5.4 办公室空间需求
   2.3 风险分析                5.5 相关信息保存位置
3. 测试方法              6. 时间进度安排
   3.1 里程碑技术           7. 测试过程管理
   3.2 测试用例设计            7.1 测试文档
   3.3 测试实施过程            7.2 缺陷处理过程
   3.4 测试通过标准
   3.5 测试挂起标准
```

图 7-3 测试计划目录

7.1.3 制定测试计划面临的问题及注意事项

1. 制定测试计划面临的问题

制定测试计划时,测试人员可能面对以下几方面问题。

(1)与开发者的意见不一致

开发者和测试者对于测试工作的认识经常处于对立状态,双方都认为对方一心想要占上风。这种心态只会牵制项目,耗费精力,还会影响双方的关系,而不会对测试工作起任何积极作用。

(2)缺乏测试工具

项目管理部门可能对测试工具的重要性缺乏足够的认识,导致人工测试在整个测试工作中所占比例过高。

(3)培训不够

相当多的测试人员没有接受过正规的测试培训,这会导致测试人员对测试计划产生大量的误解。

(4)管理部门缺乏对测试工作的理解和支持

对测试工作的支持必须来源于上层,这种支持不仅仅是投入资金,还应该对测试工作遇到的问题给出一个明确的态度，否则，测试人员的积极性将会受到影响。

（5）缺乏用户的参与

用户可能被排除在测试工作之外，或者可能是他们自己不想参与进来。事实上，用户在测试工作中的作用相当重要，他们能确保软件符合实际需求。

（6）测试时间不足

测试时间不足是一种普遍的抱怨，问题在于如何将计划各部分划分出优先级，以便在给定的时间内测试应该测试的内容。

（7）过分依赖测试人员

项目开发人员知道测试人员会检查他们的工作，所以他们只集中精力编写代码。对代码中的问题产生依赖心理，这样通常会导致更高的缺陷级别和更长的测试时间。

（8）测试人员处于进退两难的状态

一方面，如果测试人员报告了太多的缺陷，那么大家会责备他们延误了项目；另一方面，如果测试人员没有找到关键性的缺陷，大家会责备他们的工作质量不高。

（9）不得不说"不"

对于测试人员来说这是最尴尬的境地，有时不得不说"不"。项目相关人员都不愿意听到这个"不"字，所以测试人员有时也要屈从于进度和费用的压力。

2. 制定测试计划应注意的事项

做好软件的测试计划不是一件容易的事情，需要综合考虑各种影响测试的因素。为了做好软件测试计划，需要注意以下几个方面。

（1）明确测试的目标，增强测试计划的实用性

大部分应用软件都包含丰富的功能，因此，软件测试的内容千头万绪。在纷乱的测试内容之间提炼测试的目标，是制定软件测试计划时非常重要的工作。测试目标必须是明确的，可以量化和度量的，而不是模棱两可的宏观描述。另外，测试目标应该相对集中，避免罗列出一系列轻重不分的目标。根据对用户需求文档和设计规格文档的分析，确定被测软件的质量要求和测试需要达到的目标。

编写软件测试计划的重要目的就是使测试工作能够发现更多的软件缺陷，软件测试计划的价值就在于它能够帮助管理测试项目，并且找出软件潜在的缺陷。因此，软件测试计划中的测试范围必须高度覆盖功能需求，测试方法必须切实可行，测试工具必须具有较高的实用性并便于使用，生成的测试结果必须直观、准确。

（2）坚持"5W"规则，明确内容与过程

"5W"规则中的W分别是指"What（做什么）"、"Why（为什么做）"、"When（何时做）"、"Where（在哪里）"、"How（如何做）"。利用"5W"规则创建软件测试计划，可以帮助测试团队理解测试的目的（Why），明确测试的范围和内容（What），确定测试的开始和结束日期（When），指出测试的方法和工具（How），给出测试文档和软件的存放位置（Where）。

为了使"5W"规则更具体化，需要准确理解被测软件的功能特征、应用软件的行业的知识以及软件测试技术，在测试计划中突出关键部分，分析测试的风险、属性、场景以及采用

的测试技术。测试人员还要对测试过程的阶段划分、文档管理、缺陷管理、进度管理给出切实可行的方案。

（3）采用评审和更新机制，保证测试计划满足实际需求

测试计划完成后，如果没有经过评审，直接发送给测试团队，测试计划的内容可能不准确或遗漏测试内容，或者软件需求变更引起测试范围的增减，而测试计划的内容没有及时更新，误导测试执行人员。

测试计划包含多方面的内容，编写人员可能受自身测试经验和对软件需求的理解所限，而且软件开发是一个渐进的过程，所以最初创建的测试计划可能是不完善的、需要更新的。需要采取相应的评审机制对测试计划的完整性、正确性、可行性进行评估。例如，在创建完测试计划后，提交到由项目经理、开发经理、测试经理、市场经理等组成的评审委员会审阅，根据审阅意见和建议并进行修正和更新。

（4）分别创建测试计划与测试策略

测试策略是软件测试计划模板中的一项，也是软件测试计划的核心和精华所在。测试计划从宏观上说明一个项目的测试需求、测试方法、测试人员安排等，而测试策略就从微观上说明在实际的测试过程中具体怎样实施。

一般测试策略都要占用不少的篇幅，而我们编写软件测试计划要避免的一种不良倾向是测试计划的"大而全"，长篇大论，重点不突出，所以有时候我们可以把测试策略从测试计划中分离出来，单独撰写一个文档。

7.1.4 制定测试计划的具体实施

制定测试计划时，由于软件公司的背景不同，撰写的测试计划文档也略有差异。因此，在制定测试计划时，使用正规化文档是较好的选择。为使用方便，在这里给出 IEEE 829-1998 软件测试计划文档模板，如图 7-4 所示，这个测试计划需要规定测试活动的范围、方法、资源、进度、要执行的测试任务以及每个任务的人员安排等。在实际应用中可根据实际测试工作情况对模板增删或部分修改。

根据 IEEE 829-1998 软件测试文档编制标准的建议，测试计划需要包含 16 个大纲要项，下面就对这些大纲要项作简要说明。

1. 测试计划标识符

测试计划标识符是一个由公司生成的唯一标识，它便于跟踪测试计划的版本、等级以及与测试计划相关的软件版本等。

2. 简要介绍

测试计划的介绍部分主要是对测试软件基本情

```
IEEE 829-1998 软件测试文档编制标准
       软件测试计划文档模板
              目录
1. 测试计划标识符
2. 简要介绍
3. 测试项目
4. 测试对象
5. 不需要测试的对象
6. 测试方法（策略）
7. 测试项通过/失败的标准
8. 中断测试和恢复测试的判断准则
9. 测试完成所提交的材料
10. 测试任务
11. 测试所需的资源
12. 职责
13. 人员安排与培训需求
14. 测试进度表
15. 风险及应急措施
16. 审批
```

图 7-4　IEEE 软件测试计划文档模板

况的介绍和对测试范围的概括性描述。测试软件的基本情况主要包括产品规格（制造商和软件版本号的说明），软件的运行平台和应用的领域，软件的特点和主要的功能模块的特点，数据是如何存储、如何传递的（数据流图），每一个部分是怎么实现数据更新的以及一些常规性的技术要求（比如需要什么样的数据库）等。对于大型测试项目，测试计划还要包括测试的侧重点。对测试范围的概括性描述可以是："本测试项目包括集成测试、系统测试和验收测试，但是不包括单元测试，单元测试由开发人员负责进行，超出本测试项目的范围"。另外，在简要介绍中还要列出与计划相关的经过核准的全部文档、主要文献和其他测试依据文件，如项目批文，项目计划等。

3. 测试项目

测试项目包括所测试软件的名称及版本，需要列出所有测试单项、外部条件对测试特性的影响和软件缺陷报告的机制等。测试项目纲领性描述在测试范围内对哪些具体内容进行测试，确定一个包含所有测试项在内的一览表，凡是没有出现在这个清单里的工作，都排除在测试工作之外。

这部分内容可以按照程序、单元、模块来组织，具体如下：

（1）功能测试

理论上测试要覆盖所有的功能项，例如，在数据库中添加、编辑、删除记录等，这会是一项浩大的工程，但是有利于测试的完整性。

（2）设计测试

设计测试是检验用户界面、菜单结构、窗体设计等是否合理的测试。

（3）整体测试

整体测试需要测试到数据从软件中的一个模块流到另一个模块的过程中的正确性。

（4）其他

与测试项相关的事件报告。

总的来说，测试需要分析软件的每一部分，明确它是否需要测试。如果没有测试，就要说明不测试的理由。如果由于误解而使部分代码未做任何测试，就可能导致没有发现软件潜在的错误或缺陷。但是，在软件测试过程中，有时会对软件产品中的某些内容不做测试，这些内容可能是以前发布过的，也可能是测试过的软件部分。

4. 测试对象

测试计划的这一部分需要列出待测的单项功能及功能组合。这部分内容与测试项目不同，测试项目是从开发者或程序管理者的角度计划测试项目，而测试对象是从用户的角度规划测试的内容。例如，如果测试某台自动取款机的软件，其中的"需要测试的功能"可能包括取款功能、查询余额功能、转账以及交付电话费、水电费功能等。

5. 不需要测试的对象

测试计划中这一部分用来记录不予测试对象的特征和理由。对某个特征不予测试的理由很多：可能是因为该特征没有发生变化，可能是因为它还不能投入使用，或者是因为它有良好的质量记录。但是，通常来讲，不予测试的特征基本是具有相对较低的测试风险。

6. 测试方法

这部分是测试计划的核心所在，这部分内容包括：描述如何进行测试，解释对测试成功与否起决定作用的所有问题；测试方法的确定；测试资源获取途径；测试中的配置管理问题；测试度量的收集与确认；测试工具的选择；测试中的沟通策略等。

7. 测试项通过/失败的标准

测试项通过/失败的标准是由通过和失败的测试用例，bug 的数量、类型、严重性和位置，可使用性、可靠性或稳定性来描述的，如通过的测试用例所占的百分比；缺陷的数量、严重程度和分布情况；测试用例覆盖；用户测试的结论；文档的完整性和性能标准。

8. 中断测试和恢复测试的判断准则

测试计划的这部分内容的目的是：找出所有授权对测试进行暂时中断的条件和恢复测试的标准。常用的中断准则包括：在关键路径上的未完成任务；大量的 Bug；严重的 Bug；不完整的测试环境和资源短缺等。

9. 测试完成所提交的材料

测试完成所提交的材料包括如下一些例子：测试计划、测试设计规格说明、测试用例、测试规程、测试日志、测试意外事件报告、测试总结报告、测试数据、自定义工具等。

10. 测试任务

测试计划中这一部分需要给出测试前的准备工作以及测试工作所需完成的一系列任务。在这里还需要列举所有任务之间的相互关系和完成这些任务可能需要的特殊技能。在制定测试计划时，常常将这部分内容与"测试人员的工作分配"项一起描述，以确保每项任务都由专人完成。

11. 测试所需的资源

测试所需的资源是实现测试策略所必需的。在测试开始之前，要制定一个项目测试所需的资源计划，包含每一个阶段的任务所需要的资源。当发生资源超出使用期限或者资源共享出现问题等情况的时候，要更新这个计划。在该计划中，测试期间可能用到的任何资源都要考虑到。测试中经常需要的资源包括：人员、设备特性、空间、特殊的测试工具，以及各类通信设备、参考书、培训资料等其他资源。

12. 测试人员的工作职责

可以通过职责矩阵描述各种角色的职责。横向是测试任务的分解，纵向是测试参与人员。测试任务职责分配如图 7-5 所示，图中"×"表示横向的职责分配和纵向的测试参与人。

13. 人员安排与培训需求

测试人员的工作职责是明确哪类人员（管理、测试和程序员等）负责哪些任务。人员安排与培训需求是明确测试人员具体负责软件测试工作的哪些部分以及他们需要掌握的技能。实际工作中的任务分配表应该尽量详细，要确保软件的每一部分都有人进行测试，每一名测

	协助MTP开发	开发系统测试计划	开发集成/单元测试计划	建立工作版	维护测试环境	实现脚本1~22的自动化	为特征A开发TDS	为特征B开发TDS	为特征C开发TDS	任务A、任务B、任务C等
开发经理(Crissy)		×								
测试经理(Rayanne)	×									
测试领导1(Lee)						×	×			
测试领导2(Dale)								×	×	
测试领导3(Frances)			×							
测试环境协调员(Wilton)					×					
程序库管理者(Jennifer)			×							

图 7-5 测试任务职责分配

试员都应该清楚地知道自己应该负责什么，而且有足够的信息开始设计测试用例。

培训需求通常包括学习如何使用某个工具、测试方法、缺陷跟踪系统、配置管理，或者与被测试系统相关的业务基础知识。培训需求各个测试项目会各不相同，它取决于具体项目的情况。

14. 测试进度表

测试进度表应该依据测试项目中的里程碑来编写，如各种测试文档和模块的交付日期等，测试中的这些里程碑的详略程度各不相同，它取决于正在编写的测试计划的等级。在项目初期，通常是采用编制一个没有规定日期的普通进度表的形式；确定各种任务所需要的时间、各种任务的依赖关系，但是并不制定具体的开始日期和完成日期。

测试进度表控制测试工作中所有的活动，为所有测试活动的管理提供明确表示。如果需要，进度表还可以包括或定义任何额外的里程碑。它对每项测试任务需要的时间进行估计，对每个测试任务和测试里程碑给出时间安排。另外还要说明每种测试资源的使用周期。该部分包含整个项目进度安排，探讨与质量保证相关的阶段和关键里程碑。它还应给出每个测试阶段的测试目标以及使用的标准，例如可用性测试、代码完全覆盖、β 测试、集成测试、回归测试、系统测试等。

15. 风险及应急措施

风险及应急措施需要列出测试过程中可能存在的一些风险和不利因素，并给出规避方案。软件测试人员要明确地指出计划过程中的风险，并与测试管理员和项目管理员交换意见。这些风险应该在测试计划中明确被指出，在安排进度中予以考虑。有些风险是真正存在的，而有些风险最终可能没有出现，但是列出风险是必要的，这样可以避免在项目晚期发现时感到惊慌。一般而言，大多数测试小组都会发现自己能够支配的资源有限，不可能穷尽软件测试的所有方面。如果能勾画出风险的轮廓，将有助于测试人员排定待测试项的优先顺序，并且有助于测试人员集中精力去关注那些极有可能发生失效的领域。

典型的计划风险包括：不现实的交付日期；员工的可用性；预算；环境选项；工具清单；采购进度表；参与者的支持；培训需求；测试范围；资源可用性；劣质软件等。可能存在的应急措施为：缩小应用程序的范围；推迟实现；增加资源；减步质量过程等。

16. 审批

审批人应该是有权宣布已经为测试工作转入下一个阶段做好准备的人或组织。测试计划审批部分中一个重要的部件是签名页，审批人除了在适当的位置签署自己的名字和日期外，还应该表明他们是否建议通过评审的意见。

7.1.5 测试计划与测试过程

软件测试计划是对测试过程的一个整体上的设计。通过收集项目和产品相关的信息，对测试范围、测试风险进行评估，对测试用例、工作量、资源和时间等进行估算，对测试采用的策略、方法、环境、资源、进度等做出合理的安排。因此，测试计划的要点包括确定测试范围、制定测试策略、测试资源安排、进度安排和风险与对策。

1. 确定测试范围

首先要明确测试的对象，有些对象是不需要测试的，比如大部分软件系统的测试不需要对硬件部分进行测试。但有些对象则必须进行测试。有时测试的范围是比较难判断的，例如，对于一些整合型的系统，是将若干个已有的系统整合起来，形成一个新的系统，那么就需要考虑测试的范围是包括所有子系统，还是仅仅测试接口部分，需要结合整合的方式、系统之间的通信的方式等来决定。

2. 制定测试策略

测试策略包括宏观的测试战略和微观的测试战术，如图 7-6 所示。

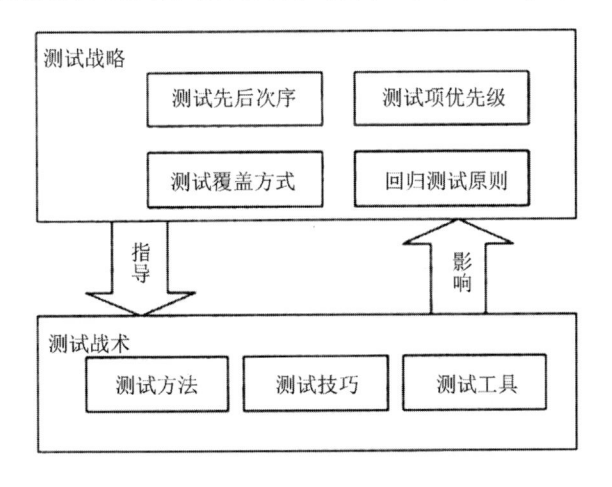

图 7-6 测试策略

(1)宏观的测试战略

主要包括测试的先后次序、测试的优先级、测试的覆盖方式、回归测试的原则等。为了设计出好的测试战略，需要了解软件的结构、功能分布、各模块对用户的重要程度等，从而决定测试的重点、优先次序。为了达到有效覆盖，需要考虑测试用例的设计方法。尽可能用最少的测试用例发现最多的缺陷，尽可能用精简的测试用例覆盖最广泛的状态空间，考虑哪些测试用例使用自动化方式实现，哪些使用人工方式验证，等等。

回归测试也需要充分考虑，根据项目的进度安排、版本的迭代频率等，合理安排回归测试的方式，同时也要结合产品的特点，功能模块的重要程度、出错的风险等来制定回归测试的有效策略。

(2)微观的测试战术

即采用的测试方法、技巧和工具等。制定测试计划时需要结合软件采用的技术、架构、协议等，来考虑如何综合各种测试方法和手段，是否需要进行白盒测试，采用什么测试工具进行自动化测试和性能测试等。

3.有效地利用测试资源

通过充分估计测试的难度、测试的时间、工作量等因素，来决定测试资源的合理利用。根据测试对象的复杂度、质量要求，结合经验数据对测试工作量做出评估，从而确定需要的测试资源。

确定测试人员的时间及参与测试的方式。如果需要招聘人员，还要考虑招聘计划。要对测试人员的技能要求进行评估，适当制定培训计划。

4.合理地安排进度

测试的进度安排需要结合项目的开发计划、产品的整体计划进行考虑，还要根据测试本身的各项活动进行安排。把测试用例的设计、测试环境的搭建、测试报告的编写等活动列入进度安排表，如图 7-7 所示。

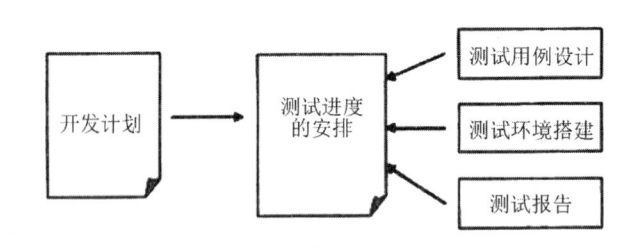

图 7-7 测试进度安排需要考虑的因素

在实际应用中，很难完全按照开发计划一一对应，因为有些开发阶段出来的东西是不需要测试的，例如有些模块是基础模块或核心模块，只能进行白盒测试。这些模块的测试可能是这个项目的测试活动不需要涉及的，或者是因为测试组没有这样的资源来进行这种类型的测试，或者是短时间的白盒测试不能取得明显的效果，于是节省下资源通过其他方式进行测试。

5. 评估风险

最后不要忘记对测试过程中可能遇到的风险进行评估，制定出相应的应对策略。通常，可能遇到的风险是项目计划的变更，测试资源或者说测试人员不能及时到位等。制定测试计划时应该根据项目的实际情况进行评估，并做出合理、有效的应对策略。对于项目计划的变更，可以考虑建立更加通畅的沟通渠道。让测试人员能及时了解到变更的情况，以及变更的影响，从而做出相应的改变，例如测试计划的调整等。

7.1.6 测试计划的变更控制

测试计划改变了以往根据任务进行测试的方式，因此，为使测试计划得到贯彻和落实，测试组人员必须及时跟踪软件开发的过程，对产品提交测试做准备，测试计划的目的本身就是强调按规划的测试战略进行测试，淘汰以往以任务为主的临时性。在这种情况下，测试计划中强调对变更的控制显得尤为重要。

对于项目计划的变更，除了测试人员及时跟进项目以外，项目经理也必须认识到测试组也是项目成员，因此必须把这些变更信息及时通知到项目组，使整个项目得到顺延。项目计划变更一般都涉及日程变更，令人遗憾的是，往往由于进度的原因，交付期限是既定的，项目经理不得不减少测试的时间，这样，执行测试的时间就被压缩了。在这种情况下，测试经理经常固执地认为进度缩减的唯一方法就是向上级通报并主观认为产品质量一定会下降，这种做法和想法不一定是正确的。由于时间不足，不能"完美"地执行所有测试，为了保证质量，可进行以下项目计划的变更。

1. 项目计划的变更

项目计划的变更是调整测试计划中的测试策略和测试范围。实践中测试经理经常忽略测试计划的这一步。调整的目的是重新检查不重要的测试部分，调换测试的次序和减少测试规模，对测试类型重新组合择优，力求在限定时间内做最重要部分的测试，可以把忽略部分留给确认测试或现场测试。其他应对办法包括减少进入测试的阻力，如降低测试计划中系统测试准入准则；分步提交测试，如改成迭代方式增量测试；减少回归测试的要求，如开发人员实时修改，在测试计划中对缺陷修复响应时间和过程进行约定；和公司 QA 商量进行简化配置管理，跳过正式发布环节；缺陷进行局部回归，而不是重新全部测试等。

2. 需求的变更

项目进行过程中最不可避免的就是需求的变更。在测试计划中就不能进行控制和约束吗？答案是未必。当制定计划时，如果项目需求处于动态变化，则在测试用例章节就要进行说明。许多测试经理在编制测试用例时往往没有把测试用例和测试数据进行区分，因此造成的问题是当需求变化时，之前设计的数据就作废了。这时，假设面临一个需求动态的项目，必须在计划中对需求变更造成的测试（设计）方式变化进行说明，如采用用例和数据分离、流程和界面分离、字典项和数据元素分离的设计方式，然后等到最终需求确定后细化测试设计；另一个方面是最好制定一个变更周期的约定——尤其在执行测试阶段发现需求的变更——定义变更的最大频度和重新测试的界限，计划从一定程度上能够降低不可预期需求变化造成的投入损失。值得注意的是，需求发生变更时测试经理额外的工作是记住要在需求跟踪矩阵上做记录。

3. 测试产品版本的变更

对于测试产品版本的变更，除了部分是由于需求变更造成的之外，更有可能是由于修改缺陷引发的问题或配置管理不严格造成的。众所周知，测试必须基于一个稳定的"基线"进行，否则，因反复修改造成测试资源和开发资源的浪费是可观的。合理的测试计划在章节中应增加一个测试更新管理的章节，在此章节中明确更新周期和暂停测试的原则，如小版本的产品更新不能大于每天3次，一个相对大的版本不能每周大于1次，规定紧急发布产品仅限于何种类型的修改或变更由谁负责继续维护和同步更新测试环境。测试计划通常制定了准入和准出准则，这是不够的，要考虑测试暂停的时候产品错误发布或者服务器数据更新就是一个例子，暂停的时候如果测试经理不进行跟踪，可能发生测试组等待测试而没人通知继续测试的情况，所以，增加更新周期和暂停测试原则是很有必要的。

4. 测试资源的变更

测试资源的变更是源自测试组内部的风险，而非开发组的风险，当测试资源不足或冲突，测试部门不可能安排如此多的人手和足够的时间参与测试时，在测试计划中的控制方法与测试时间不足相似，没有测试经理愿意承担资源不足的测试工作，只能说公司本身是否具备以质量为主的体系或者项目经理对产品质量的重视程度如何决定了对测试资源投入的大小，最终产品质量的取决因素不仅仅在于测试经理。为了排除这种风险，除了像时间不足、测试计划变更时那样缩减测试规模等方法以外，测试经理必须在人力资源和测试环境一栏标出明确需要保证的资源。否则，必须将这个问题当作风险记录。避免风险的办法有以下几种：

- 项目组的需求和实施人员参与系统测试。
- 抽调不同模块开发者进行交叉系统测试或借用其他项目开发人员。
- 组织客户方进行确认测试或发布 β 版本。

尽管上面尽可能地描述了测试计划如何制定才能"完美"，但还存在的问题是对测试计划的管理和监控。一份计划投入再多的时间去做也不能保证按照这份计划实施。好的测试计划是成功的一半，另一半是对测试计划的执行。对小项目而言，一份更易于操作的测试计划更为实用；对中型乃至大型项目而言，测试经理的测试管理能力就显得格外重要，要确保计划不折不扣地执行下去，测试经理的人际谐调能力、项目测试的操作经验、公司的质量现状都能够对项目测试产生足够的影响。另外，计划也是"动态的"。不必把所有的因素都囊括进去，也不必针对这种变化额外制定"计划的计划"，测试计划的制定不能在项目开始后束之高阁，而是要紧追项目的变化，实时进行思考和贯彻，根据现实修改，然后成功实施，这才能实现测试计划保证项目产品质量的最终目标。

7.2 软件测试文档

测试文档记录和描述了整个测试流程，它是整个测试活动中非常重要的文件。测试过程实施所必备的核心文档是测试计划、测试用例（大纲）和软件测试报告。软件测试是一个很复杂的过程，涉及软件开发其他阶段的工作，对于提高软件质量、保证软件正常运行有着十分重要的意义，因此必须把对测试的要求、过程及测试结果以正式的文档形式写下来。软件测试文档用来描述要执行的测试及测试的结果。可以说，测试文档的编制是软件测试工作规范化的一个重要组成部分。

7.2.1 软件测试文档的内容

软件测试文档不只在测试阶段才开始考虑，它应在软件开发的需求分析阶段就开始着手编制，软件开发人员的一些设计方案也应在测试文档中得到反映，以利于设计的检验。测试文档对于测试阶段的工作有着非常明显的指导作用和评价作用。即便在软件投入运行的维护阶段，也常常要进行再测试或回归测试，这时仍会用到软件测试文档。

整个测试流程会产生很多个测试文档，一般可以把测试文档分为两类：测试计划和测试分析报告。

测试计划文档描述将要进行的测试活动的范围、方法、资源和时间进度等。测试计划中罗列了详细的测试要求，包括测试的目的、内容、方法、步骤以及测试的准则等。在软件的需求和设计阶段就要开始制定测试计划，不能在开始测试的时候才制定测试计划。通常，测试计划的编写要从需求分析阶段开始，直到软件设计阶段结束时才完成。

测试报告是执行测试阶段的测试文档，对测试结果进行分析说明。说明软件经过测试以后，结论性的意见如何，软件的能力如何，存在哪些缺陷和限制等，这些意见既是对软件质量的评价，又是决定该软件能否交付用户使用的依据。由于要反映测试工作的情况，自然应该在测试阶段编写。

测试报告包含了相应的测试项的执行细节。软件测试报告是软件测试过程中最重要的文档，记录问题发生的环境，如各种资源的配置情况，问题的再现步骤以及问题性质的说明。测试报告更重要的是还记录了问题的处理进程，问题的处理进程从一定角度上反映了测试的进程和被测软件的质量状况以及改善过程。

《计算机软件测试文档编制规范》国家标准给出了更具体的测试文档编制建议，其中包括以下几个内容：

- 测试计划：描述测试活动的范围、方法、资源和进度，其中规定了被测试的对象、被测试的特性、应完成的测试任务、人员职责及风险等。
- 测试设计规格说明：详细描述测试方法、测试用例设计以及测试通过的准则等。
- 测试用例规格说明：测试用例文档描述一个完整的测试用例所需要的必备因素，如输入、预期结果、测试执行条件以及对环境的要求、对测试规程的要求等。
- 测试步骤规格说明：测试规格文档指明了测试所执行活动的次序，规定了实施测试的具体步骤。它包括测试规程清单和测试规程列表两部分。
- 测试日志：日志是测试小组对测试过程所作的记录。
- 测试事件报告：报告说明测试中发生的一些重要事件。
- 测试总结报告：对测试活动所作的总结和结论。

上述测试文档中，前四项属于测试计划类文档，后三项属于测试分析报告类文档。

7.2.2 测试文档的作用

测试文档在测试过程中的重要作用可以从如下几个方面看出。

1. 测试文档有助于测试任务的完成

为了创建一个好的测试计划，在开发该计划时必须以一种系统的方式对程序进行调查，使得对程序的处理更清晰、更彻底、更有效。在测试规划期间创建的清单和图表也会在一定程度上提高测试人员测试程序的能力。

（1）提高测试覆盖率

在做测试计划时，要求有一个程序测试清单。如果使用这样的测试清单，在测试中就不会遗漏任何一项测试。但是要创建该清单，就必须找出所有与测试相关的内容。通常有效的做法是，在清单中列出由程序创建的所有报告以及所有错误信息、所有支持的打印机、所有菜单选项、所有对话框、每一对话框中的所有选项等。清单内容越详细，因不了解而遗漏的东西就越少。

（2）避免不必要的重复和遗忘项目

核对测试清单或图表上所列的项目时，很容易就能够看出哪些内容测试过，哪些内容没测试过。

（3）分析程序，快速选择出合适的测试用例

在测试文档中，通过对等价类和边界条件的数据录入字段进行分析后，得出的每一个边界值都是一个很好的测试用例，因为边界值要比非边界值更可能发现缺陷。

（4）提供测试结构

所有的编码工作完成后，并且每部分都可以集成到一起工作时，测试就开始了。产品发布之前，测试人员的压力很大，而且常常只有很少的时间可以用来安排最终测试。这时以前的测试文档将帮助测试人员确保最后一次运行了重要测试。如果没有这些文档，单凭记忆是很难记住哪些测试是需要重新运行的。

（5）提高测试效率

削减测试数量，但不增加所遗漏的缺陷数量，可以提高测试效率。主要的方法就是从那些类似的测试用例中挑选其中的一部分，而不是所有。因为运行同一类型的测试用例所得到的结果也是类似的。

（6）检查测试的完整性

如果不确定是否已经测试过程序的某一部分或是否进行过某一项测试，就可以对照清单

来检查一下，从而可以检查测试的完整性。

2.测试文档可以更好地协调测试任务与测试过程

测试人员是产品开发小组的一员，要与其他测试人员、程序员、手册编写人员以及经理一起协同工作。清晰的测试文档可以帮助他们理解测试范围和测试类型。通过测试计划所进行的交流具有如下优点：

- 得到测试准确度和覆盖率的反馈。通过这些反馈，测试人员可以发现遗漏的尚未测试的程序区域，以及对程序的一些误解。
- 测试人员可以交流制定测试策略的思想。
- 有助于测试人员了解测试工作的规模。测试计划内容包括了所要进行的具体工作以及已完成工作的数量，这会帮助经理及其他人了解完成测试工作需要花费多少时间。那么，项目经理就可以根据项目的实际情况考虑简化或淘汰某项测试。
- 有助于顺利地进行工作分派。如果能给后续环节的测试人员提供一个详细的书面指令集，那么委派或监督产品的测试就要容易得多。

3.测试文档为测试项目的组织、规划与管理提供了一个架构

可以把测试本身看成是一个项目，因此必须进行有效的管理。而好的管理工作必须有一个合理的、可以跟踪测试进度的结构。作为支持项目管理的一种工具，测试计划具有如下优点：

- 达成有关测试任务的协议。
- 确定任务。
- 确定人员结构，分配测试任务。
- 组织测试。
- 明确个人职责。
- 有助于人员和测试时间调整。

当然，并不是所有软件开发组织都能够让测试计划和测试文档充分发挥应有的作用。虽然，编写测试计划的人至少会了解一些与该产品测试有关的细节，但并不是所有的测试组都会有效地评审测试计划，或利用其他项目的评审反馈信息。甚至很多测试组仅将测试计划作为技术文档，从未使用其控制测试项目或监督项目进程。但是，作为测试人员应该花一定时间来制定测试计划，考虑一下进一步的细致工作能够给测试工作带来的好处。因为这样能够帮助我们充分地利用测试计划和测试文档，发挥它们应有的作用。

7.2.3 测试文档的分类

根据测试过程，测试文档可以分为：测试计划、测试方案、测试用例、测试规程、测试报告文档。

1.测试计划文档

测试计划文档是计划测试阶段的测试文档，它指明测试范围、方法、资源，以及相应测

试活动的时间进度安排标示的文档。测试计划文档应该包含如下内容：

1）目标。表示该测试计划应达到的目标。

2）概述。

3）组织形式。表示测试计划执行过程中的组织结构及结构间的关系，以及所需要的组织独立程度。同时，指出测试过程与其他过程，如开发、项目管理、质量保证配置管理之间的关系。测试计划还应该定义测试工作中的沟通渠道，解决测试任务发现问题的权利，以及批准测试输出工作产品的权利。

4）角色与职责。定义角色以及职责，即在每一个角色与测试任务之间建立关联。

5）测试对象。列出所有将被作为测试目标的测试项（包括功能需求、非功能需求，后者包括性能可移植性等）。

6）测试通过/失败的标准。测试标准是客观的陈述，它指明了判断，确认测试在何时结束，以及所测试的应用程序的质量。测试标准可以是一系列的陈述或对另一文档（如过程指南或测试标准）的引用。

7）测试挂起的标准及恢复的必要条件。指明挂起全部或部分测试项的标准，并指明恢复测试的标准及其必须重复的测试活动。

8）测试任务的安排。明确测试的任务，对每项任务都必须说清楚主题。

9）应交付的测试工作产品。指明应交付的文档、测试代码及测试工具，一般包括的文档有测试计划、测试方案、测试用例、测试规程、测试日志、测试总结报告、测试输入与输出数据、测试工具。

10）任务的人力需求及总计。

2. 测试方案文档

测试方案文档是涉及测试阶段的测试文档，包括以下内容：

• 概述。简要描述被测对象的需求要素、测试设计准则以及测试对象的历史。

• 被测对象。确定被测对象，包括其版本，修订级别、软件的承载媒介及其对测试的影响。

• 应测试的特性。确定应测试的所有特性和特性组合。

• 不被测试的特性。确定被测对象具有的哪些特性不被测试，并说明其原因。

• 测试模型。测试模型先从测试组网图、结构，对象关系图两个描述层次分析被测对象的外部需求环境和内部结构关系，进行概要描述，确定本测试方案的测试需求和测试着眼点。

• 测试需求。确定本阶段测试的各种需求因素，包括环境需求、被测对象要求、测试工具需求、测试数据准备等。

• 测试设计。描述测试各个阶段需求运用的测试要素，包括测试用例、测试工具、测试代码的设计思路和设计准则。

3. 测试用例文档

测试用例文档指对一项特定的软件产品进行测试任务的描述，体现测试方案、方法、技术和策略。内容包括测试目标、测试环境、输入数据、测试步骤、预期结果、测试脚本等，并形成文档。不同类别的软件，测试用例是不同的，不同系统、工具、控制、游戏软件、管理软件的用户需求更加不统一，变化更大、更快。

测试用例文档由简介和测试用例两部分组成。简介部分编写了测试目的、测试范围、定义术语、参考文档、概述等。测试用例部分逐一列示备测试用例。每个具体测试用例都将包括下列详细信息：用例编号、用例名称、测试等级、入口准则、验证步骤、期望结果（含判断标准）、出口准则、注释等。以上内容涵盖了测试用例的基本元素：测试索引，测试环境，测试输入，测试操作，预期结果，评价标准。

4. 测试规程文档

测试规程文档是指明执行测试时测试活动序列的文档。测试规程文档具体包括如下内容：

• 测试规程清单。测试规程清单包括：项目编号、测试项目、子项目编号、测试子项目、测试结论和结论。

• 测试规程列表。测试规程列表包括：项目编号、测试项目、测试子项目、测试目的、相关测试用例、特殊需求、测试步骤及测试结果。

5. 测试报告文档

测试报告是测试阶段最后的文档产出物，优秀的测试经理应该具备良好的文档编写能力，一份详细的测试报告包含足够的信息，包括产品质量和测试过程的评价，测试报告基于测试中的数据采集以及对最终的测试结果分析。测试报告文档是执行测试阶段的测试文档，指明执行测试结果的文档。

根据测试文档所起的不同作用，又通常把它分为前置作业文档和后置作业文档。测试计划及测试用例的文档属于前置作业文档。测试计划详细规定了测试的要求，包括测试的目的、内容、方法、步骤以及评价测试的准则等。由于要测试的内容可能涉及软件的需求和软件的设计，因此必须及早开始测试计划的编写，测试计划的编写应从需求分析阶段开始。

测试用例就是将软件测试的行为和活动做一个科学化的组织和归纳，测试用例的好坏决定着测试工作的成功和效率，选定测试用例是做好测试工作的关键一步。在软件测试过程中，软件测试行为必须能够加以量化，这样才能进一步让管理层掌握所需要的测试进程。测试用例就是将测试行为和活动具体量化的方法之一，而测试用例文档是为了将软件测试行为和活动转换为可管理的模式，在测试文档编制过程中，按照规定的要求精心设计测试用例有着重要意义。前置作业文档可以使接下来将要进行的软件测试流程更加流畅和规范。

后置作业文档是在测试完成后提交的，主要包括软件缺陷报告和分析总结报告。在软件测试过程中，对于发现的大多数软件缺陷，要求测试人员简捷、清晰地把发现的问题以文档形式报告给管理层和判断是否进行修复的小组，使其得到所需要的全部信息，然后决定是否对软件缺陷进行修复。测试分析报告应说明对测试结果的分析情况，经过测试证实了软件具有的功能以及它的欠缺和限制，并给出评价的结论性意见。这个意见既是对软件质量的评价，又是决定该软件能否交付用户使用的一个依据。

此外，根据测试文档编制的不同方法，它也可以分为手工编制和自动编制两种。所谓自动编制，其特点在于，编制过程得到文档编制软件的支持，并可将编好的文档记录在机器可读的介质上。借助于有力的工具和手段，更容易完成信息的查找、比较、修改等操作。常用的各种文字编辑软件都可用于测试文档的编制。

7.2.4 测试文档的管理

软件测试项目其实是一个交互的过程，包括客户所提交的需求文档、开发人员所提交的设计文档，这些都是测试工程师做测试的指导性文件，测试工程师应该就这些文档和客户以及开发工程师进行深入、广泛的交流，以期对某些有争议的问题达成共识。这些交流的过程也应该以某种形式记录下来，这对于后期解决某些不明确的问题，也是很好的证明资料。测试工程师的测试报告、Bug 报告、开发工程师对相关 Bug 所给出的解释以及双方就某些情况所做的交流都是很宝贵的信息，应该尽可能地保存下来，以便给其后的测试提供借鉴。在特定项目过程中，解决问题的成功模式和方法可以系统地保留下来。

每一个测试项目过程中都会产生很多文档，从项目启动前的计划书到项目结束后的总结报告。其间还有产品需求、测试计划、测试用例和各种重要会议的会议记录等。软件测试文件就是为了实现这些目的，对测试中的要求、过程及测试结果以正式的文件形式写出，所以说测试文件的编写是测试工作规范化的一个重要组成部分，有必要将文档管理融入到项目管理中去，成为项目管理很重要的一个环节。文档管理所包含的主要内容为：文档的分类管理、文档的格式和模板管理、文档的一致性管理、文档的存储管理。

1. 测试文档的分类管理

测试文件简单地分为两类，测试文档模板和测试过程中生成的文档。测试文档模板是对相应要生成的文档所定义的格式、内容做出严格要求的示范文档。基本的测试文档模板有：测试计划文档模板；测试需求分析模板；测试用例模板；测试评审模板；测试报告模板。

同时，可以按照输入媒介来分为电子文档、纸质文档和其他一些特殊文档，对于电子文档和纸质文档存储和管理的办法都是不一样的，应该区别对待。多数情况下，按照文档的用选来划分，可以分为以下几种：测试日常工作文档（流程定义、工作手册等）；测试培训文档和相关技术文档；测试计划、设计文档；测试跟踪、审查资料；测试结果分析报告或产品发布质量报告。

实际上，不论是作为测试小组还是作为测试部门，除了要管理测试本身的文档，还要管理外部输入的文档和软件产品文档。外部输入的文档主要包括系统需求分析报告、设计规格说明书、项目计划书等；软件产品文档包括发布说明、用户手册、技术手册、安装说明、帮助文档等。

2. 测试文档的存储和共享

我们知道，要管理的测试文档很多，一方面要能很好、可靠地进行存储，另一方面又能有效地、充分地利用这些文档，这两个方面是相辅相成的，需要统一考虑。

要做好测试文档的存储，事先要做好各种准备，从文档的分类、文件名的格式、文件的模板等方面严格要求测试文件的编制。对于文件名，虽然是一个小问题，做得不好也会引起很多麻烦，所以要有明确的规定，要求文件名必须用英文，并包含测试组名、项目名、文件类型、日期等。

文档存储要和怎么使用这些文档结合起来做，也就是说，根据测试文档的使用目的来进行文档存储的规划和设计。测试文档的使用可以分为个人使用、项目组内部使用和所有测试人员都需要使用，其存储也就服务这三个对象，并考虑具体的使用方法。概括起来，文档存储的规划、设计要考虑以下要素：

- 共享方式：共享目录、FTP 方式、HTTP 方式。
- 手段：自己开发文档管理系统，或借助第三方的商品化软件，如 Microsoft Share point。
- 安全性：测试文档一般比较多地涉及公司内部的机密信息，需要保证其安全性，严格设置相关的用户权限体系。
- 目录结构：目录可以按照团队、项目、文件类型的多层次关系设置。
- 操作要灵活，包括存取、上载、修改、阅读等各项操作。

3. 文档模板

在做软件测试项目的时候，有些文档是每个项目都必备的，如测试计划书、测试案例、测试项目报告、质量分析报告等，对于这些经常使用的文档类型，就可以把格式和内容统一起来，为每一种类型的文档建立相对固定的模板。模板建立之后，便于文档的管理和分类，也为测试工程师提供便利，比较容易编制、写成所需要的测试文档。整个开发团体的其他成员对同类文档的格式非常熟悉，可以直接去查找自己最关心的部分，比较清晰，一目了然。对于特定的项目，文档模板可以酌情增删其中的条目。制定模板的初衷是为了方便工作，而不是禁锢我们的思维，在做具体工作的时候，应把握好原则性和灵活性。

7.2.5 测试用例文档的设计

1. 测试用例

测试用例（Test Case）是为了高效率地发现软件缺陷而精心设计的少量测试数据。实际测试中，由于无法达到穷举测试，所以要从大量的输入数据中精选有代表性或特殊性的数据来作为测试数据。好的测试用例应该能发现尚未发现的软件缺陷。

2. 测试用例文档的内容

（1）测试用例表

测试用例表如表 7-1 所示。

表 7-1 测试用例表模板

用例编号		测试模块	
编制人		编制时间	
开发人员		程序版本	

续表

测试人员			测试负责人		
用例级别					
测试目的					
测试内容					
测试环境					
规则指定					
执行操作					
测试结果	步骤		预期结果		实测结果
	1				
	2				
	……				
备注					

对其中一些项目做如下说明：
- 用例编号：对该测试用例分配唯一的标识号。
- 测试模块：指明并简单描述本测试用例是用来测试哪个具体模块的。
- 用例级别：指明该用例的重要程度。测试用例的级别分为4级：级别1（基本）、级别2（重要）、级别3（详细）、级别4（生僻）。
- 执行操作：执行本测试用例所需的每一步操作。
- 预期结果：描述被测项目或被测特性所希望或要求达到的输出或指标。
- 实测结果：列出实际测试时的测试输出值，判断该测试用例是否通过。
- 备注：如需要，则填写"特殊环境需求（硬件、软件、环境）"、"特殊测试步骤要求"、"相关测试用例"等信息。

（2）测试用例清单

测试用例清单如表7-2所示。

表7-2 测试用例清单模板

项目编号	测试项目	子项目编号	测试子项目	测试用例编号	测试结论	结论
1		1		1		
……		……		……		
总数		—			—	—

7.2.6 软件生命周期各阶段的测试任务与可交付的文档

通常软件生命周期可分为以下6个阶段：需求阶段、功能设计阶段、详细设计阶段、编码阶段、软件测试阶段以及运行/维护阶段，相邻两个阶段之间可能存在一定程度的重复以保证阶段之间的顺利衔接，但每个阶段的结束具有一定的标志，例如已经提交可交付文档等。

1. 需求阶段

（1）测试输入

需求计划（来自开发）。

（2）测试任务

- 制定验证和确认测试计划。
- 对需求进行分析和审核。
- 分析并设计基于需求的测试，构造对应的需求覆盖或追踪矩阵。

（3）可交付的文档

- 验收测试计划（针对需求设计）。
- 验收测试报告（针对需求设计）。

2. 功能设计阶段

（1）测试输入

功能设计规格说明（来自开发）。

（2）测试任务

- 功能设计验证和确认测试计划。
- 分析和审核功能设计规格说明。
- 可用性测试设计。
- 分析并设计基于功能的测试，构造对应的功能覆盖矩阵。
- 实施基于需求和基于功能的测试。

（3）可交付的文档

- 确认测试计划。
- 验收测试计划（针对功能设计）。
- 验收测试报告（针对功能设计）。

3. 详细设计阶段

（1）测试输入

详细设计规格说明（来自开发）。

（2）测试任务

- 详细设计验收测试计划。
- 分析和审核详细设计规格说明。
- 分析并设计基于内部的测试。

（3）可交付的文档

- 详细确认测试计划。
- 验收测试计划（针对详细设计）。
- 验收测试报告（针对详细设计）。
- 测试设计规格说明。

4. 编码阶段

（1）测试输入

代码（来自开发）。

（2）测试任务

- 代码验收测试计划。
- 分析代码。
- 验证代码。
- 设计基于外部的测试。
- 设计基于内部的测试。

（3）可交付的文档

- 测试用例规格说明。
- 需求覆盖或追踪矩阵。
- 功能覆盖矩阵。
- 测试步骤规格说明。
- 验收测试计划（针对代码）。
- 验收测试报告（针对代码）。

5. 测试阶段

（1）测试输入

- 要测试的软件。
- 用户手册。

（2）测试任务

- 制定测试计划。
- 审查由开发部门进行的单元和集成测试。
- 进行功能测试。
- 进行系统测试。
- 审查用户手册。

（3）可交付的文档

- 测试记录。
- 测试事故报告。
- 测试总结报告。

6. 运行/维护阶段

（1）测试输入

- 已确认的问题报告。
- 软件生命周期。软件生命周期是一个重复的过程。如果软件被修改了，开发和测试活动都要回归到与修改相对应的生命周期阶段。

（2）测试任务
- 监视验收测试。
- 为确认的问题开发新的测试用例。
- 对测试的有效性进行评估。

（3）可交付的文档

可升级的测试用例库。

第 8 章 软件缺陷测试与测试评估

软件缺陷，即计算机系统或者程序中存在的任何一种破坏正常运行能力的问题、错误，或者隐藏的功能缺陷、瑕疵。软件测试的主要目的就是为了发现软件产品所存在的任何意义上的软件缺陷（Bug），从而纠正这些软件缺陷，使软件系统更好地满足用户的需求。

8.1 软件缺陷概述

8.1.1 软件缺陷的定义

IEEE 1983 of IEEE Standard 729 中对软件缺陷作了一个标准的定义：

从产品内部看，软件缺陷是软件产品开发或维护过程中所存在的错误、毛病等各种问题；从外部看，软件缺陷是系统所需要实现的某种功能的失效或违背。因此软件缺陷就是软件产品中所存在的问题，最终表现为用户所需要的功能没有完全实现，没有满足用户的需求。

美国商务部国家标准和技术研究所进行的一项研究表明，软件中的缺陷每年给美国经济造成的损失高达 595 亿美元。由此可以看出，软件中存在的缺陷所造成的损失是巨大的，同时又一次证明了软件测试的重要性。如何尽早彻底地发现软件中存在的缺陷是一项非常复杂，需要创造性和高度智慧的工作。

（1）摧残测试人员的意志

不管多小的缺陷，只要我们没有给予应有的重视和关注，在产品发布之后，总有一天会让我们为此而付出应有的代价。如果一个开发团队开发出来的产品中存在大量的 Bug，无疑会降低团队的士气，给公司带来无形的损失。

因为软件缺陷具有关联的特性，因此有的缺陷生命力极强，我们已经对其进行修复过后，仍然会在不同时间相同地方再次出现，这常常会令我们束手无策，甚至是产生绝望的心理，严重地挫伤测试人员的自信心。同时，重复处理相同的问题容易使人产生厌倦的情绪。这样，在软件发布日期临近的时候，不只是测试人员，就连测试经理也会开始厌烦分派开发人员去修复软件缺陷。如果此时测试人员手中仍然握有长长的一串 Bug 清单，无疑会令人十分沮丧。

（2）资源的损失

产品的开发需要资金，公司的运转需要资金，如果由于产品中存在着大量的缺陷，而耽误了产品发布的时间，那不仅会损害公司的形象，更严重的是会流失大量的客户，最后可能

（3）严重影响公司形象

任何软件产品都会有缺陷，但是如何处理这些问题，以及对待它们的态度确是一个公司成功的关键，形象良好的公司，如果出现产品软件 Bug 或者漏洞，他们总会在最快时间内通过各种途径公布该 Bug 的相应补丁程序。但是国内现在有许多公司由于各种原因并没有很好地对待这些问题，特别是一些电子商务公司，如果网站长时间不能响应客户服务，或者出现丢失订单，以假乱真的现象，这样的网站很快就会被客户抛弃。客户一旦离开就很难回头。形象的损失带来的后果是巨大的，产品不被市场认可，甚至公司也不再被市场认可，这样的公司就很容易会被淘汰。

在软件测试过程中，尽早发现和管理软件缺陷是一个十分重要的环节，反映软件开发过程中需求分析、功能设计、用户界面设计、编程等环节所隐含的问题，不仅能够提高软件质量，也为项目管理、过程改进提供了许多重要信息。

8.1.2 软件缺陷的产生

软件缺陷的产生是不可避免的，那么造成软件缺陷的原因是什么呢？通过大量的测试理论研究及测试实践经验的积累，软件缺陷产生的主要原因可以被归纳如下：

1）需求解释或记录错误。
2）用户需求定义错误。
3）设计说明存在错误。
4）编码说明有误。
5）程序代码有误。
6）硬件或系统软件上存在错误。
7）其他，如文档错误、内容不正确或拼写错误等。

由此可见，造成软件缺陷的原因是多方面的。经过软件测试专家们的研究发现，大多数的软件缺陷并非来自编码过程中的错误，从小项目到大项目都基本上证明了这一点。因为软件缺陷很可能是在系统详细设计阶段、概要设计阶段，甚至是在需求分析阶段就存在着问题，即使是针对源程序进行的测试所发现的故障的根源也可能存在于软件开发前期的各个阶段。大量的事实表明，导致软件缺陷的最大原因是软件产品说明书，也是软件缺陷出现最多的地方。

在多数情况下，软件产品说明书写得不明确、不清楚、描述不全面，或者在软件开发过程中对需求、产品功能经常更改，或者开发小组的人员之间没有很好地进行交流与沟通，没有很好地组织开发与测试流程。因此，制作软件产品开发计划是非常重要的，如果计划没有做好，软件缺陷就会出现。

软件缺陷产生的第二大来源是设计方案，编程排在第三位。许多人认为软件测试主要是找程序代码中的错误，这是一个认识的误区。经统计，因编写程序代码引入的软件缺陷大约仅占缺陷总数的 7%。

8.1.3 软件缺陷的严重性和优先级

软件缺陷一旦被发现,就要设法找出引起这个缺陷的原因,分析对产品质量的影响,然后确定软件缺陷的严重性和处理这个缺陷的优先级。各种软件缺陷所造成的后果是不同的,有的仅仅是不方便,有的则可能是灾难性的。一般来说,问题越严重的,其优先级越高,越要得到及时的纠正。软件公司对缺陷严重性级别的定义不尽相同,但一般可概括为以下四种。

(1) 致命的

致命的错误,后果是造成系统或应用程序崩溃、死机、系统悬挂,或造成数据丢失、主要功能完全丧失等。

(2) 严重的

严重错误包括功能或特性没有实现、主要功能丧失、会导致严重的问题或致命的错误声明等。

(3) 一般的

不太严重的错误,这样的软件缺陷虽然不影响系统的基本使用,但没有很好地实现功能,没有达到预期效果。如次要功能丧失、提示信息不太准确、用户界面差、操作时间长等。

(4) 微小的

一些小问题,对功能几乎没有影响,产品及属性仍可使用,如有个别错误字、文字排列不整齐等。

除了这四种以外,有时需要"建议"级别来处理测试人员所提出的建议或质疑,对建议程序做适当的修改,来改善程序运行状态,或对设计不合理、不明白的地方提出质疑。

优先级表示修复缺陷的重要程度和应该何时修复,通常划分为以下四个等级。

1) 最高优先级,指的是一些关键性错误,必须立即修复。

2) 高优先级,在产品发布之前必须修复。

3) 中优先级,如果时间允许应该修复。

4) 低优先级,可能会修复,但是也能发布软件。

这样的有关软件缺陷严重性和优先级信息,对于软件缺陷修复人员或修复小组审查缺陷报告和决定哪些软件缺陷应该修复、以何种顺序修复是极其重要的。如果一个程序员受命修复 20 个软件缺陷,他就应该从严重性为①的软件缺陷开始修复,而不是只修复最容易的。同样,如果两个项目管理员一个管理游戏软件,另一个管理心脏监视仪软件,虽然使用同样的信息,但是根据信息的严重性和优先级却会做出不同的决定。前者会选择使软件更美观、执行速度更快的做法;而后者会选择使软件尽量可靠的做法。

软件缺陷的优先级在项目期间是会发生变化的。例如,原来标记为最高优先级的软件缺陷随着时间的推移,以及软件发布日期临近,可能变为低优先级。作为发现该软件缺陷的测试人员,需要继续监视缺陷的状态,确保自己可以同意对其所做的变动,并提供进一步测试数据来说服修复人员使其得以修复。

8.1.4 软件缺陷的描述

软件缺陷的基本描述是报告软件缺陷的基础部分，一个好的描述需要使用简单、准确、专业的语言来抓住软件缺陷的本质，若描述的信息含糊不清，可能会误导开发人员。

1. 软件缺陷的描述规则

单一准确：每个报告只针对一个软件缺陷。

可以再现：提供出现这个缺陷的精确步骤，使开发人员看懂，可以再现并修复缺陷。

完整统一：提供完整、前后统一的软件缺陷的修复步骤和信息，如图片信息、Log文件等。

短小简练：通过使用关键词，使软件缺陷的标题描述短小简练，又能准确描述产生缺陷的现象。

特定条件：软件缺陷描述不要忽视那些看似细节但又必要的特定条件（如特定的操作系统、浏览器），这些特定条件能提供帮助开发人员找到产生缺陷原因的线索。

补充完善：从发现软件缺陷开始，测试人员的责任就是保证子元件缺陷被正确的报告，并得到应有的重视，继续监视其修复的全过程。

不作评价：软件缺陷报告是针对软件产品的，因此软件缺陷描述不要带有个人观点，不要对开发人员进行评价。

2. 软件缺陷的描述内容

对软件缺陷进行有效描述涉及如下内容：

• 可追踪信息：缺陷 ID（唯一的，可以根据该 ID 追踪缺陷）。

• 缺陷的基本信息：包括缺陷标题、缺陷的严重程度、缺陷的优先级、缺陷提交人、缺陷提交时间、缺陷所属项目／模块、缺陷指定解决人、缺陷指定解决时间、缺陷处理人、缺陷处理结果描述、缺陷处理时间、缺陷验证人、缺陷验证结果描述、缺陷验证时间等。

• 缺陷的详细描述：对缺陷描述的详细程度直接影响开发人员对缺陷的修改，描述应尽可能详细。

• 测试环境说明：对测试环境的描述。

• 必要的附件：对于某些文字很难表达清楚的缺陷，使用图片等附件是必要的。

• 从统计的角度出发，还可以添加上"缺陷引入阶段"、"缺陷修正工作量"等项目。

8.1.5 软件缺陷的分类

在缺陷描述的基础上还要进行缺陷分类，确定常见的缺陷有哪些类型。下面从不同的角度对软件缺陷进行分类。

1. 按缺陷的根源划分

缺陷根源是指造成各种缺陷，错误的根本因素，以寻求软件开发流程的改进、管理水平的提高。

测试策略：错误的测试范围，误解了测试目标，超越测试能力的目标等。

过程、工具和方法：无效的需求收集过程，过时的风险管理过程，不适用的项目管理方法，没有估算规程，无效的变更控制过程等。

团队/人员：项目团队职责交叉，缺乏培训。没有经验的项目团队，缺乏士气和动机不纯等。

缺乏组织和通信：缺乏用户参与，职责不明确，管理失败等。

其他，如硬件：处理器缺陷导致算术精度丢失，内存溢出等。软件：操作系统错误导致无法释放资源，工具软件的错误，编译器的错误等。工作环境：组织机构调整，预算改变，罢工，噪音，中断，工作环境恶劣。

2. 按缺陷的影响和后果划分

较小缺陷：只对系统输出有一些非实质性影响。如输出的数据格式不合要求等。
中等缺陷：对系统的运行有局部影响。如输出的某些数据有缺陷或出现冗余。
较严重缺陷：系统的行为因缺陷的干扰而出现明显不合情理的现象。
严重缺陷：系统运行不可跟踪，一时不能掌握其规律，时好时坏。
非常严重的缺陷：系统运行中突然停机，其原因不明，无法软启动。
最严重的缺陷：系统运行导致环境破坏，或是造成事故，引起生命、财产的损失。

3. 按缺陷的性质和范围分类

B.Beizer 从软件测试观点出发，把软件缺陷分为5类。

（1）功能缺陷

规格说明缺陷：规格说明可能不完全，有二义性或自身矛盾。

功能缺陷：程序实现的功能与用户要求的不一致。这常常是由于规格说明中包含缺陷的功能、多余的功能或遗漏的功能所致。

测试缺陷：软件测试的设计与实施发生缺陷。软件测试自身也可能发生缺陷。

测试标准引起的缺陷：对软件测试的标准要选择适当，若测试标准太复杂，则导致测试过程出错的可能性就大。

（2）系统缺陷

外部接口缺陷：如终端、打印机、通信线路等系统与外部环境通信的手段。所有外部接口之间，人与机器之间的通信都使用形式的或非形式的专门协议。

内部接口缺陷：程序之间的联系。它所发生的缺陷与程序内实现的细节有关。

硬件结构缺陷：这类缺陷在于不能正确地理解硬件如何工作。例如，忽视或错误地理解分页机构、地址生成、通道容量、I/O 指令、中断处理、设备初始化和启动等而导致的出错。

操作系统缺陷：主要是由于不了解操作系统的工作机制而导致出错。当然，操作系统本身也有缺陷，但是一般用户很难发现这种缺陷。

软件结构缺陷：由于软件结构不合理或不清晰而引起的缺陷。这种缺陷通常与系统的负载有关，而且往往在系统满载时才出现。这是最难发现的一类缺陷。

控制与顺序缺陷：包括忽视了时间因素而破坏了事件的顺序；猜测事件出现在指定的序列中；等待一个不可能发生的条件；漏掉先决条件；规定缺陷的优先级或程序状态；漏掉处

理步骤；存在不正确的处理步骤或多余的处理步骤等。

资源管理缺陷：由于不正确地使用资源而产生的。例如，使用未经获准的资源；使用后未释放资源；资源死锁；把资源链接在缺陷的队列中等。

（3）加工缺陷

算术与操作缺陷：指在算术运算、函数求值和一般操作过程中发生的缺陷。包括数据类型转换错；除法溢出；缺陷地使用关系比较符；用整数与浮点数做比较等。

初始化缺陷：典型的缺陷有忘记初始化工作区，忘记初始化寄存器和数据区；错误地对循环控制变量赋初值；用不正确的格式、数据或类型进行初始化等。

控制和顺序缺陷：这类缺陷与系统级同名缺陷类似，但它是局部缺陷。包括遗漏路径；不可达到的代码；不符合语法的循环嵌套；循环返回和终止的条件不正确；漏掉处理步骤或处理步骤有错等。

静态逻辑缺陷：主要包括不正确地使用 CASE 语句；在表达式中使用不正确的否定；对情况不适当地分解与组合；混淆"或"与"异或"等。

（4）数据缺陷

静态数据缺陷：在内容和格式上都是固定的，可以直接或间接地出现在程序或数据库中。由编译程序或其他专门程序对它们做预处理。这是在程序执行前防止静态缺陷的好办法，但预处理也会出错。

动态数据缺陷：在程序执行过程中暂时存在的数据。各种不同类型的动态数据在程序执行期间将共享一个共同的存储区域，若程序启动时对这个区域未初始化，就会导致数据出错。由于动态数据被破坏的位置可能与出错的位置在距离上相差很远，因此要发现这类缺陷比较困难。

数据内容缺陷：指存储于存储单元或数据结构中的位串、字符串或数字。数据内容本身没有特定的含义，除非通过硬件或软件给予解释。数据内容缺陷就是由于内容被破坏或被错误地解释而造成的缺陷。

数据结构缺陷：指数据元素的大小和组织形式。在同一存储区域中可以定义不同的数据结构。数据结构缺陷主要包括结构说明缺陷及把一个数据结构误当做另一类数据结构使用的缺陷。这是更危险的缺陷。

数据属性缺陷：指数据内容的含义或语义，如整数、字符串、子程序等。数据属性缺陷主要包括：对数据属性不正确的解释，比如错把整数当实数，允许不同类型数据混合运算而导致的缺陷等。

（5）代码缺陷

代码缺陷主要包括语法缺陷；打字缺陷；对语句或指令不正确理解所产生的缺陷。

4. 缺陷正交分类

缺陷正交分类（ODC）是 IBM 公司提出的缺陷分类方法。该分类方法提供一个从缺陷中提取关键信息的测量范例，用于评价软件开发过程，提出正确的过程改进方案。

该分类方法用多个属性来描述缺陷特征。在 IBM ODC 最新版本里，缺陷特征包括以下 8 个属性：发现缺陷的活动、缺陷影响、缺陷引发事件、缺陷载体、缺陷年龄、缺陷来源、缺陷类型和缺陷限定词。ODC对这8个属性又分别进行了分类。其中缺陷类型被分为7大类：赋值、检验、算法、时序、接口、功能和关联。分类过程分两步进行：

1）缺陷打开时，导致缺陷暴露的环境和缺陷对用户可能的影响是易见的，此时可以确定缺陷的3个属性：发现缺陷的活动、缺陷引发事件和缺陷影响。

2）缺陷修复关闭时，可以确定缺陷的其余5个属性：缺陷载体、缺陷类型、缺陷限定词、缺陷年龄和缺陷来源。这8个属性对于缺陷的消除和预防起到关键作用。

缺陷分类无论是在软件开发、软件测试、还是在各个软件阶段的评审都得到了广泛的应用。

5. 按软件生命周期阶段划分

Good enough-Gerhart 分类方法把软件的逻辑缺陷按生命周期不同阶段分为4类。

（1）问题定义（需求分析）缺陷

问题定义（需求分析）缺陷是在软件定义阶段，分析员研究用户的要求后所编写的文档中出现的缺陷。换句话说，这类缺陷是由于问题定义不满足用户的要求而导致的缺陷。

（2）规格说明缺陷

规格说明缺陷是指规格说明与问题定义不一致所产生的缺陷。它们又可以细分为：

- 不一致性缺陷：规格说明中功能说明与问题定义发生矛盾。
- 冗余性缺陷：规格说明中某些功能说明与问题定义相比是多余的。
- 不完整性缺陷：规格说明中缺少某些必要的功能说明。
- 不可行缺陷：规格说明中有些功能要求是不可行的。
- 不可测试缺陷：有些功能的测试要求是不现实的。

（3）设计缺陷

设计缺陷是指系统的设计与需求规格说明中的功能说明不相符，一般在设计阶段产生。它们又可以细分为：

- 设计不完全缺陷：某些功能没有被设计或设计得不完全。
- 算法缺陷：算法选择不合适。主要表现为算法的基本功能不满足功能要求、算法不可行或者算法的效率不符合要求。
- 模块接口缺陷：模块结构不合理；模块与外部数据库的界面不一致，模块之间的界面不一致。
- 控制逻辑缺陷：控制流程与规格说明不一致；控制结构不合理。
- 数据结构缺陷：数据设计不合理；与算法不匹配；数据结构不满足规格说明要求。

（4）编码缺陷

编码过程中的缺陷是多种多样的，大体可归为以下几种：数据说明错、数据使用错、计算错、比较错、控制流错、界面错、输入/输出错，以及其他的缺陷。

8.2 软件缺陷的生命周期

生命周期的概念是个物种从诞生到消亡所经历的过程，软件缺陷也经历这样的过程。当一个软件缺陷被发现并报告出来之时，意味着这个缺陷诞生了。缺陷被修正之后，经过测试人员的进一步验证，确认这个缺陷不复存在，然后测试人员关闭这个缺陷，意味着缺陷走完它的历程，结束其生命周期。

8.2.1 缺陷的生命周期模型

缺陷的生命周期可以简单地表现为"打开（Open）-修复（Fixed 或 Solved）-关闭（Close）"，如图 8-1 所示。

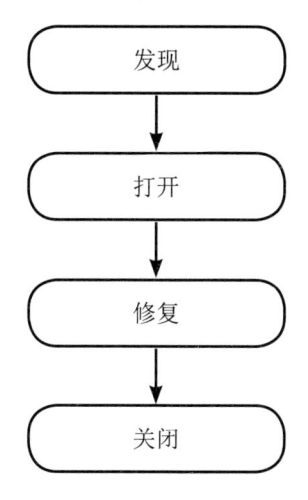

图 8-1 简单软件缺陷生命周期模型

发现打开：测试人员找到软件缺陷并将软件缺陷提交给开发人员。
打开—修复：开发人员再现、修复缺陷，然后提交给测试人员去验证。
修复—关闭：测试人员验证修复过的软件，关闭已不存在的缺陷。
但在实际工作中，会遇到各种各样的情况，使缺陷处理过程变得比较复杂，软件缺陷的生命周期呈现着更丰富的内容，如图 8-2 所示。

缺陷都能及时得到修正，可能由于时间关系或技术限制，某些缺陷不得不延迟到下一个版本中去修正。

描述不清楚，开发人员看不懂或不能再现，将缺陷打回，让测试人员补充信息。

得到了开发人员处理，认为已经得到修正，测试人员验证之后，缺陷依旧存在，没有得到彻底的处理。这样，测试人员不得不重新打开这个缺陷，交给开发人员去处理。

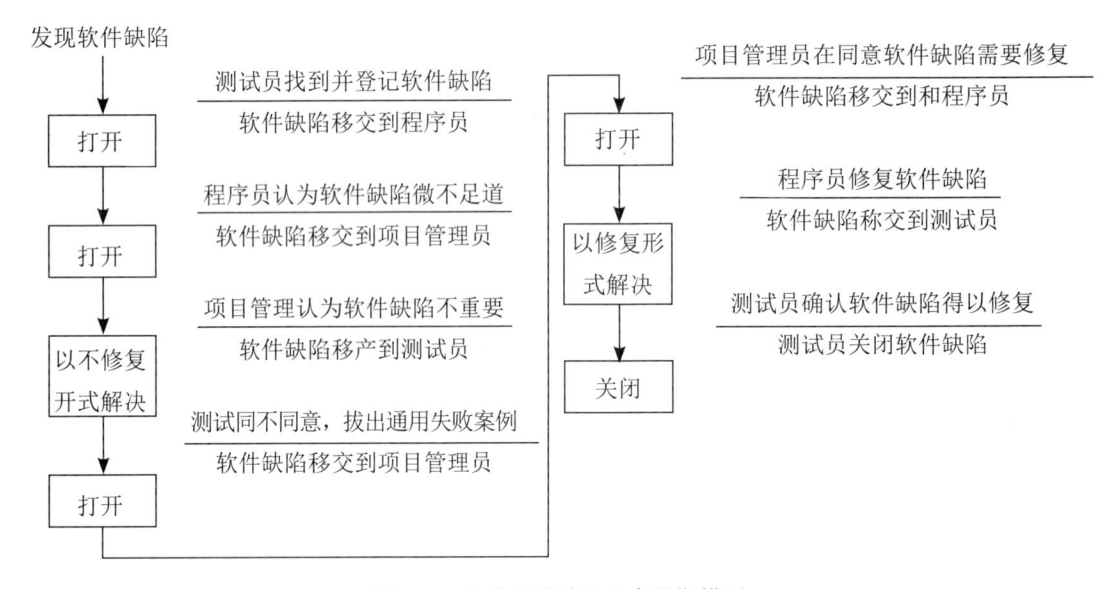

```
发现软件缺陷
    │
    ▼                测试员找到并登记软件缺陷
  ┌────┐             软件缺陷移交到程序员
  │打开│
  └────┘
    │                程序员认为软件缺陷微不足道
    ▼                软件缺陷移交到项目管理员
  ┌────┐
  │打开│
  └────┘             项目管理认为软件缺陷不重要
    │                软件缺陷移产到测试员
    ▼
 ┌──────┐
 │以不修复│
 │开式解决│            测试同不同意，拔出通用失败案例
 └──────┘            软件缺陷移交到项目管理员
    │
    ▼
  ┌────┐
  │打开│
  └────┘
```

```
                     项目管理员在同意软件缺陷需要修复
    │                软件缺陷移交到和程序员
    ▼
  ┌────┐             程序员修复软件缺陷
  │打开│             软件缺陷称交到测试员
  └────┘
    │
    ▼                测试员确认软件缺陷得以修复
 ┌──────┐            测试员关闭软件缺陷
 │以修复形│
 │式解决 │
 └──────┘
    │
    ▼
  ┌────┐
  │关闭│
  └────┘
```

图 8-2　复杂软件缺陷生命周期模型

可以看到，软件缺陷可能在生命周期中经历数次改动和重申，有时反复循环。在实际测试工作中有相当的普遍性。通常，软件缺陷生命周期有以下两个附加状态。

（1）审查状态

审查状态是指项目管理员或者委员会（有时称为变动控制委员会）决定软件缺陷是否应该修复。在某些项目中，这个过程直到项目行将结束时才发生，甚至根本不发生。注意，从审查状态可以直接进入关闭状态。如果审查发现软件缺陷太小，决定软件缺陷不应该修复，不是真正的问题或者属于测试失误，就会进入关闭状态。

（2）推迟状态

审查可能认定软件缺陷应该在将来的同一时间考虑修复，但是在该版本软件中不修复。推迟修复的软件缺陷以后也可能证实很严重，要立即修复。此时，软件缺陷就重新被打开，再次启动整个过程。

大多数项目小组采用规则来约束由谁来改变软件缺陷的状态，或者交给其他人来处理软件缺陷。例如，只有项目管理员可以决定推迟软件缺陷修复，或者只有测试人员允许关闭软件缺陷。重要的是一旦登记了软件缺陷，就要跟踪其生命周期，不要跟丢了，并且提供必要信息驱使其得到修复和关闭。

综上所述，软件缺陷在生命周期中经历了数次的审阅和状态变化，最终由测试人员关闭软件缺陷来结束其生命周期。软件缺陷生命周期中的不同阶段是测试人员、开发人员和管理人员一起参与、协同测试的过程。软件缺陷一旦发现，便进入测试人员、开发人员、管理人员严格监控之中，直至软件缺陷的生命周期终结。这样即可保证在较短的时间内高效率地关闭所有的缺陷，缩短软件测试的进程，提高软件质量，同时减少开发和维护成本。

8.2.2 正确面对软件缺陷

软件测试人员的职责是根据一定的方法和逻辑,寻找或者发现软件中的缺陷,通过这个过程来证明软件的质量是优秀的还是低劣的。所以,如何发现缺陷,成为很多测试人员关注的焦点。在软件测试过程中,软件测试人员一般需确保测试过程发现的软件缺陷得以关闭。但是,在实际测试工作中,软件测试人员需要从综合的角度考虑软件的质量问题,对找出的软件缺陷保持一种平常心态。

1. 并不是每个软件缺陷都是必须修复的

测试是为了证明程序有错,而不能保证程序没有错误。不管测试计划和执行测试多么努力,也不是所有软件缺陷发现了就能修复。有些软件缺陷可能会完全被忽略,还有一些可能推迟到软件后续版本中修复。不修复软件缺陷的原因有4种:

(1) 不算真正的软件缺陷

在某些特殊场合,错误理解、测试错误或者说明书变更,会使软件测试人员把一些软件缺陷不当作缺陷来对待。

(2) 修复的风险太大

这种情形比较常见。软件本身是脆弱的,难以理清头绪。修复一个软件缺陷可能导致其他软件缺陷出现。在紧迫的产品发布进度压力之下,修改软件缺陷将冒很大的风险。不去理睬已知软件缺陷,以避免出现未知新缺陷的做法也许是安全的办法。

(3) 不值得修复

虽然听起来有些不中听,但这却是真实的。不常出现的软件缺陷和在不常用功能中出现的软件缺陷可以放过;可以躲过或者用户有办法预防,这样的软件缺陷通常不用修复。这些都要归结为商业风险决策。

(4) 没有足够的时间

在任何一个项目中,通常是软件功能较多,而程序设计人员和软件测试人员较少,并且可能在项目进度中没有为编制和测试留出足够的时间。在实际开发过程中,经常出现用户对软件的完成提出个展后期限,在最后期限之前,必须按时完成软件。

2. 发现缺陷的数量说明不了软件的质量

软件中不可能没有缺陷,发现很多的缺陷对于测试工作来说,是件很正常的事。缺陷的数量大,只能说明测试的方法很好,思路很全面,测试工作有成效。但是,以此来否认软件的质量,还是比较武断。例如,如果测试中发现的这些缺陷,绝大多数都是属于提示性错误、文字错误等,错误的等级很低,而且这些缺陷的修改几乎不会影响到执行指令的部分,而对于软件的基本功能或者是性能,发现很少的缺陷,很多时候,这样的测试证明的是"软件的质量是稳定的",因而它属于优秀软件的范畴。这样的软件,只要处理好发现的缺陷,基本就可以发行使用了;进行完整的回归,就是增加软件的成本,浪费商机和时间。

相反,如果在测试中发现的缺陷比较少,但是这些缺陷都集中在功能没有实现、性能没有达标、动不动就引起死机或系统崩溃等现象,而且,在大多数的用户在使用的过程中都会发现这样的问题,这样的软件不会有人轻言"发布"的,因为承担的风险太大了。虽然,这两个例子都比较极端，在实际的测试中，几乎不会发生，但是，提出来是希望测试人员不要把工作集中在发现缺陷数量的问题上。

3. 不可能找出软件中所有的缺陷

很多人都知道这个道理，但是却不明白这个规则对于软件测试工作的意义。软件中的缺陷既然是不可能全部发现的，就不要指望找出软件中的全部缺陷，当它足够少（各公司的定义是不同的）的时候，就应该停止测试了。

虽然软件测试人员需要对自己找出的软件缺陷保持一种平常心态，但同时又必须坚持有始有终的原则，跟踪每一个软件缺陷的处理结果，确保软件缺陷得以关闭。关闭软件缺陷的前提是缺陷得以修复，或决定不做修复。而缺陷是否需要修复的最终决定权在软件的项目负责人，但使缺陷得以关闭的责任在测试人员。

8.2.3 软件缺陷处理技巧

利用软件缺陷生命周期模型测试人员能够比较清楚自己的责任，了解哪些状态需由自己处理、哪些状态需要督促开发人员、产品经理等处理。管理人员、测试人员和开发人员需要掌握在软件缺陷生命周期的不同阶段处理软件缺陷技巧，从而尽快处理软件缺陷，缩短软件缺陷生命周期。下面列出处理软件缺陷的基本技巧。

（1）审阅

当测试人员在缺陷跟踪数据库中输入了一个新的缺陷时，测试员应该提交它，以便在它能够起作用之前进行审阅。这种审阅可以由测试管理员、项目管理员或其他人来进行，主要审阅缺陷报告的质量水平。

（2）拒绝

如果审阅者决定需要对一份缺陷报告进行重大修改，例如，需要添加更多的信息或者需要改变缺陷的严重等级，应该和测试人员一起讨论，由测试人员纠正缺陷报告，然后再次提交。

（3）完善

如果测试员已经完整地描述了问题的特征并将其分离，那么审查者就会肯定这个报告。

（4）分配

当开发组接受完整描述特征并被分离的问题时，测试员会将它分配给适当的开发人员，如果不知道具体开发人员，应分配给项目开发组长，由开发组长再分配给对应的开发人员。

（5）测试

一旦开发人员修复一个缺陷，它就将进入测试阶段。缺陷的修复需要得到测试人员的验证，同时还要进行回归测试，检查这个缺陷的修复是否会引入新的问题。

（6）重新打开

如果这个修复没有通过确认测试，那么测试人员将重新打开这个缺陷报告。重新打开一个缺陷，需要加注释说明，不然会引起"打开—修复"多个来回，造成测试人员和开发人员不必要的矛盾。

（7）关闭

如果修复通过验证测试，那么测试人员将关闭这个缺陷。只有测试人员有关闭缺陷的权限，开发人员没有这个权限。

（8）暂缓

如果每个人都建议将确实存在的缺陷移到以后处理，应该指定下个版本号或修改的日期。一旦新的版本开始时，这些暂缓的缺陷应该重新被打开。

测试人员、开发人员和管理人员只有紧密地合作，掌握软件缺陷处理技巧，在项目的不同阶段，及时地审查、处理和跟踪每个软件缺陷，加速软件缺陷状态的变换，不仅提高软件质量，而且促进项目的发展。

8.3 软件缺陷的跟踪与管理

8.3.1 软件缺陷的度量

对软件缺陷进行跟踪管理的目标之一是对缺陷的数据进行统计。通过对软件开发过程中发现的缺陷进行分析统计，从而可以判断软件质量、项目的进展。从统计的角度出发，可以对软件过程的缺陷进行度量，如缺陷严重程度分布、缺陷类型分布、缺陷率分布、缺陷密度分析、缺陷趋势分布、缺陷注入率，消除率等。统计的方式可以用表格，也可用图表，如散点图、趋势图、因果图、直方图、条形图、排列图等。

1. 缺陷严重程度的统计度量

按照缺陷严重程度及工作类型分布可以统计整个项目生命周期中所有同行评审的缺陷分布，也可以统计某一阶段所有同行评审的缺陷分布，如图 8-3 所示。

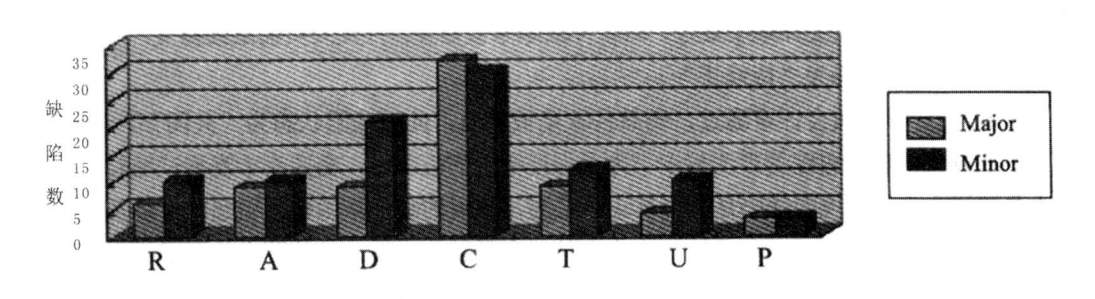

图 8-3 缺陷严重程度及工作类型分布图

2. 缺陷类型的统计度量

按照缺陷类型统计分布图，可以是某一次评审的缺陷统计，可以是某一类型工作评审的缺陷统计，也可以是某一阶段所有同行评审的缺陷统计，还可以是某个项目周期内所有同行评审的缺陷统计，如图 8-4、图 8-5 和图 8-6 所示。

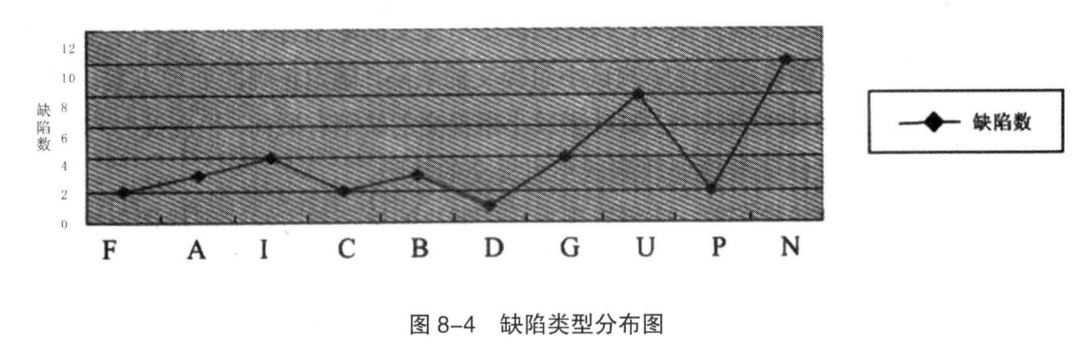

图 8-4 缺陷类型分布图

图 8-5 多个项目的缺陷率统计分布图

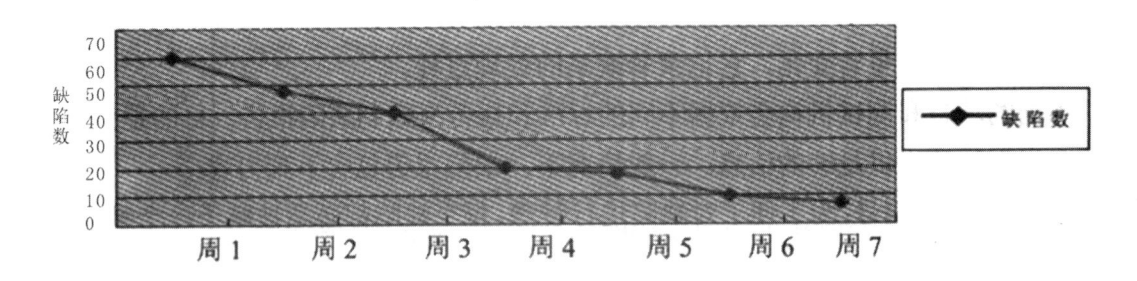

图 8-6 项目的缺陷率按周的分布趋势图

3.缺陷密度

基于软件缺陷的软件质量的一个事实上的标准度量是缺陷密度。对于一个软件产品，软件缺陷分为两种：通过评审或测试等方法发现的已知缺陷、尚未发现的潜在缺陷。缺陷密度的定义如下：

缺陷密度 = 已知缺陷的数量 / 产品规模

在缺陷密度的公式中，产品规模的度量单位可以是文档页、代码行、功能点。缺陷密度是软件缺陷的基本度量，可用于设定产品质量目标、支持软件可靠性模型（如Rayleigh模型）、预测潜伏的软件缺陷进而对软件质量进行跟踪和管理、支持基于缺陷计数的软件可靠性增长模型、对软件质量目标进行跟踪并评判能否结束软件测试。

8.3.2 软件缺陷报告

在软件测试过程中，对于发现的大多数软件缺陷，要求测试人员简捷、清晰地把发现的问题报告给判断是否进行修复的小组，使其得到所需要的全部信息，然后才能决定怎么做。但是，由于软件开发模式不同和修复小组的不固定性，决定做怎样的修复或不修复的决定过程，适用于每一个具体小组或者项目是不可能的。一般地，有一些专门人员或者团队来审查发现的软件缺陷，判定是否修复。但是，无论什么情况，软件测试提供描述软件缺陷的信息对于做决定是十分重要的。若软件测试人员对软件缺陷描述不清楚，报告不够及时、有效，没有建立足够强大的案例来证明指定的软件缺陷必须修复，其结果可能使软件缺陷被误以为不是软件缺陷，或者被认为软件缺陷不够严重，不值得修复，或者认为修复风险太大等，产生各种误解。

1. 报告软件缺陷的基本原则

报告软件测试错误的目的是为了保证修复错误的人员可以重复报告的错误，从而有利于分析错误产生的原因，定位错误，然后修正。因此，报告软件测试错误的基本要求是准确、简洁、完整、规范。报告软件缺陷的基本原则如下：

（1）尽快报告软件缺陷

软件缺陷发现的越早，可供修复的时间就越多。例如，在软件发布之前几个月从帮助文中找出一个错别字，该缺陷被修复的可行性就越高。图 8-7 显示了时间和缺陷修复之间的关系。

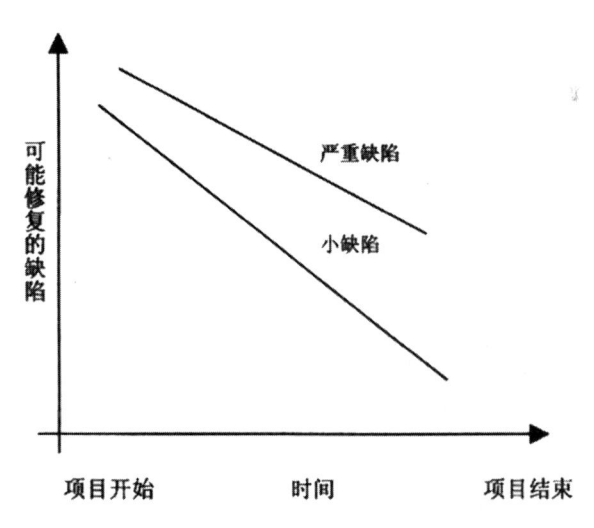

图 8-7 时间和缺陷修复之间的关系图

（2）有效地描述软件缺陷

对于测试工作中发现的软件缺陷，要求测试人员简洁、清晰、准确、完整、有效地描述出来。描述要准确反映错误的本质内容，简短明了地揭示错误实质，传达给修复小组，使得其得到所需要的全部信息，这样才能便于修复小组判断报告的软件缺陷是否应该立即进行修复。

（3）在报告软件缺陷时不做任何评价

在软件测试过程中，因为测试人员是在寻找程序错误，所以测试人员和程序员之间很容易形成对立关系。软件缺陷报告可能以软件测试人员工作"成绩报告单"的形式由程序员或者开发小组其他人员审查，因此软件缺陷报告中应不带有倾向性以及个人的观点。

（4）补充和完善软件缺陷报告

比没有找到重要软件缺陷更糟糕的情况是，测试人员发现了一个软件缺陷，并对它做了报告，然后把它忘掉了或者跟丢了。从发现软件缺陷的那一刻起测试人员应该进行正确地报告，以使软件缺陷得到应有的重视。良好的测试人员会发现并随时记录许多软件缺陷；优秀的测试人员发现并记录了大量软件缺陷之后，应继续监视其修复的全过程。

以上概括了报告测试错误的规范要求，测试人员应该牢记上面这些关于报告软件缺陷的原则。这些原则几乎可以运用到任何交流活动中，尽管有时难以做到，然而，如果希望有效地报告软件缺陷，并使其得以修复，这些是测试人员要遵循的基本原则。

2. 软件缺陷报告的基本内容

软件缺陷报告所需的基本信息类型在不同公司中都是大同小异的，差别只在于组织和标识的不同。软件缺陷报告的基本内容可归纳如下。

（1）问题报告编号

理想情况下应由计算机填写。它是独一无二的，不存在有相同编号的两份报告。

（2）程序名

如果软件产品包含了一个以上的程序，或者你的公司开发了一个以上的程序，你就得说明究竟是哪一个出了问题。

（3）软件缺陷描述

软件缺陷报告的编写人员应该往报告中提供足够多的信息，一般修复人员能够理解和再现事件的发生过程。具体内容包括：

1）报告类型。报告类型描述了发现的问题类型。

2）严重性。报告人员使用严重性来为问题严重程度评分。

3）异常情况。异常情况指的是实际结果与预期结果的差异有多大。也记录一些其他重要的数据，例如，有关系统数据量过小或者过大，一个月的最后一天等。

4）规程步骤。规程步骤是指明软件缺陷发生的步骤。如果使用的是很长的、复杂的测试规程，这一项就特别重要。

5）测试环境。测试环境是软件测试时所采用的环境。例如，系统测试环境、验收测试环境、客户的测试环境、测试场所等。

6）建议的改正措施。这部分是可选的。如果答案很明显，或是我们没有好的改正建议，就留着不填好了。程序员会由于不能很快想到有什么很好的改正方法而忽略很多设计或用户界面错误（尤其是在变动措辞和屏幕布局设计时）。如果我们有个非常好的建议，就写在这里，他们可能会马上采纳你的意见。

7）测试人。报告人的名字必须要填写。如果程序员不懂报告，他必须知道应该找谁。

很多人会讨厌或不理睬匿名报告。

8) 见证人。了解此次测试的其他人员情况。

9) 日期。这里的日期指的是你（或者报告人员）发现问题的日期，不是填写报告的时间或将报告输入到计算机的时间。发现问题的日期很重要，因为它有助于识别程序的版本，仅有版本号信息还不够，因为有些程序员忘了改变代码的版本号。

（4）软件缺陷总结

简明扼要地陈述事实，总结软件缺陷。给出所测试软件的版本引用信息、相关的测试用例和测试说明等信息。对于任何已确定的软件缺陷，都要给出相关的测试用例，如果某一个软件缺陷是意外发现的，也应该编写一个能发现这个意外软件缺陷的测试用例。

8.3.3 分离和再现软件缺陷

测试人员要想有效报告软件缺陷，就要对软件缺陷以明显、通用和再现的形式进行描述。在许多情况下这很容易做到。假定有一个画图程序的简单测试案例，检查绘画可以使用的所有颜色。如果每次选择红色，程序部用绿色绘画，这就是明显的和可再现的软件缺陷。但是如果这个颜色错误的软件缺陷仅在执行一些其他测试案例之后出现，而在启动机器之后直接执行专门的测试案例时不出现，对于这样随机出现的软件缺陷，我们应该怎么办？

分离和再现软件缺陷是考验软件测试人员专业技能的地方，测试人员应该设法找出缩小问题范围的具体步骤。对测试人员有利的情况是，若建立起绝对相同的输入条件时，软件缺陷就会再次出现。不存在随机的软件缺陷。不利的情况是，若建立起绝对相同的输入条件的话，要求技巧性非常高，而且非常耗时。但是，一旦确定了输入条件，再现软件缺陷就很容易了。当不知道输入条件时，就很难再现软件缺陷。以下介绍如何分离和再现缺陷的一些常用方法和技巧。

（1）考虑资源依赖性包括内存、网络和硬件共享的相互作用

软件缺陷是否仅在运行其他软件并与其他硬件通信的"繁忙"系统上出现？软件缺陷可能最终证实跟硬件资源、网络资源有相互的作用，审视这些影响有利于分离和再现软件缺陷。

（2）不要忽视硬件

与软件不同，硬件不按预定方式工作。板卡松动、内存条损坏或者CPU过热都可能导致像是软件缺陷的失败。设法在不同硬件上再现软件缺陷。在执行配置或者兼容性测试时特别重要。判定软件缺陷是在一个系统上还是在多个系统上产生。

（3）注意时间和运行条件上的因素

软件缺陷是否仅在某个特定时刻出现；输入数据的速度是否一致；使用的是慢速的软盘还是高速的硬盘来保存数据；测试工作中看到软件缺陷时网络是否繁忙；在运行较慢和较快的硬件上有否分别尝试测试案例；测试的时序等。这些时间和运行条件上的因素，将直接影响软件缺陷的分离和再现。

（4）确保所有的步骤都被记录

记录下所做的每一件事、每一个步骤、每个停顿。无意间丢失一个步骤或者增加一个多余步骤，可能导致无法再现软件缺陷。在尝试运行测试用例时，可以利用录制工具确切地记录执行步骤。所有的目标是确保导致软件缺陷所需的全部细节是可见的。

（5）压力和负荷、内存和数据溢出相关的边界条件

执行某个测试可能导致产生缺陷的数据被覆盖，而只有在试图使用该数据时才会再现。在重启计算机后软件缺陷消失，当执行其他测试之后又出现这类软件缺陷，需要注意某些软件缺陷可能是在无意中产生的。

如果测试人员尽了最大努力分离软件缺陷，还是无法制作简明的再现步骤，那么仍然要记录软件缺陷，以免跟丢了。程序员利用测试人员提供的信息，可能很容易就能够找出问题所在。由于程序员熟悉代码，因此看到症状、测试案例步骤，特别是努力分离问题的过程时，可能就会发现查找软件缺陷的线索。当然，程序员不应该，也不必对发现的每一个软件缺陷都这样做。但是，当遇到这些难以分离的问题时，就需要测试小组的共同努力。

8.3.4 软件缺陷跟踪管理系统

为了更高效地记录发现的软件缺陷，并在软件缺陷的整个生命周期中对其进行监控，在实际的软件测试中常运用软件缺陷跟踪管理系统（Defect Tracking System）。软件缺陷跟踪管理系统是用于集中管理软件测试过程中所发现缺陷的数据库程序，可以通过添加、修改、排序、查寻、存储操作来管理软件缺陷。

利用软件缺陷跟踪管理系统便于查找和跟踪缺陷。对于大中型软件的测试过程而言，报告的缺陷总数可能会有成千上万个，如果没有缺陷跟踪管理系统的支持，要求查找某个错误，其难度和效率可想而知。

1. 软件缺陷管理系统的必要性

软件缺陷跟踪系统拥有软件缺陷跟踪数据库，它不仅有利于软件缺陷的清楚描述，还提供统一的、标准化报告，使所有人的理解一致。

缺陷跟踪数据库允许自动连续的软件缺陷编号，还提供了大量供分析和统计的选项，这是手工方法无法实现的。

基于缺陷跟踪数据库，可快速生成满足各种查询条件的、所必要的缺陷报表、曲线图等，开发小组乃至公司的每一个人都可以随时掌握软件产品质量的整体状况或测试/开发的进度。

缺陷跟踪数据库提供了软件缺陷属性并允许开发小组根据对项目的相对和绝对重要性来修复缺陷。

可以在软件缺陷的生命周期中管理缺陷，从最初的报告到最后的解决，确保了每一个缺陷不会被忽略；同时，它还可以使注意力保持在那些必须尽快修复的重要缺陷上。

当缺陷在它的生命周期中变化时，开发人员、测试人员以及管理人员将熟悉新的软件缺陷信息。一个设计良好的软件缺陷跟踪系统可以获取历史记录，并在检查缺陷的状态时参考历史记录。

在软件缺陷跟踪数据库中关闭每一份缺陷报告，它都可以被记录下来。当产品送出去时，每一份未关闭的缺陷报告都提供了预先警告的有效技术支持，并且证明测试人员找到特殊领域突然出现的事件中的软件缺陷。

2.软件缺陷管理系统的作用

在测试工作中应用软件缺陷管理系统的作用可归纳如下:

(1)保持高效率的测试过程

由于软件缺陷跟踪管理系统一般都通过测试组内部局域网运行,因此打开和操作速度快。软件测试人员随时向内部数据库添加新发现的缺陷,而且如果遗漏某项缺陷的内容,数据库系统将会及时给出提示,保证软件缺陷报告的完整性和一致性。软件缺陷验证工程师将主要精力放在验证数据库中新报告的缺陷,保证了效率。

(2)提高软件缺陷报告的质量

软件缺陷报告的一致性和正确性是衡量软件测试公司测试专业程度的指标之一。通过正确和完整填写软件缺陷数据库的各项内容,可以保证测试工程师的缺陷报告格式统一。同时,引入软件缺陷跟踪管理系统可以在测试工具和测试流程上,保证不同测试技术背景的测试成员书写结构一致的软件缺陷报告。为了提高报告的效率,缺陷数据库的很多字段内容可以直接选择,而不必每次都手工输入。

(3)实施实时管理,安全控制

软件缺陷查询、筛选、排序、添加、修改、保存、权限控制是数据库管理的基本功能和主要优势。通过方便的数据库查询和分类筛选,便于迅速定位缺陷和统计缺陷的类型。通过权限设置,保证只有适当权限的人才能修改或删除软件缺陷,保证了测试的质量。最后它还有利于跟踪和监控错误的处理过程和方法,可以方便地检查处理方法是否正确,跟踪处理者的姓名和处理时间,作为工作量的统计和业绩考核的参考。

(4)促进项目组成员间的协同工作

缺陷跟踪管理系统可以作为测试人员、开发人员、项目负责人、缺陷评审人员协同工作的平台,同时也便于及时掌握各缺陷的当前状态,进而完成对应状态的测试工作。

3.缺陷跟踪管理的实现原理

软件缺陷跟踪管理系统可以通过添加、修改、排序、查寻、存储操作来管理软件缺陷。目前市场上已经出现了一些通用缺陷跟踪管理软件,这些软件在功能上各有特点,可以根据实际情况直接购买使用,也可以根据测试项目的实际需要,开发专用的缺陷跟踪系统。

缺陷跟踪管理系统在实现技术层面上来看是一个数据库应用程序。它包括前台用户界面、后台缺陷数据库以及中间数据处理层。目前,不少缺陷跟踪管理系统是采用B/S结构来实现的,相应地,采用的编程语言是ASP或JSP。这类系统的用户界面所显示的信息一般应根据用户的角色不同而略有差异,因为各个角色使用该系统完成的任务各不相同。如测试人员用于报告缺陷或确认缺陷是否可以关闭;开发人员用于了解哪些缺陷需要他去处理以及缺陷经过处理后是否被关闭;而项目负责人需要及时了解当前有哪些新的缺陷,哪些必须及时修正等。另外,不同角色所拥有的数据操作权限也不尽相同。例如,开发人员无权通过其用户界面往数据库中填写新的缺陷信息,也无权关闭某个已知缺陷;而测试人员无权决定分配谁去修正某个已知缺陷,也无权决定是否要修正某个缺陷。

缺陷跟踪管理系统后台数据库的设计建议尽量考虑到不同角色的应用需要,如测试人员可能需要对相关数据表做频繁的记录插入、查询等操作,软件开发人员可能对与他相关的记录非常重视，而对其他记录不感兴趣，而项目负责人员可能对新发现的缺陷数据需要做到及时掌握，这些需求对于数据库的建表、建立索引都有很大的指导性意义。

软件缺陷跟踪数据库最常用的功能，除了输入软件缺陷之外，就是通过执行查询来获得需要的软件缺陷清单。软件缺陷数据库可能存放了成千上万的软件缺陷，在如此大型的清单中手工排序是不可能的。在数据库中存放软件缺陷的好处是使查询成为简单工作。这个软件缺陷数据库的查询构造器和其他大多数的同类产品一样，利用逻辑与、逻辑或和括号构建具体要求。从查询的软件缺陷清单中可以看到缺陷ID号、标题、状态、优先级、严重性、解决方案和产品名称等查询结果。在大多数情况下，这些就是所需的全部信息，但是在另一些情况下，可能希望细节再多一些或者少一些，在软件缺陷数据库中还通过使用导出窗口可以挑选希望存入文件的字段。例如，如果只想获得简单的软件缺陷列表，就可以导出只有软件缺陷ID号以及标题的简易清单；如果要参加讨论软件缺陷的会议，就应该保存软件缺陷ID号、标题、优先级、严重性以及指定的人员等字段。

总之，通过使用软件缺陷跟踪数据库，不但可以进行查询，还可以找出发现的软件缺陷类型、发现软件缺陷的速度以及多少软件缺陷已经得到了修复，能够提取各种实用和关心的数据，可以显示测试工作的成效和项目的进展情况。测试人员或者项目管理员可以看出数据中是否有趋势显示需要增加测试的区域，或者测试工作是否符合预先所制订的测试计划的进程等。

引入缺陷跟踪管理系统属于软件公司创建测试组织的基础性工作，可以满足现在和今后软件测试业务不断发展的需要。这种基础工作做好了，可以使初期的测试项目顺利实施，也为今后大型测试项目的实施打下良好的基础。

8.4 软件缺陷管理工具

缺陷管理是软件开发和软件质量管理的重要组成部分，是软件开发管理过程中与配置管理并驾齐驱的最基本管理需求。目前，随着人们对缺陷管理工具的需求逐渐增多而且更加明确，国内外有越来越多的公司进行相关管理工具的开发，包括缺陷管理工具的开发，提供高质量的商用工具。同时，人们渴望能够得到物美价廉的可用版本（当然大多数都有免费的试用版）。缺陷管理及缺陷管理工具的重要性及其被人们所给予的重视程度越来越高。

缺陷管理工具用于集中管理软件测试过程中发现的错误，是添加、修改、排序、查询、存储软件测试错误的数据库程序。另外，缺陷管理工具的使用也使得跟踪和监控错误的处理过程和方法更加容易，即可以方便地检查处理方法是否正确，可以确定处理者的姓名和处理时间，作为统计和考核工作质量的参考。而且，缺陷管理工具的使用为集中管理提供了支持条件，为大大提高管理效率提供了可能。最后，缺陷管理工具的使用使得整个缺陷管理安全性高，通过权限设置，不同权限的用户能执行不同的操作，保证只有适当的人员才能执行正确的处理；同时，能够保证缺陷处理顺序的正确性，根据当前错误的状态，决定当前错误的处理方法。最重要的是缺陷管理工具具有方便存储的特点，便于项目结束后将缺陷管理活动过程存档，可以随时或在项目结束后存储，以备将来参考。

8.4.1 商用软件缺陷管理工具

1. ClearQuest

IBM Rational一向以功能强大、产品类型全面而著称。IBM Rational ClearQuest是基于团队的缺陷和变更跟踪解决方案，它包含在IBM Rational Suite中。IBM Rational Suite是针对分析人员、开发人员和测试人员进行了优化的一套软件开发全面解决方案。作为它主要组件之一的IBM Rational ClearQuest是套高度灵活的缺陷和变更跟踪系统。适用于在任何平台上、任何类型的项目中，捕获各种类型的变更。

ClearQuest的强大之处和显著特点表现在：支持数据库MS Access和SQL Server 6.5；拥有可完全定制的界面和工作流程机制，能适用于任何开发过程；强大的报告和图表功能，使您能直观、简便地使用图形工具定制所需的报告、查询和图表，用户可深入分析开发现状；自动电子邮件通知、无需授权的Web登录以及对Windows、UNIX和Web的内在支持，ClearQuest可以确保团队中的所有成员都被纳入缺陷和变更请求的流程中；提供了一个可靠的集中式系统，该系统与配置管理、自动测试、需求管理和过程指导等工具相集成，使项目中每个人都可以对所有变更发表意见，并了解其变化情况；可以更好地支持最常见的变更请求（包括缺陷和功能改进请求），并且便于对系统做进一步的定制，以便管理其他类型的变更；能适应所需的任何过程、业务规则和命名约定，可以使用ClearQuest预先定义的过程、表单和相关规则，或者ClearQuestDesigner来定制——几乎系统的所有方面都可以定制，包括缺陷和变更请求的状态转移生命周期、数据库字段、用户界面布局、报表、图表和查询等；与IBM Rational的软件管理工具ClearCase完全集成，让用户充分掌握变更需求情况。

2. BMS

BMS是上海微创软件有限公司推出的软件开发管理整体解决方案的核心产品，将微软丰富的项目开发经验与众多用户的实际需求结合起来，帮助中小软件企业规范和完善管理流程、强化产品质量，并从根本上推动企业管理思想和方法的进步。BMS的主要特点如下：

1) 在微软最新.NET技术的基础上，BMS XP可以全方位地跟踪、管理、统计和分析企业内部项目质量管理过程中的缺陷，最大限度地减少缺陷的出现率，进而实现软件质量的量化。

2) 良好的跨平台使用性，无论客户从事的是通用软件产品开发、项目定制，还是硬件相关的集成开发，都可作为BMS的用武之地。这一点在国内千差万别的复杂软件开发环境中，有着格外重要的意义。

3) BMS可记录企业软件开发过程中发现的缺陷，提供不同条件的缺陷查询与针对性管理。

4) 具有决策支持、实时通知等实用性功能，对软件企业工作效率的提高和流程的改善助益良多。

5) 能够以多种形式的统计报表帮助相关人员直观掌握缺陷的全局情况，实现对整个软件开发过程的多层次、多角度管理，完整调控软件开发的总体状况与发展趋势。

3. TrackRocord

作为 Compuware 项目管理软件集成的个重要组成部分，TrackRecord 目前已经拥有众多的企业级用户，它基于传统的缺陷管理思想，整个缺陷处理流程完备，界面设计精细，并且对缺陷管理数据进行了初步的加工处理，提供了一定的图形表示。显著特点如下：

（1）定义了信息条目类型

在 TrackRecord 的数据库中，定义了不同的缺陷、任务、组成员等内容；通过图形界面进行输入。

（2）定义规则

规则引擎允许管理者对不同信息类型创建不同的规则，规定不同字段的值的范围等。

（3）工作流程

一个缺陷、任务或者其他条目，从它被输入到最后排除期间经历的一系列状态。

（4）查询

对历史信息进行查询，显示结果。

（5）概要统计或图形表示

动态地对数据库中的数据进行统计报告，可按照不同的条件进行统计，同时提供了几种不同的图形显示：

- 文本方式显示不同缺陷状态、列表。
- 立体彩色条形图显示不同优先级的缺陷状态。
- 立体彩色条形图显示不同开发者不同优先级的缺陷状态。
- 彩色饼图显示所有人员发现缺陷占总缺陷数的百分比。

（6）网络服务器

网络服务器允许用户通过网络浏览器访问数据库。

（7）自动电子邮件通知

提供报告的缺陷邮件通知功能，并为非注册用户提供远程视图（在保证项目信息安全的情况下，让某些非项目组人员可以了解项目的相关信息）。

4. QAMonitor

软件质量监控系统 QAMonitor，作为北京航空航天大学科技开发部的推广项目，是一个实时地记录和管理测试阶段信息的软件开发支持工具。它将信息在软件开发小组内，即在管理人员、开发人员、测试人员和其他相关人员之间方便地进行传递。这些信息包括：所发现的软件问题的描述信息，软件问题处理的进度信息等。

使用 QAMonitor 来管理测试信息，便于对软件质量进行分析和评估，并指导软件质量保证工作。对于不同工作类型的人员，QAMonitor 都可以为他们产生相关的统计数据。QAMonitor 的功能如下：

- 管理项目组中用户的级别和权限。
- 报告软件缺陷的类型和严重程度。
- 报告软件缺陷处理过程的进展状态。
- 查询和统计缺陷记录。

- 生成数据报表和统计图形。
- 支持电子邮件服务，方便地进行信息的传递。

8.4.2 开源软件缺陷管理工具

1. Bugzilla

Bugzilla 由 Terry Weissman 研制，用 perl 编写，后台数据库是 MySQL，最初是用来在 Netscape 内部跟踪其 Bug 的。所以它是一个"缺陷跟踪系统"或者"Bug 跟踪系统"，可以帮助个人或者小组开发者有效跟踪已经发现的错误。多数商业缺陷跟踪软件收取昂贵的授权费用，而 Bugzilla 作为一个免费软件，拥有许多商业软件所不具备的特点，因而，它现在已经成为全球许多组织喜欢的缺陷管理软件。

Bugzilla 具有如下主要特点：

1) 普通报表生成：自带基于当前数据库的报表生成功能。

2) 基于表格的视图：一些图形视图（条形图、线形图、饼图）。

3) 请求系统：可以根据复查人员的要求对 Bug 进行注释，以帮助他们理解并决定是否接受该 Bug。

4) 支持企业组成员设定：管理员可以根据需要定义由个人或者其他组构成的访问组。

5) 支持用户名通配符匹配功能：当用户输入一个不完整的用户名时，系统会显示匹配的用户列表。

6) 内部用户功能：可以定义一组特殊用户，他们所发表的评论和附件只能被组内成员访问。

7) 时间追踪功能：系统自动记录每项操作的时间，并显示离规定的结束时间剩余的时间。

8) 多种验证方法：模型化的验证模块，使用户能方便地添加所需系统验证。Bugzilla 已经内建了支持 MySQL 和 LDAP 授权验证的方法。

9) 可当地化配置：管理员可以根据用户所在地域而自动使用当地用户的字体进行页面显示。

10) 补丁阅读器：增强了与 Bonsai、LXR 和 CVS 整合过程中提交的补丁的阅读功能，为设计人员提供丰富的上下文。

11) 评论回复连接：对 Bug 的评论提供直接的页面连接，帮助复查人员评审 Bug。

12) 强大的检索功能：支持数据库全文检索，包括评论、概括等。

13) E-mail 地址加密：保护使用者的电子邮件地址不被非法获取。

14) 视图生成功能：高级的视图特性允许您在可配置的数据集的基础上灵活地显示数据。

15) 统一性检测：扫描数据库的一致性。报告错误并允许客户打开与错误相关的 Bug 列表。统一性检测同时检测用户的发送邮件列表，提示来发送邮件队列等的状态。

2. BugRat

BugRat 作为开源项目 Giant Java Tree 的一个分支，它的最新版本 2.5.3 发行于 2001 年 3 月 12 日，之后项目处于停滞状态。

BugRat 已经具备了普通缺陷管理软件的共同特性，具体如下：
- 使用关系型数据库。
- 数据库连接使用 JDBC。
- 使用 Serverlet 作为数据库的接口。
- 可以跨网络报告 Bugs。
- 可以通过 E-mail 报告 Bugs。
- 支持通过 Web 浏览或搜索 Bug。
- 可以从用 Java 编写的客户端管理数据库。

除了上述两种开源缺陷管理工具外，还有 Buggit 和 Mantis。

Buggit 是一个十分小巧的 C/S 结构的 Access 应用软件，仅限于 intranet，10 分钟就可以配置完成，使用十分简单，查询简便，能满足基本的缺陷跟踪功能，还有 10 个用户定制域。有 12 种报表输出。

Mantis 是一款基于 Web 的软件缺陷管理工具，配置和使用都很简单，适合中小型软件开发团队。

8.5 软件测试的评估与总结报告

8.5.1 覆盖评估与性能评估

1. 覆盖评估

覆盖评估指标是用来度量软件测试的完全程度的，所以可以将覆盖用作测试有效性的一个度量。最常用的覆盖评估包括基于需求的测试覆盖、基于代码的测试覆盖和基于功能模块的测试覆盖。

（1）基于需求的测试覆盖

基于需求的测试覆盖在测试过程中要评测多次。并在测试过程中，每一个测试阶段结束时给出测试覆盖的度量。例如，计划的测试覆盖、已实施的测试覆盖、已执行成功的测试覆盖等。基于需求的测试覆盖率通过以下公式计算：

需求覆盖率 =（已执行的测试用例数 / 总共设计的测试用例个数）×100%

这种计算方法的前提是测试用例设计比较完善，并且通过了评审，测试用例能很好地体现对各项需求的测试。

需求覆盖率能较好的体现测试的覆盖率和测试人员的工作效率，但是这种统计方式要求比较规范的测试过程，需求必须是相对完整覆盖用户要求的。测试人员基于需求设计出测试用例，纳入测试用例库，并且需要不断地维护测试用例库，使其能体现测试的需求。

在测试的执行过程中需要严格按照测试用例来分配测试并执行，以及记录测试状态，这样才能收集到需要统计的数据，从而统计出测试的需求覆盖率，体现测试人员的测试工作量和工作效率。

（2）基于代码的测试覆盖

基于代码的测试覆盖评估是测试过程中已经执行的代码的多少，与之相对应的是将要执行测试的剩余代码的多少。代码覆盖可以建立在控制流（语句、分支或路径）或者数据流的基础上。控制流覆盖的目的是测试代码行、分支条件、代码中的路径或者软件控制流的其他元素等。数据流覆盖的目的是通过对软件的操作，来测试数据状态是否有效，例如，数据元素在使用之前是否已作定义等。许多测试专家认为，一个测试小组在测试工作中所要做的最为重要的事情之一就是度量代码的覆盖情况。基于代码的测试覆盖率通过以下公式计算：

$$代码测试覆盖率 = (已执行测试的代码行 / 总的代码行) \times 100\%$$

基于代码的测试覆盖评估也可以使用代码覆盖工具来实现，如今这些工具的用户界面友好，操作十分方便。这些工具可以度量语句、分支或路径的覆盖情况，提示开发人员或测试人员。测试用例已经或者还未执行过哪些语句、路径或分支。

很明显，在软件测试工作中，进行基于代码的测试覆盖评估工作是极有意义的，因为任何未经测试的代码都是一个潜在的不利因素。在一般情况下，代码覆盖运用于较低的测试等级（例如单元和集成级）时最为有效。这些测试等级通常是由开发人员来进行的。即使是在使用了代码覆盖工具的情况下，也应该在根据代码本身来设计测试用例之前，首先设计单元测试用例，以覆盖程序规格说明的所有属性。

对于一个软件测试项目，仅仅凭借执行了所有的代码，并不能为软件质量提供保证。也就是说，即使所有的代码都在测试中得到执行，并不能担保代码是按照客户、需求和设计的要求去做了。在一个极为典型的软件开发过程中，用户的要求被记录下来作为需求规格说明，而需求规格说明随后被用来进行设计，并且在设计的基础上编写代码。通过对代码进行测试，可以了解代码是否与设计相匹配，但却不能证明设计是否满足需求。而基于需求的测试用例就能够显示需求是否得到了满足，设计是否与需求相匹配。所以，归根结底最重要的是要根据代码、设计和需求来构造测试用例。很明显，只是使用了基于代码的测试覆盖评估，并不能说明软件满足了需求。

（3）基于功能模块的测试覆盖

功能模块覆盖是一种比较粗的衡量方式。主要用在系统功能上，或者包含很多子系统、子模块的产品上，并且通常用在回归测试时衡量测试的覆盖面。功能覆盖统计的计算公式为：

$$功能覆盖率 = (已执行的功能模块数 / 总的功能模块数) \times 100\%$$

在制定功能模块覆盖率的衡量标准时，需要注意系统的各个功能模块之间是有关联的。例如，测试人员在测试库存模块时，可能需要在基础配置模块中先初始化一些库存信息，而这也就顺带地测试了基础配置模块的一部分功能。另外，有些模块在单元测试中已经详细地测试，并且核心代码已经受控，则没有必要每次都进行详细地测试，因此不能每次都要求具有更高的功能模块覆盖率。

除了功能模块覆盖率，还有一种覆盖率统计方法是介于代码行覆盖率与功能模块覆盖率之间的，叫数据库覆盖率。数据库覆盖率指的是测试人员测试的功能模块对数据库表的访问面积的覆盖率。这种方法只能应用在数据库软件系统的测试覆盖率统计上。统计的方法是在测试过程中跟踪程序访问数据库的操作产生的 SQL 语句，然后根据 SQL 语句覆盖到的表和存储过程、视图、函数、触发器等数据库对象的面积来统计测试覆盖率。

2. 性能评估

评估测试对象的性能行为时，可以使用多种评测，这些评测侧重于获取与行为相关的数据，如响应时间、计时配置文件、执行流、操作可靠性和限制。这些评测主要在评估测试活动中进行评估，但是也可以在执行测试活动中，使用性能评测来评估测试进度和状态。

性能评测主要包括的内容为：动态监测、响应时间和吞吐量、百分比报告、比较报告以及追踪和配置文件报告。

（1）动态监测

动态监测用于在测试执行过程中，实时获取并显示正在执行的各测试用例的状态。动态监测通常以柱状图或曲线图的形式提供实时显示/报告。该报告用于在测试执行过程中，通过显示当前的情况、状态以及测试用例正在执行的进度来监测或评估性能测试执行情况。

例如，在如图 8-8 所示的柱状图中，有 80 个测试用例正在执行。图中显示，有 14 个测试用例处于空闲状态，12 个处于查询状态，34 个处于 SQL 执行状态，4 个处于 SQL 连接状态，16 个处于其他状态。随着测试的进行，我们将看到各状态的数量会发生变化。显示的输出将是正常执行且正在执行中的典型测试执行。但是，如果在测试执行过程中，测试用例始终保持一种状态或没有显示任何变化，则表明测试执行发生问题或者需要实施（或执行）其他性能评测。

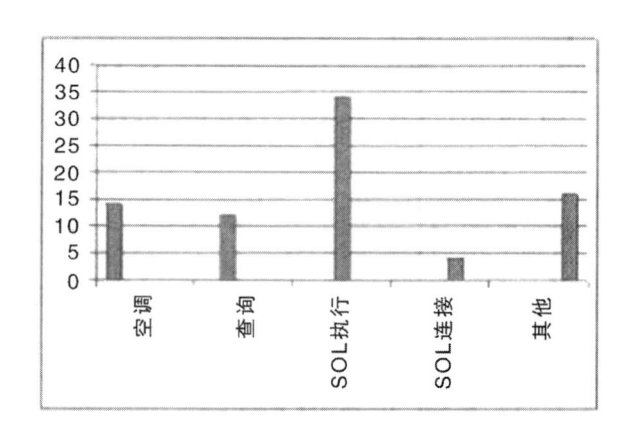

图 8-8 动态监测柱状图

（2）响应时间和吞吐量

响应时间和吞吐量：测试对象针对特定测试用例的响应时间和吞吐量的评测。响应时间和吞吐量是评测并计算与时间和吞吐量相关的性能行为。这些报告通常用曲线图显示，响应时间和吞吐量在 y 轴上，而事件数在 x 轴上。

如图 8-9 所示，除了显示实际的性能行为外，响应时间曲线在计算并显示统计信息方面也很实用，包括显示数据值的平均偏差和标准偏差。

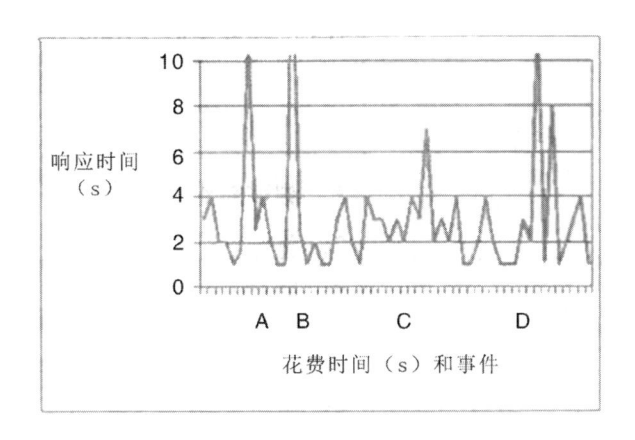

图 8-9 响应时间曲线图

（3）百分比报告

百分比报告：已收集数据类型的百分比计算与评测。百分比报告通过显示已收集数据类型的各种百分比值，提供了另一种性能统计计算方法。

（4）比较报告

比较报告：代表不同测试执行情况的两个（或多个）数据集之间的差异或趋势。比较不同性能测试的结果，以评估测试执行过程之间所作的变更对性能行为的影响，这种做法是非常必要的。比较报告应该用于显示两个数据集（分别代表不同的测试执行）之间的差异或多个测试执行之间的趋势。

（5）追踪和配置文件报告

追踪报告，即测试用例和测试对象之间的消息和会话详细信息。当性能行为可以接受时，或者当性能监测表明存在可能的瓶颈时（如当测试用例保持给定状态的时间过长），追踪报告可能是最有价值的报告。追踪和配置文件报告显示低级信息。该信息包括主角与测试对象之间的消息、执行流、数据访问以及函数和系统调用。

8.5.2 测试总结报告

在软件测试覆盖率分析、软件性能评估的基础上，测试组长就可以开始书写测试报告了。提交测试总结报告的目的是总结测试活动的结果，并根据这些结果对测试进行评价。这种报告是测试人员对测试工作进行总结并识别出软件的局限性和发生失效的可能性。在测试执行阶段的末期，应该为每个测试计划准备一份相应的测试总结报告。从本质上讲，测试总结报告是测试计划的扩展，起着对测试计划"封闭回路"的作用。应该说，完成测试总结报告并不需要投入大量的时间，实际上，包含在报告中的信息绝大多数都是测试人员在整个软件测试过程中需要不断收集和分析的信息。

测试报告对测试记录、测试结果如实进行汇总分析，其主要内容由以下几部分组成。

- 介绍测试项目或测试对象（软件程序、系统、产品等）相关信息，包括名称、版本、依赖关系、进度安排、参与测试的人员和相关文档等。
- 描述测试需求，包括新功能特性、性能指标要求、测试环境设置要求等。
- 说明具体完成了哪些测试，以及各项测试执行的结果。
- 根据测试的结果，对软件产品质量做出准确、全面的评估，列出所有已知的且未解决的问题、测试有待完善的计划和产品质量改进建议等。

图 8-10 所示的是符合 IEEE 8291998 中软件测试文档编制标准的测试总结报告模板，它显示了测试报告的结构和具体内容。

```
IEEE 标准 829-1998 软件测试文档编制标准
              测试总结报告模板
                    目录
1. 测试总结报告标识符
2. 概述
3. 差异
4. 综合评估
5. 结果总结
   5.1 已解决的意外事件
   5.2 未解决的意外事件
6. 评价
7. 建议
8. 活动总结
9. 审批
```

图 8-10 测试总结报告模板

（1）测试总结报告标识符

报告标识符是一个标识报告的唯一 ID，用来使测试总结报告管理、定位和引用。

（2）概述

概要说明发生了哪些测试活动，包括软件的版本的发布、环境等。这部分内容通常还包括测试计划、测试设计规格说明、测试规程和测试用例提供的参考信息。

（3）差异

主要是描述计划的测试工作与真实发生的测试之间存在的所有差异。对于测试人员来说，这部分内容相当重要，因为，它有助于测试人员掌握各种变更情况，并使测试人员对今后如何改进测试计划过程有更深的认识。

（4）综合评估

在这一部分中，应该对照在测试计划中规定的准则，对测试过程的全面性进行评价。这些准则是建立在测试清单、需求、设计、代码覆盖或这些因素的综合结果基础之上的。在这里，需要指出那些覆盖不充分的特征或者特征集合，也包括对任何新出现的风险进行讨论。此外，还需要对所采用的测试有效性的所有度量进行报告和说明。

（5）结果总结

总结测试结果时，应该标识出所有已经解决的软件缺陷，并总结这些软件缺陷的解决方法；还要标识出所有未解决的软件缺陷。这部分内容还包括与缺陷及其分布相关的度量。

（6）评价

在这一部分中，应该对每个测试项，包括各个测试项的局限性进行总体评价；可能还会包括：根据系统在测试期间所表现出的稳定性、可靠性或对测试期间观察到的失效的分析，对失效可能性进行的讨论。

（7）活动总结

总结主要的测试活动和事件。总结资源消耗数据，例如，人员配置的总体水平、总的机器时间以及花在每一项主要测试活动上的时间。这部分内容对于测试人员来说十分重要，因为这里记录的数据，可提供估计今后的测试工作量所需信息。

（8）审批

在这一部分，列出对这个报告享有审批权的所有人员的名字和职务。留出用于署名和填写日期的空间。理想情况下，我们希望审批这个报告的人员与审批相应的测试计划的人员相同，因为测试总结报告是对相应的计划所勾勒的所有活动的总结。通过签署这份文档，这些审批人员表明自己对报告中所陈述的结果持肯定态度，这份报告代表所有审批人的一致意见。如果有些评审人对这份报告的看法存有细微的分歧，他们也会签署这份文档，并可在文档中注明出自己与他人存在的分歧意见。

第9章 软件测试管理

为了尽可能多地找出软件错误,保证软件质量,必须对软件测试进行有效管理,确保测试工作顺利进行。软件测试管理除了考虑测试开始时间,测试管理活动如何被集成到软件过程的模型中之外,还必须制定详细的测试管理计划,充分实现软件测试管理的功能。

9.1 测试管理概述

9.1.1 测试管理原则

软件生命周期模型为我们提供了软件测试的流程和方法,为测试过程管理提供了依据。但实际的测试工作是复杂而繁琐的,不会有哪种模型完全适用于某项测试工作。因此,应从不同的模型中抽象出符合实际现状的测试过程管理理念,依据这些理念来策划测试过程,以不变应万变。下面给出几条对实际测试有指导意义的管理原则。

1. 尽早测试

软件测试以发现软件中存在的错误为目的。所有错误的修复都是要付出代价的。没有被发现的故障以及那些在开发过程中很晚才发现的故障修复成本很高。没有被发现的故障将在系统中迁移、扩散,最终导致系统失效,造成严重的财产损失,有时还会带来法律上的麻烦,系统将为此付出高昂的代价。直到很晚才发现的故障常常造成代价昂贵的返工。

"尽早测试"是指在软件开发生命周期中尽早开始测试任务的一种思想,包含两方面的含义:①测试人员尽早参与软件项目,及时开展测试的准备工作,包括编写测试计划、制定测试方案以及准备测试用例等;②尽早开展测试执行工作,即一旦单元模块完成代码编写就开展单元测试,一旦模块代码被集成为一个相对独立的子系统,便可以开展集成测试,一旦有软件系统提交,便可以开展系统测试工作,并对测试结果进行评估。

及早开展测试准备工作,测试人员能够较早地了解测试的难度、预测试的风险,提高测试效率,降低故障修复成本。但需要注意,"尽早测试"并非盲目地提前测试活动,测试活动开展的前提是必须达到一定的测试就绪点。

2. 全面测试

软件是程序、数据和文档的集合,软件测试不仅仅是对程序源代码测试。实际上,软件需求分析、设计和实施阶段是软件故障的主要来源,需求分析、概要设计、详细设计以及程序编码等各个阶段所得到的文档,都将影响到软件的质量。

"全面测试"包含两层含义:①对软件的所有产品进行全面的测试,包括需求规格说明、概要设计规格说明、详细设计规格说明以及源程序等;②软件开发人员及测试人员应全面参与到测试工作中,例如,对需求的验证和确认,就需要开发人员、测试人员及用户的全面参与。测试活动不仅要保证软件能正确运行,而且还要保证软件能满足用户的需求。

"全面测试"有助于全方位地把握软件质量,最大可能地排除造成软件质量问题的各种因素,从而保证软件质量。

3. 全过程测试

软件测试是与软件开发紧密相关的一系列有计划的活动,这就要求测试人员对软件开发和测试的全过程进行充分的关注。

"全过程测试"也包含两层含义:①测试人员应充分关注软件开发过程,对开发过程的各种变化及时做出响应。例如,开发进度的调整可能会引起测试进度及测试策略的调整,需求的变更可能会影响到测试的执行等;②测试人员应对测试的全过程进行全程的跟踪,例如,建立完善的度量与分析机制,通过对自身过程的度量,及时了解测试过程信息,调整测试策略。

"全过程测试"有助于及时应对项目变化,降低测试风险。同时,对测试过程的度量与分析也有助于把握测试过程,调整测试策略,便于测试过程的改进。

4. 迭代测试

众所周知,软件开发瀑布模型在支持结构化软件开发,控制软件开发的复杂性,促进软件开发工程化等方面起着显著作用。但是,瀑布模型在大量软件开发实践中也逐渐暴露出了许多缺点,其中最为突出的是该模型缺乏灵活性,无法通过开发活动澄清本来不够确切的软件需求,可能导致开发出的软件并不是用户真正需要的软件,只能进行返工或不得不在维护中纠正需求的偏差,给软件开发带来了不必要的损失。为适应不同的需要,人们在软件开发过程中摸索出了螺旋、迭代等诸多模型,这些模型中需求、设计,编码工作可能重叠并反复进行,这时的测试工作也将是迭代和反复的。如果不能将测试从开发中抽象出来进行管理,势必使测试管理陷入困境。

独立、迭代的测试着重强调了测试的就绪点,即是说,只要测试条件成熟,测试准备活动完成,测试的执行活动就可以开展。所以,我们在遵循尽早测试、全面测试,全过程测试理念的同时,应当将测试过程从开发过程中抽象出来,作为一个独立的过程进行管理,减小因开发模型的繁杂给测试管理工作带来的不便,从而有效地控制开发风险,降低测试成本和保证项目进度。

9.1.2 测试管理体系

根据对国际著名 IT 企业的统计,它们的软件测试费用占整个软件工程所有研发费用的 50% 以上。相比之下,我国软件企业在软件测试方面与国际水准仍存在较大差距。大多数企业在管理上随意、简单，没有建立有效、规范的软件测试管理体系。

1. 测试系统

应用系统方法来建立软件测试管理体系，也就是把测试工作作为一个系统，对组成这个系统的各个过程加以识别和管理，以实现设定的系统目标。同时要使这些过程协同作用，互相促进，尽可能发现和排除软件故障。测试系统主要由下面6个相互关联、相互作用的过程组成：

（1）测试计划

确定各测试阶段的目标和策略。这个过程将输出测试计划，明确要完成的测试活动，评估完成活动所需要的时间和资源，设计测试组织和岗位职权，进行活动安排和资源分配，安排跟踪和控制测试过程的活动。

测试计划与软件开发活动同步进行。在需求分析阶段，要完成验收测试计划，并与需求规格说明一起提交评审。类似地，在概要设计阶段，要完成和评审系统测试计划，在详细设计阶段，要完成和评审集成测试计划；在编码实现阶段，要完成和评审单元测试计划。对于测试计划的修订部分，需要进行重新评审。

（2）测试设计

根据测试计划设计测试方案。测试设计过程输出的是各测试阶段使用的测试用例。测试设计也与软件开发活动同步进行，其结果可以作为各阶段测试计划的附件提交评审。测试设计的另一项内容是回归测试设计，即确定回归测试用例集。对于测试用例的修订部分，也要求进行重新评审。

（3）测试实施

使用调试用例运行程序，将获得的运行结果与预期结果进行比较、分析、记录、跟踪和管理软件故障，最终得到测试报告。

（4）配置管理

测试配置管理是软件配置管理的子集，作用于测试的各个阶段。其管理对象包括测试计划、测试方案（用例）、测试版本、测试工具及环境、测试结果等。

（5）资源管理

包括对人力资源和工作场所，以及相关设施和技术支持的管理。如果建立了测试实验室，还存在其他的管理问题。

（6）测试管理

采用适宜的方法对上述过程及结果进行监视，并在适用时进行测量，以保证上述过程的有效性。如果没有实现预定的结果，则应进行适当的调整或纠正。

2. 建立测试管理系统

测试系统与软件修改过程是相互关联、相互作用的。测试系统的输出（软件故障报告）是软件修改的输入。反过来，软件修改的输出（新的测试版本）又成为测试系统的输入。根据上述6个过程，可以确定建立软件测试管理体系的6个步骤：

1）识别软件测试所需的过程及其应用，即测试规划、测试设计、测试实施、配置管理、资源管理和测试管理。

2）确定这些过程的顺序和相互作用，前一过程的输出是后一过程的输入。其中，配置管理和资源管理是这些过程的支持性过程，测试管理则对其他测试过程进行监视、测试和管理。

3）确定这些过程所需的准则和方法，一般应制定这些过程形成文件的程序，以及监视、测量和控制的准则和方法。

4）确保可以获得必要的资源和信息，以支持这些过程的运行和对它们进行监测。

5）监视、测量和分析这些过程。

6）实施必要的改进措施。

3. 建立测试管理体系的目的

建立软件测试管理体系的主要目的是确保软件测试在软件质量保证中发挥应有的关键作用，包括对软件产品的特性进行监视和测量，对软件产品设计和开发进行验证，以及对软件过程的监视和测量。

（1）对软件产品的特性进行监视和测量

对软件产品的特性进行监视和测量，主要依据软件需求规格说明书，来验证产品是否满足要求。所开发的软件产品是否可以交付，要预先设定质量指标，并进行测试。只有符合预先设定的指标，才可以交付。

（2）对软件产品设计和开发进行验证

对于软件测试中发现的软件故障，要认真记录它们的属性和处理措施，并进行跟踪，直至最终解决。在排除软件故障之后，要再次进行验证。对软件产品设计和开发进行验证，主要通过设计测试用例对需求分析、软件设计、程序代码进行验证，确保程序代码与软件设计说明书一致，以及软件设计说明书与需求规格说明书一致。对于验证中发现的不合格现象，同样要认真记录和处理，并跟踪解决。解决之后，还要再次进行验证。

（3）对软件过程的监视和测量

对软件过程的监视和测量，是从软件测试中获取大量关于软件过程及其结果的数据和信息，用于判断这些过程的有效性，为软件过程的正常运行和持续改进提供决策依据。

9.1.3 测试管理功能

软件测试管理包含测试框架、测试计划与组织、测试过程管理、测试分析与缺陷管理，如测试团队建设（组织结构、人员组成、规模、人员培训）；测试过程规划（软件过程、测试过程、测试的阶段、规划企业的过程）；测试过程实施（计划、设计、实施、执行、评估、缺陷跟踪）；测试过程改进（测试模型、过程的改进）；测试工具（引入、学习、实施、执行、评估）；其他与测试联系紧密的部分（需求管理、变更管理、配置管理）。

测试管理的主要功能如下：

（1）测试对象编辑和管理

测试对象包括测试方案、测试案例、各案例的具体测试步骤、问题报告和测试结果报告等，为各测试阶段的控制对象提供了编辑和管理环境。

（2）测试流程控制和管理

测试流程控制和管理是基于科学流程和具体规范，严格约束和控制整个软件测试周期，确保软件质量。整个过程避免了测试人员和开发人员之间面对面的交流，减少了测试和开发之间的矛盾，提高了工作效率。

（3）统计分析和决策支持

在系统建立的测试数据库的基础上，进行合理的统计分析和数据挖掘，根据问题模块、问题性质等使项目管理者全面了解产品开发进度、产品开发质量和产品开发中的问题，为决策管理提供支持。

9.2 测试计划管理

计划是工作或行动前预先拟定的具体内容和步骤，在实际生活中进行的各种活动都可以制定计划。预先拟订的计划是完成相应任务的总体指导方针、原则和步骤，促使有条不紊地完成一件工作，使工作变得可以预期、可以控制。计划的根本目的是把工作做好，这就是所谓"三思而后行"。软件测试工作对于软件项目而言是一件重要的、复杂的、正规的工作，更需要有测试计划作为工作总的指导原则，如果没有测试计划，测试工作就像一盘散沙。

9.2.1 测试计划的内容

按照 IEEE Std 829—1998 的描述，测试计划包含以下内容：
- 测试计划标识符。
- 简介。
- 测试项。
- 被测试特征。
- 不被测试的特征。
- 测试方法。
- 测试项的通过和失败准则。
- 暂停准则和重启需求。
- 测试发布物。
- 测试任务。
- 环境需求。
- 责任。
- 工作人员及培训需求。
- 进度。
- 风险及应变计划。
- 批准。

以下关于测试计划内容的描述均以 IEEE Std 829—1998 为蓝本进行描述。

（1）测试计划标识符

指定分配给某个测试计划的唯一标识符，这可以作为项目配置管理的输入，如 AP05—0103 等。

（2）简介

概述测试的目的、背景、范围以及参考文档，概括被测试的软件项及软件特征。

例如，BL-420 生物信号采集与处理系统是用于医学研究中采集生物生理信号的系统，该系统软件 2.0 版本是在 1.0 版本基础上改进而来，主要引入了新的数据存储格式以及更多的分析功能，经过一年的设计、编码，目前已经完成编码、单元测试、集成测试工作，开始进入到系统测试阶段。本测试计划针对该系统的 2.0 版本，包括测试其全部的功能和性能，重点测试 2.0 版本新引入的功能部分。

尽量提供以下在最高级别测试计划中需要的参考文档。

- 项目授权。
- 项目计划。
- 质量确认计划。
- 配置管理计划。
- 相关策略。
- 相关标准。

（3）测试项

识别包含版本及修订版本信息的测试项，测试项列举如下：

1）程序模块。

被测试的程序模块将按照表 9-1 中的方式进行标识。

表 9-1 被测试模块

序 号	类 型	库	成员名字
1	源代码	SOURLIB1	AP0302　AP0305
2	可执行代码	MACLIB1	AP0301　AP0302　AP0305

2）工作控制过程。

应用程序、分类及公用程序的控制过程将按照表 9-2 中的方式进行标识。

表 9-2 被测试项目标识

序 号	类 型	库	成员名字
1	应用程序	PROCLIB1	AP0401
2	分类	PROCLIB1	AP0402
3	共用程序	PROCLIB1	AP0403

3）用户操作步骤。

用户操作步骤可以引用其他资料来描述，例如，在《信号采集与处理系统用户参考手册》

（AP02-04）中描述的在线操作步骤将被测试。

4）操作员操作过程。

操作员操作过程可以引用其他资料来描述，例如，系统测试包括在《信号采集与处理系统操作参考手册》（AP02-02）中描述的操作过程。

（4）被测试的特征

识别所有被测试的软件特征以及他们的组合。识别与测试特征及它们的组合相关联的设计指南。这里描述的测试特征通常是在较高层次中的描述，其细节在后续的测试设计中再展开。

例如，对于信号采集与处理系统而言，下面列表描述被测试的特征。

在表9-3中，测试设计说明标识符是指为完成该测试特征对应的测试设计说明文档的唯一标识符，通过该标识符可以找到相应的对该测试项进行测试的详细测试设计文档。

表9-3 信号采集与处理系统被测试特征描述

序 号	测试设计说明标识符	被测试特征描述
1	AP06-01	数据存储格式
2	AP06-02	数字滤波功能
3	AP06-03	积分功能
4	AP06-04	数据导出功能
5	AP06-05	数据列表功能
6	AP06-06	数据报告功能
7	AP06-07	安全性
8	AP06-08	可恢复性
9	AP06-09	性能

（5）不被测试的特征

识别所有不被测试的特征及特征的有意义的组合并说明原因。

对于BL-420信号采集与处理系统2.0版本而言，由于其已经删除了数据同步显示功能，因此不再对原需求规格说明书上的该项功能进行测试。

（6）测试策略（方法）

测试策略是描述测试的总体方法，为每一个主要的特征组或特征组合指定测试方法保证这些特征组被充分地测试，指出用于测试指定特征组的主要活动，技术以及工具。

在测试计划中，需要详细地描述测试方法，以识别主要的测试任务以及估算每个测试的时间。指出有意义的测试限制，例如，可用的测试项、可用的测试资源以及测试期限等。

1）测试方法分类。

测试方法可以按照以下描述分类。

• 预防性方法，测试用例的设计越早越好。

• 被动性方法，在软件或系统设计出来后设计测试用例。

2)典型测试方法。

典型的测试方法还包括：

- 分析的方法，比如基于风险的测试，直接作用在最大风险的领域。
- 基于模型的方法，比如利用失效率（Failure Rate）的统计信息或使用方法的统计信息来进行随机测试（Stochastic Testing）。
- 系统的（Methodical）方法，比如基于失效的[包括错误推测（Error Guessing）和故障攻击(Fault-attacks)]方法,基于检查表(Check.list)的方法,基于质量特征(Quality Characteristic)的方法。
- 基于与过程或标准一致方法，比如在工业化标准中规定的或其他敏捷的方法。
- 动态和启发式的方法，比如被动而非提前计划的探索性测试，因而其执行和评估是同时进行的。
- 非回归（Regression-averse）方法，比如重用已经存在的测试材料，广泛的功能回归测试的自动化，测试套件标准化等。

通常而言，测试策略并非只使用一种测试方法，而是使用多种测试方法的组合。比如基于风险的动态测试方法，边界值分析与因果图分析相结合等。

（7）测试出口准则

测试出口准则（Exit Criteria）的目的是定义什么时候可以停止测试，比如某个测试级别的结束，或者测试达到了规定的目标（98%的测试案例通过）。

出口准则的主要内容包括完整性测量，代码、功能或风险的覆盖率。

（8）挂起准则以及重启要求

挂起（Suspension）准则是指用于暂停所有或部分与测试计划相关联测试项的测试活动的准则。

重启要求则是指测试挂起后要重新开始测试必须重复的测试活动。

例如，信号采集与处理系统在测试过程中发现严重缺陷，出现记录的文档无法打开，这将造成该系统的主要功能不能实现，因此需要挂起测试，直到解决该问题为止。在解决已发现的严重问题后可以重新开始测试。

（9）测试交付文档

测试工作需要交付以下文档。

- 测试计划。
- 测试设计说明。
- 测试用例说明。
- 测试过程说明。
- 测试项传输报告。
- 测试日志。
- 测试事故报告。
- 测试总结报告。
- 测试输入和输出数据被认为是可交付物。测试交付物还可能包括开发的测试工具（比如模块测试中的驱动器和测试桩等）。

（10）测试任务

识别准备测试和执行测试必需的一组任务。测试计划中的任务通常是较高层的任务，在测试设计中还可以细化这些任务。表 9-4 列举了信号采集与处理系统的测试任务。

表 9-4　BL-420 信号采集与处理系统的测试任务列表

序号	任务	前导任务	特殊技术	责任人	工时／月
1	准备测试计划	完成系统设计描述		测试管理员，资深测试分析员	1
2	准备测试设计说明	任务 1	关于信号采集系统的知识	资深测试分析员	1
3	准备测试案例说明	任务 2		测试分析员	2
4	准备过程说明	任务 3		测试分析员	0.5
5	构建测试数据	任务 4		测试分析员	0.5

（11）环境需求

描述测试工作需要的测试环境特性。测试环境包括硬件环境和软件环境。硬件环境包括计算机及其与测试软件相关的其他硬件系统，比如通讯硬件；而软件环境包括操作系统、测试软件依赖的其他平台以及测试工具等。

除了指出与测试直接相关的软硬件环境之外，还需要指出测试所需要的资源以及不能为测试组提供的所有需要的资源等。这些资源包括以下 5 个方面。

- 人员：人数，经验和专长，人员是全职、兼职还是学生。
- 场地：测试场地在什么地方，有多大等。
- 设备：计算机、测试硬件、测试工具等。
- 外包公司：是否需要外包公司，怎么选择，费用如何。
- 其他资源：培训资料，联系方式等。

测试工作依赖于测试环境，如果不在测试计划中指出测试环境以及测试所需要的资源，测试执行过程中就会遇到困难，而临时性的解决方案往往对测试工作造成障碍。

（12）测试团队的责任

明确测试团队的分工和责任对于测试工作的顺利开展起到保障作用。如果责任不明，容易造成相互推诿责任的情况，造成测试工作难以进行。

（13）进度

在测试计划中的一项很重要的工作就是测试进度的制定，测试进度保证测试工作的时间是可以预见的。

测试进度是与测试里程碑相关的，比如完成全部功能测试的时间。测试进度定义这些测试里程碑并估计完成每个测试任务所需要的时间，为每一个测试任务和测试里程碑制定进度表。为每一个测试资源（包括设备、工具和人员）指出使用周期等。

作为测试计划的一部分，完成测试进度安排可以为产品小组和项目管理员提供信息，以便更好地安排整个项目的进度，并帮助项目负责人做出一些决定，如由于进度原因取消一些功能，将其推迟到下一个版本中等。

（14）风险及应变计划

指出测试计划中的高风险假设，为每一个风险制定应变计划（测试项的延迟交付可能需要增加加班安排来满足发布日期）。

即使对于小型项目，也需要在开发计划中指出项目潜在问题和风险，比如测试人员不足、测试人员缺乏经验、测试工具缺乏、软件说明书不全等，这样在遇到这些情况时可以按照预先制定的应变计划来处理。

（15）批准

指出批准该计划的所有人员的名字和头衔，预留签字和日期的空间。

9.2.2 测试计划的相关术语

下面给出了软件测试计划相关的术语：

测试计划（Test Plan）：描述了测试活动的范围、方法、资源以及进度等，测试计划还要确定测试项、测试特征（Features）、执行的测试任务、每一个测试任务的负责人以及与计划相关的风险。

软件项（Software Item）：源代码、目标代码、作业控制代码、控制数据或这些项的集合。

测试项（Test Item）：用于测试的软件项。

设计级别（Design Level）：软件项的设计分解（比如系统、子系统、程序或模块）。

软件特征（Software Feature）：软件项的可分辨特性（比如性能、可携带性或功能性）。

通过／失败准则（Pass/fail Criteria）：用于确定软件项或软件特征通过或失败于一个测试的判定规则。

9.2.3 测试计划的注意事项

（1）测试计划的文档化

测试计划需要文档化。测试是一项正规的工作，因此具有严格的要求。对于测试的要求需要通过文档化来界定、讨论并加以明确，否则不能保证测试的计划性。

（2）测试计划的重点在于计划过程

尽管测试计划的文档化是重要的，但是如果把制定的计划文档束之高阁，或者没有人能够理解这个测试计划，那么测试计划文档将变得没有意义。

测试计划是产品计划的一部分，重点在于计划过程。测试计划过程的最终目标是软件测试小组的意图、期望的交流以及对执行任务的理解和有效地执行测试等。

测试小组的负责人不仅要完成测试计划，更重要的是让项目负责人、开发人员、测试人员能够理解测试的过程，即测试的执行过程。

（3）影响测试计划的因素

测试计划受到很多因素的影响，包括组织内的测试策略、测试的范围、测试目标、风险、约束（Constraints）、临界状态（Criticality）、可测试性和资源的可用性（Availability）等。

在软件的开发过程中，测试计划并非只有一个，在软件开发的不同阶段会制定不同的测试计划，例如，在项目的需求分析之后，可以制定系统测试计划；在进行了概要设计之后则制定集成测试计划；在详细设计之后则制定单元测试计划。

测试计划是持续的活动，需要在整个测试生命周期中进行调整。从测试中得到的反馈信息可以识别可变风险（Changing Risks），从而对计划作相应的修改。随着项目的测试计划不断推进，将有更多的信息和具体细节包含在计划中。

9.3 测试组织及人员管理

对企业来说，人是最宝贵的财富，他们是技术的载体。同样，对于测试工作来说，必须将测试人员合理组织起来，形成测试团队，通过各种手段和方法激励员工的士气和工作积极性，为测试活动取得成功提供组织保障。要对测试人员进行有效的、合理的管理，必须做好以下三个方面的工作：建立合理的、高效的组织结构；正确的分工体系，即角色与职责；测试人员的培养。

9.3.1 测试团队组织结构

管理学家巴纳德认为，人类由于受生理的、生物的、心理的和社会的限制，为了达到个人的目的，不得不进行合作。而要使这样的合作以较高的效率实现预定的目的，就必须形成某种组织结构。尽管"组织"一词流行广泛而且人们都意识到了它的重要性，然而我们使用"组织"一词时却有不同的含义。首先，"组织"作为一个名词，是指有意识形成的职务或职位的结构；其次，"组织"作为一个动词，是指一个工程为了达成某种目的，设计并保持有效完成此目的的组织结构，并随着环境变化而不断对之进行完善的过程。

每个软件公司中，测试组织的形态不尽相同，然而它们都有以下共同特征：

· 目的性。任何测试组织都是有目的的，而目的正是这种组织产生的原因，也是组织形成使命的体现。同时测试组织的目的性还表现在组织成员对目的的共享性，即组织成员共同认可同样的组织目的。

· 角色分工。组织是在分工的基础上形成，组织中不同的角色承担不同的组织任务，角色分工有利于处理工作的复杂性及人的生理、心理等有限性特征的矛盾，便于积累经验及提高效率。

· 依赖性。组织内部的不同角色并非孤立而是相互联系的，具体表现为组织结构。

· 等级制度。任何组织中会存在一个上下级关系，测试人员有责任执行测试管理者分配的工作，而测试管理者不可以推卸组织测试人员进行测试的责任。

· 开放性。测试组织与外界环境存在资源及信息的交流，要从公司获取资源。

· 环境适应性。测试组织本身是一个系统，然而它又存在于公司环境这样的大系统中，它必须具有公司环境适应性才能生存发展。

任何组织结构设计因素都比较类似，大致有以下几种：

1）高耸还是平缓。在最高管理者和员工之间设立很多层次（这是一种高耸的组织结构），或设立很少几个层次（平缓的组织）。对公司测试组织而言，平缓组织更受欢迎。

2）市场还是产品。组织的结构设置可以面向不同的市场或不同的产品。

3）集中还是分散。组织可以集中，也可以分散。对于测试组织来说，这是一个关键的问题。

4）分级还是分散。可以将组织分级，即按权利和级别对组织一层一层地分级。也可分散，即分散或排列开来。测试组织中采取分级和分散相结合的方式。

5）专业人员还是工作人员。组织应该拥有一定比例的专业人员和工作人员。测试组织中的主要人员应是测试工程师，少部分的测试执行者可以是临时派过来的其他岗位上的员工。

6）功能还是项目。组织可以面向功能或项目。

将上述组织方面的基本结构设计因素组合起来，可以构成许多不同的测试结构。实际应用中有多种测试组织方案，它们反映出一个成熟的开发组织的进化历程。

1. 开发与测试混合团队组织

（1）自助模型

该模型如图9-1所示。

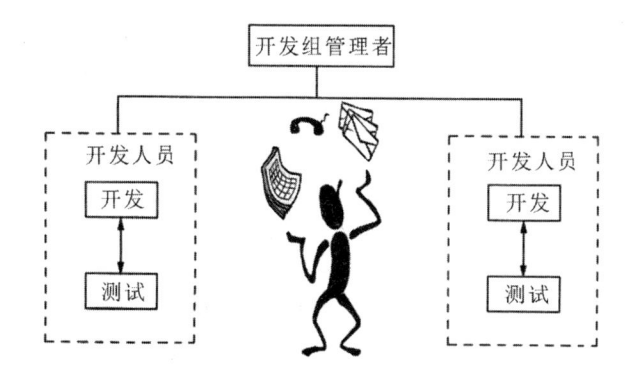

图 9-1 自助模型

图9-1模型中，开发人员测试自己的工作内容。开发者被指定测试自己的代码是一件很糟糕的事。开发和测试生来就是不同的活动，开发是创造或者建立一个模块或者整个系统的行为。而测试的唯一目的是证明一个模块或者系统工作不正常。这两个活动之间有着本质的矛盾，一个人不太可能同时把两个截然对立的角色都扮演得很好。该模型没有测试组织的概念，没有测试计划，没有测试文档，测试随意性很强，测试有效性低。

（2）互助模型

图9-2模型中，开发人员交叉测试，克服了程序员测试自己代码的问题。没有测试组织的概念，没有测试计划，没有测试文档，测试随意性很强，而且开发人员也不会很专心学测试方面的专门技术、工具和方法。测试有效性与上一种模型相比有了一定的提高。

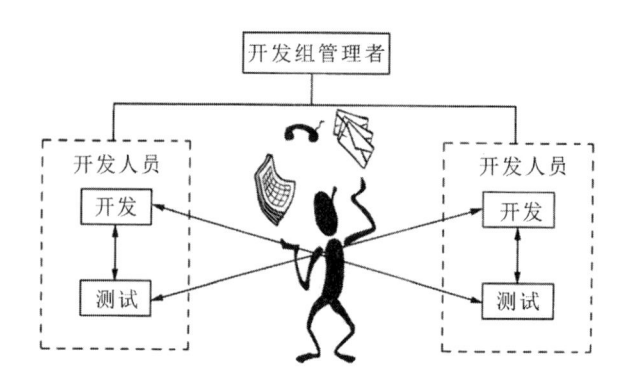

图 9-2 互助模型

（3）助手模型

图 9-3 模型中测试组织只能称测试群体，还不能称测试团队，测试群体和测试团队有着本质上的区别，让我们先来看群体和团队的区别。

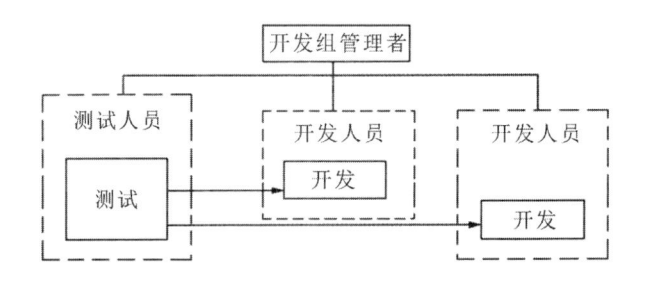

图 9-3 助手模型

群体与团队不是一回事。群体是为实现某个特定的目标，两个或两个以上的相互作用、相互依赖的个体的组合。在工作群体中，成员通过相互作用，来共享信息，作出决策，帮助每个成员更好地承担起自己的责任。工作群体中的成员不一定要参与到需要共同努力的集合工作中，他们也不一定有机会这样做。因此，工作群体的绩效，仅仅是每个群体成员个人贡献的综合。在工作群体中，不存在一种积极的协同作用，能够使群体的总体绩效水平大于个人绩效之和。

工作团队则不同，它通过其成员的共同努力能够产生积极协同作用，其团队成员努力的结果使团队的绩效大于个体绩效的总和。图 9-4 明确地展示了群体与团队的区别。

测试群体往往是公司需要测试的时候，从别的工作岗位上抽调人员来形成测试小组，测试完毕后各自回到原来的岗位上，这种测试群体没有测试集体建设的意识，测试组织是临时性的，没有专门的测试培训，测试人员在业余时间了解了一些测试的基本知识，没有途径去了解测试过程、测试规范、测试技术和方法的内容，项目间的测试经验难以共享。

图 9-3 模型中，测试人员往往是开发人员的调试助手，测试人员的大部分时间会花费在调试程序上面。

上述几种测试组织模型中，测试人员或测试工作从属于开发，从属于开发意味着测试人

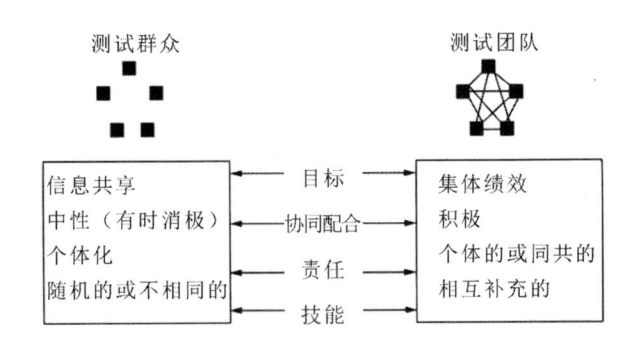

图 9-4　测试团队与群体的区别

员的声音常常是听不到的,当测试人员完成工作,报告了测试结果后,管理者只是简单表示感谢,而产品照样交付。因为测试人员在组织中人微言轻,他们的意见很少甚至根本得不到重视。另外,组织的用人政策也能反映出这点,经常是将一些层次低,可有可无的人员安排到测试岗位上。

2. 独立测试团队组织

为了提高测试有效性,必须建立专门独立的测试团队,该组织可以连续为公司所有项目服务,为公司管理层提供独立、不带偏见的高质量的信息。建立独立测试团队的具体优势体现在以下几个方面:

1)专业分工和测试技术的不断发展,需要专门测试组织去掌握。
2)为管理层提供独立且客观的高质量信息。
3)有效地收集企业的质量数据。
4)使得测试成为整个机构共享的资源。
5)测试组织的存在提高了测试工作的质量,使其工作目标明确,能够从宏观的角度显示自身的价值。
6)测试是仅有的工作,没有开发压力,有利测试人员测试水平的提高。

当然,任何事情都有正负两方面,独立的测试团队也会有不利的方面,具体体现在以下几个方面:

1)"踢皮球"综合症:测试人员发现软件缺陷后,有时开发人员会不承认是缺陷,双方会互相纠缠,浪费时间。
2)"我们"与"他们":测试与开发分开为两个团队,由于人本身的心理因素,会使双方人为把一个项目的目标分成两部分,影响相互的合作。
3)形成学习曲线:前期与开发人员分离,需要一段时间了解和熟悉测试对象。

尽管有这些负面因素,但总的来说,建立独立测试团队还是利大于弊。

建立独立的测试团队组织后,测试组织的重要性得以实现,组织由专门的测试管理者领导。那在公司整体组织中,将测试组织放在什么位置呢?

(1)协作模型

该模型中,测试组织归属于开发组织,项目中设立开发小组和测试小组,开发组长和测试组长接受项目经理的领导。协作模型结构示意图如图 9-5 所示。

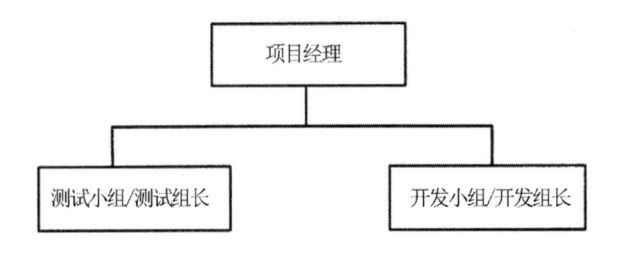

图 9-5 协作模型

该模型中，对于项目经理的要求非常高，既要对开发过程和管理很熟悉，又要对测试过程和管理熟悉，并能理解高效、独立测试组织的重要性，愿意将能干的人员安排在测试组的管理岗位上。

当公司发展后会出现多个项目同时开发，相应也会有多个测试小组，对于多个测试小组是集中管理还是分散管理呢？下面几种模型将解决这个问题。

（2）监督模型

解决上述问题的一种办法是将测试小组归属于质量管理部，而在公司中质量管理部对开发部门是具有监督作用的，因此测试人员在执行测试过程中，还带有监督的作用。其组织结构如图 9-6 所示。

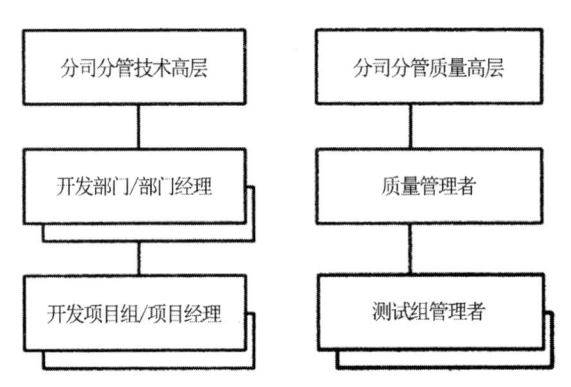

图 9-6 监督模型

该模型中由于测试组织和开发组织属于公司不同的高层领导管理，相互间的紧密性不强，测试组成员很难实时了解开发情况和相关技术，而且由于质量管理部的监督作用，开发人员对测试人员往往会有戒备心理，同时测试人员也会有一种监督者的心态，导致测试工作中存在一些问题。

（3）集中管理模型

对于测试小组的管理可以采用集中管理模型，该模型如图 9-7 和 9-8 所示。

图 9-7 模型中测试组从每个项目独立出来，成立多个测试组，测试组设立测试经理，直接归属于开发部门经理领导。开发部门经理负责测试团队的建设，协调各个测试组的资源。

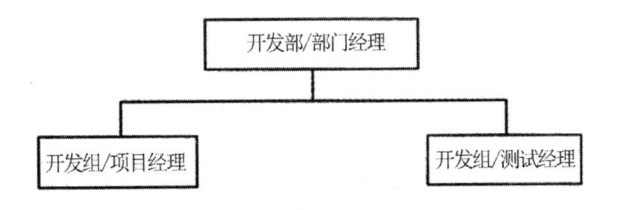

图 9-7 集中管理模型 1

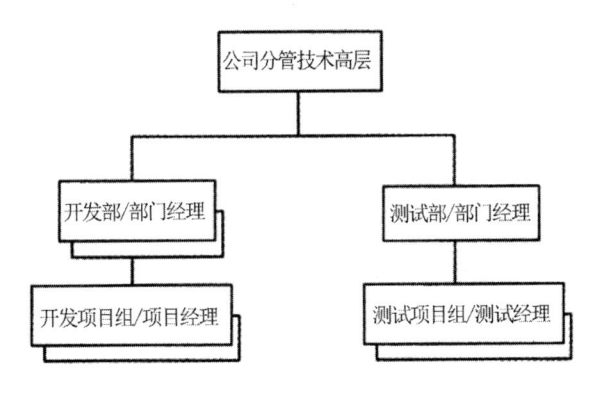

图 9-8 集中管理模型 2

图 9-8 模型中将多个测试组联合起来形成测试部，设立测试部门经理，与开发部门经理一样直接归属于公司分管技术的领导。

图 9-7 和图 9-8 相比，可以减轻开发部门经理的压力，让他们能专心地从事开发管理，设立测试部门经理可以有利于测试团队的建设和测试过程规范化工作。

有的公司将测试和开发配置管理放在一个部门称技术管理部。如第 1 章提到的公司的测试部门称技术管理部，除了负责测试外，还负责开发流程管理、配置管理。这样更能体现测试的重要性，更能从公司管理层得到重视和支持。

（4）协调集中管理模型

集团企业中会有多个子公司，每个公司都会有专门的测试团队组织，为了共享资源，统一企业测试过程规范，有必要在集团软件工程组织中设计测试技术小组，其结构如图 9-9 所示。

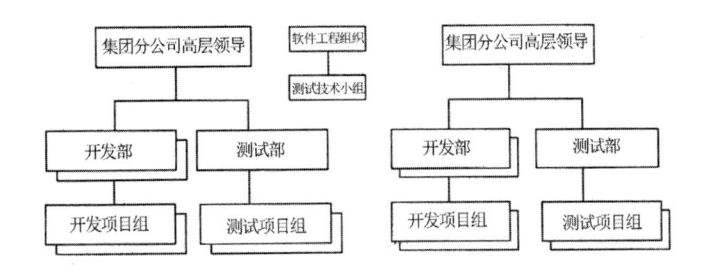

图 9-9 协调集中管理模型

该测试技术小组的主要功能是：
- 领导管理测试过程。
- 组织并协调测试培训项目、协调测试工具的计划和实施。
- 根据需要编制测试过程、标准、政策和指南文件。
- 推荐、确定并实施主要的测试度量。

在该模型中，测试部门主要是按照测试小组制定的各项标准、方案来执行项目测试，同时负责测试团队组织建设。

（5）混合管理模型

在很多软件公司，单元测试一般由开发人员完成，而集成测试由开发人员或测试人员完成，系统测试由测试人员完成，在这种情况下，测试组织模型就采用混合管理模型，如图9-10所示。

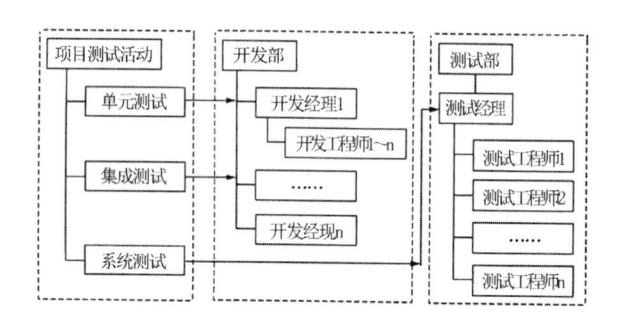

图9-10 混合管理模型

这种测试团队的管理模式通常为矩阵式管理，由项目线和部门线共同对测试组进行管理，单元测试／集成测试由开发人员负责，开发人员在开发阶段接受开发经理的领导，在系统测试阶段接受测试经理的领导。这种模型的优点是将测试活动按照特性进行分工，由开发人员负责单元、集成测试，效率较高；缺点是管理复杂度增加。

3. 测试团队内部组织模式

测试部通常都会面向多项目，无论是完全职能的测试部还是只负责系统测试的测试部，均可根据需要按照以下三种模式来组建和管理内部的测试小组。

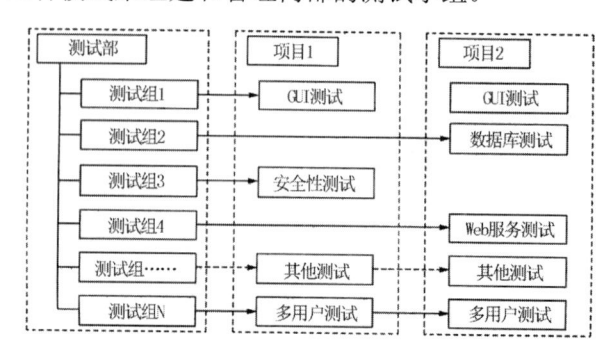

图9-11 基于技能的组织模式

（1）基于技能的组织模式

组织结构如图9-11所示。这种方式的优点是可以充分共享测试专业技术。缺点是测试人员可能会缺乏对项目（产品）的全面了解。

这种模式如果采用部门线和项目线的矩阵管理，则存在一定的管理难度，此种模式的组织结构建议采取部门直线管理模式。

（2）基于测试流程的组织模式

组织结构如图9-12所示。

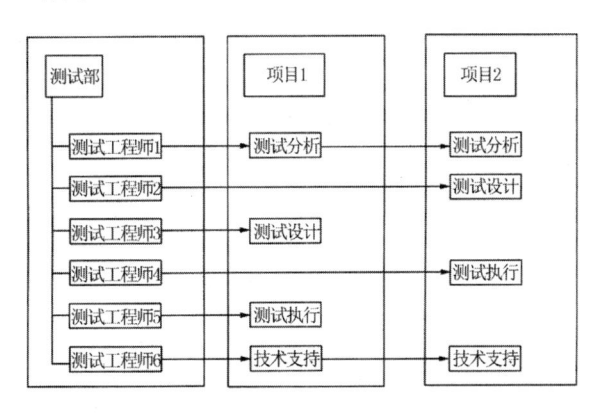

图 9-12　基于测试流程的组织模式

这种方式的优点是和开发过程紧密结合，形成测试梯队结构。可以提高测试过程质量，充分了解测试需求、进行测试分析和设计，实现同开发流程一样的分析设计与实现分离的效果。缺点是测试执行人员可能缺乏对系统的整体理解，限制测试执行人员的发挥空间。

（3）基于项目的组织模式

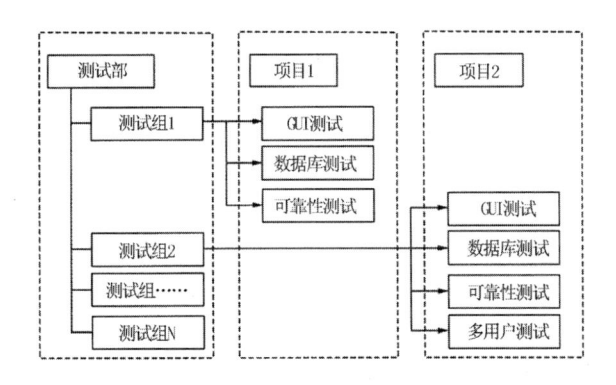

图 9-13　基于项目的组织模式

组织结构如图9-13所示。这种方式的优点是测试组和项目组结合紧密，在任务管理上能较好地满足项目的需要。缺点是不能高效地利用人力资源，任务安排可能重复。

无论是基于技能，还是基于项目都有其优点和缺点，可以结合几种组织模式组成测试团队。如测试分析人员在公司是比较缺乏的（人力成本高），可以让测试分析人员同时属于几个测试项目组。而一般的测试执行人员只属于某一个测试项目。

9.3.2 测试人员组织

1. 测试角色与职责

在整个测试组织中,根据测试团队的组织结构和职责,测试团队中应该包括测试主管、测试经理、测试分析与设计者、软件测试开发者及软件测试执行者等多种角色,他们都有各自的职责。

(1) 测试主管

测试主管有权管理测试过程日常的组织,负责在给定的时间、资源和费用的限制下完成各个测试项目。测试主管向公司内的高级主管或领导汇报各个测试项目阶段性测试情况和最终测试情况,也可在对由第三方公司开发的软件进行验收测试时作为所在公司的正式代表。测试主管通常是测试部门经理。具体职责是:

- 建设测试团队。
- 优化测试过程。
- 确认测试结论并向上级领导汇报测试信息。

(2) 测试经理(组长)

测试经理负责一个测试项目,他的主要职责是为测试人员分配工作,按照预定的计划监控进度。测试经理听取测试人员报告,并向测试主管汇报,同时负责与开发团队的联系,协调测试人员与开发人员的工作。具体职责是:

- 制定测试计划。
- 控制测试进度。
- 评估测试效果。

(3) 软件测试分析与设计者

通常是开发(测试)经理或高级测试工程师。他们的职责是:

- 获取测试需求。
- 决定测试策略。
- 制定测试大纲。
- 设计测试用例。
- 指导测试执行。
- 评估测试工具或设计测试工具。
- 测试经验与技术的积累。

(4) 软件测试开发者

通常是测试工程师。他们的职责是:

- 测试用例开发(包括测试脚本)。
- 测试工具开发。
- 测试驱动程序开发。

(5) 软件测试执行者

通常是测试工程师。他们的职责是:

- 执行测试活动。

- 参与测试用例设计。
- 填写测试记录。
- 编写测试报告。

为了充分调动团队成员积极性，应根据测试岗位和测试人员本身的特点合理安排工作。心理学家 Holland 提出了人格－工作适应性理论。他指出，员工对工作的满意度和流动的倾向，取决于个体的人格特点与职业环境的匹配程度。将该理论应用于测试管理中，可以得出如表 9-5 所示的测试角色与人格特点对应表。

表 9-5 测试角色与人格特点对应表

类 型	人格特点	测试角色分配
现实型偏好需要技能、力量、协调性的体力活动	害羞、真诚、持久、稳定、顺从、实际	测试开发者、测试执行者
研究型偏好需要思考、组织和理解的活动	分析、创造、好奇、独立	测试分析与设计者
社会型偏好能够帮助别人提高的活动	社会、友好、合作、理解	测试管理者
传统型偏好规范、有序、清楚明确的活动	顺从、高效、实际、缺乏想象力、缺乏灵活性	测试执行者
企业型偏好那些能够影响和获得权利的言语活动	自信、进取、精力充沛、盛气凌人	测试分析与设计者
艺术型偏好那些需要创造性表达的模糊且无规则可循的活动	富于想象力、无序、杂乱、理想、情绪化、不实际	测试分析与设计者

2. 软件测试人员组织阶段

为了保证软件的开发质量，软件测试应贯穿于软件定义与开发的整个过程。因此，对分析、设计和实现等各阶段所得到的结果，包括需求规格说明、设计规格说明及源程序都应进行软件测试。基于此，软件测试人员的组织应分以下阶段。

（1）软件的设计和实现都是基于需求分析规格说明进行

需求分析规格说明是否完整、正确、清晰是软件开发成败的关键。为了保证需求定义的质量，应对其进行严格的审查。审查小组通常由一名组长和若干成员组成，其成员包括系统分析员，软件开发管理者，软件设计、开发、测试人员和用户。

（2）设计评审

软件设计是将软件需求转换成软件表示的过程。主要描绘出系统结构、详细的处理过程和数据库模式。按照需求的规格说明对系统结构的合理性、处理过程的正确性进行评价，同时利用关系数据库的规范化理论对数据库模式进行审查。评审小组由下列人员组成：组长一名，成员包括系统分析员、软件设计人员、测试负责人员各一名。

（3）软件测试

软件测试是软件质量保证的关键。软件测试在软件生命周期中横跨两个阶段。通常在编写出每一个模块之后，就对它进行必要的测试（称为单元测试）。编码与单元测试属于软件生存周期中的同一阶段。该阶段的测试工作，由编程组内部人员进行交叉测试（避免编程人员测试自己的程序）。这一阶段结束后，进入软件生命周期的测试阶段，对软件系统进行各种综合的测试。测试工作由专门的测试组完成，测试组设组长一名，负责整个测试的计划、组织工作。测试组的其他成员由具有一定的分析、设计和编程经验的专业人员组成，人数根据具体情况可多可少，一般 3～5 人为宜。

9.3.3 测试的人员管理

软件测试是一项独立的、富有创造性的工作，虽然测试人员在测试小组中，每个人都在相对独立地进行工作、完成自己承担的软件测试任务，但是，各个成员要有共同的工作目标并协同进行工作。因此，测试人员的管理显得尤为重要。

1. 测试人员的通讯方式

在测试组织中，测试人员要花许多时间来与其他成员进行交流，一个项目小组不仅需要工作上的沟通，还需要一些"生活"上的沟通，有些交流非常必要，因为这可以帮助大家建立信任和友情，对工作能起促进作用。人员的沟通、交流方式主要有以下几种：

1）正式非个人方式，如正式会议等。
2）正式个人之间交流，如成员之间的正式讨论等（一般不形成决议）。
3）非正式个人之间交流，如个人之间的自由交流等。
4）电子通讯，如 E-mail、BBS 等。
5）成员网络，如成员与小组之外或公司之外有经验的相关人员进行交流。

2. 测试人员管理的激励机制

激励，简单地说就是调动人的工作积极性，把潜力充分发挥出来。在管理学中，激励是指管理者促进、诱导下属形成动机，并引导其行为指向特定目标的活动过程。激励机制在测试组织建设中十分重要，测试组织的管理者不仅把测试人员组织在一起、团结在一起工作，更重要的是要善于调动测试人员的工作热情，激励每个成员都努力工作，实现项目的目标。测试人员管理的激励机制的关键点如下：

- 管理者习惯用对自己有效的因素激励测试人员，很可能发现无效。
- 过多行使权力、资金或处罚手段很可能导致项目失败。
- 注意采取卓有成效的非货币形式的激励措施。
- 在项目进行过程中而不仅是在项目结束时实施激励措施。
- 奖励应该在工作获得认同后尽快兑现。
- 对项目成员的工作表现出真诚的兴趣，是对他们最好的奖励。
- 已经满足的需要很可能不再成为激励因素。

激励因素是影响个人行为的东西，是因人而异、因时而异的。因此，管理者必须明确各种激励的方式，并合理使用。

3.测试人员的培训

如今，计算机软、硬件技术发展十分迅速，测试人员必须有足够的能力来适应这些变化。而另一方面，测试工作本身是一门需要技术的学问，它包含了众多的理论和实践，缺乏这些知识和经验，测试的深度和广度就不够，测试的质量就无法保证。从测试管理的角度来说，为了高效地实现测试工作的目标，需要不断地帮助测试人员进行知识的更新和技术能力的提升，这些就需要通过培训来达到。软件测试培训主要包括内容如下：
- 测试基础知识和技能培训。
- 测试设计培训、测试工具培训。
- 测试对象——软件产品培训。
- 测试过程培训。
- 测试管理培训。

9.4 测试进度与成本管理

9.4.1 软件测试进度管理

对于一个项目要取得成功，其核心就是两点——按时完成和质量达到标准。进度管理就是保证项目按时完成，控制项目的成本。进度管理显然成为项目管理中最主要的工作之一，受到公司管理者、项目经理以及测试组长等高度关注。进度，也是比较容易观察、度量的，从管理角度看，控制进度是控制成本、保证项目成功的最有效途径之一。

项目开始前的计划，对任务的测试需求有一个大体的认识，但深度不够，进度表可能只是一个时间上的框架，其中一定程度上是靠计划制定者的经验来把握的。随着时间的推移、测试的不断深入，对任务会有进一步的认识，对很多问题都不再停留在比较粗的估算上，项目进度表会变得越来越详细、越准确。在软件测试项目的计划书中，都会制定一个明确的日程进度表。如何对项目进行阶段划分、如何控制进度、如何控制风险等，有一系列方法，但最成熟的技术是里程碑管理和关键路径的控制。

1.里程碑

里程碑一般是项目中完成阶段性工作的标志，即将一个过程性的任务用一个结论性的标志来描述任务结束的、明确的起止点。一系列的起止点就构成引导整个项目进展的里程碑（Milestone）。一个里程碑标志着上一个阶段结束、下一个阶段开始，也就是定义前阶段完成的标准和下个新阶段启动的条件或前提。

在一个里程碑到来之前，要进行检查，了解状态以确定是否能在预期的时间达到里程碑阶段完成的标准，如果存在较大差距，就要采取措施，争取达到里程碑的标准，即使不能，也要尽量减少这种差距。而每到一个里程碑，必须严格检查实际完成的情况是否符合已定义的标准，应及时对前一阶段的测试工作进行小结；如果需要，可以对后续测试工作计划进行调整，如增加资源、延长下一个里程碑的时间，以实现下一个里程碑的目标。

在项目管理进度跟踪的过程中，给予里程碑事件足够的重视，往往可以起到事半功倍的效用，只要能保证里程碑事件的按时完成，整个项目的进度也就有了保障。根据里程碑就比较容易确定软件测试进度表。

2. 项目的关键路径

每个项目可以事先根据各项任务的工作量估计、资源条件限制和日程安排，确定一条关键路径。关键路径是一系列能够确定计算出项目完成日期的、任务构成的日程安排线索，也就是说，当关键路径上的最后一个任务完成时，整个项目也就随之完成了；或者说，关键路径上的任何一项任务延迟，整个项目就会延期。为了确保项目如期完成，应该密切关注关键路径上的任务和为其分配的资源，这些要素将决定项目能否准时完成。

关键路径法（CPM）是国际上公认的项目进度管理办法，其计算方法简单，许多项目管理工具，如 Microsoft Project，可以自动计算关键路径。在项目的实施、进行的过程中，关键路径可能由于某些当前关键路径上的任务的变化（延迟）时而变化，产生新的关键路径，所以关键路径也是动态的，但这种动态性要控制在最小范围内。关键路径的这种变化可能导致原来不在关键路径上的任务成为关键路径的必经之路，因此，作为测试组长或项目经理需要随时关注项目进展，跟踪项目的最新计划，确保及时完成关键路径上的任务。

3. 测试进度 S 曲线法

在软件测试管理中最重要、最基本的就是测试进度跟踪。众所周知，在进度压力之下，被压缩的时间通常是测试时间，这导致实际的进度随着时间的推移，与最初制定的计划相差越来越远。而如果有了正式的度量方法，这种情况就很难出现，因为在其出现之前就有可能采取了行动。进度 S 曲线法是通过对计划中的进度、尝试的进度与实际的进度三者对比来实现的，其采用的基本数据主要是测试用例或测试点的数量；同时，这些数据需按周统计，每周统计一次，反映在图表中。"S" 意思是，随着时间的发展，积累的数据的形状越来越像 S 形。可以看到一般的测试过程中包含三个阶段，初始阶段、紧张阶段和成熟阶段，第一和第三个阶段所执行的测试数量（强度）远小于中间的第二个阶段，由此导致曲线的形状像一个扁扁的 S。

x 轴代表时间单位（推荐以"周"为单位），y 轴代表当前累计的测试用例或者测试点数量，如图 9-14 所示，可以看到：

用趋势曲线（上方实线）代表计划中的测试用例数量，该曲线是在形成了测试计划之后，在实际测试执行之前事先画上的。

测试开始时，图上只有计划曲线。此后，每周添加两条柱状数据，浅色柱状数据代表当前周为止累计尝试执行的测试用例数，深色柱状数据为当前周为止累计实际执行的测试用例数。

在测试快速增长期（紧张阶段），尝试执行的测试用例数略高于原计划，而成功执行的则略低于原计划，这种情况是经常出现的。

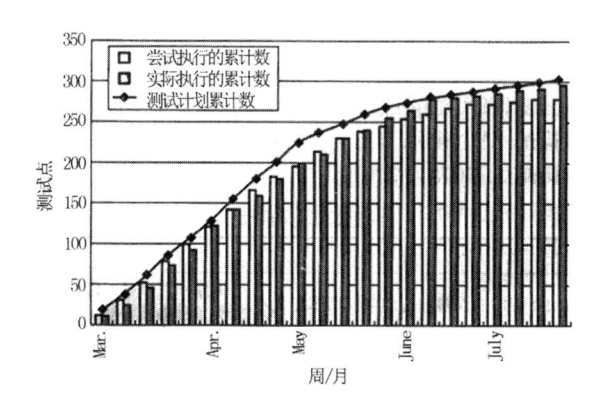

图 9-14　测试进度 S 曲线实例

由于测试用例的重要程度有所不同，因此，在实际测试中经常会给测试用例加上权重。使用加权归一化使得 S 曲线更为准确地反映测试进度（这样 y 轴数据就是测试用例的加权数量），加权后的测试用例数通常称为测试点。

一旦一个严格的计划曲线放在项目组前，它将成为奋斗的动力，整个小组的视线都开始关注计划、尝试与执行之间的偏差。由此，严格的评估是 S 曲线的成功的基本保证。例如，人力是否足够、测试用例之间是否存在相关性等。一般而言，在计划或者尝试数与实际执行数之间存在 15%～20% 的偏差时就需要用启动应急行动来进行弥补了。

9.4.2 软件测试成本管理

1. 成本管理的主要内容

成本管理的主要内容有：

（1）资源计划

确定为完成项目各活动需要什么资源（人、设备、材料），以及每种资源的需求量。

（2）成本估算

为完成项目各项任务所需要的资源成本的近似估算。

（3）成本预算

将总投资估算分配落实到各个单项工作上。项目成本预算是进行项目成本控制的基础，它是将项目的成本估算分配到项目的各项具体工作上，以确定项目各项工作和活动的成本定额，制定项目成本的控制标准，规定项目意外成本的划分与使用规则的一项项目管理工作。

（4）成本控制

控制预算的变更。成本控制的每一部分都有输入、工具技术和输出。首先是根据历史信息、范围陈述、资源池描述、组织方针和活动持续期预计，利用专家判断、选择性鉴定和项目管理软件，得到资源需求文档。成本估算是根据资源需求说明、资源费用、活动持续期估计、估计发布和历史信息及账目表、风险，利用相似估计、参变模型、自底向上估计、计算机化工具和其他成本估计方法，得出成本估计、支持细节和成本管理计划。成本预算核定是根据成本估算、项目进度和风险管理计划，利用成本预算工具和技术，得到项目成本基线（成本基线是基于有限时间的预算，常用来测量、监视项目成本性能）。成本控制是根据成本基线、性能报告、需求变化和风险管理计划，采用成本变化管理系统、性能测量、挣值管理、附加计划和计算机化工具，得到修正的成本估计、预算变动、纠正活动和完成估计。

2. 测试实施成本的类型

在软件产品测试过程中，测试实施成本主要包括：测试准备成本、测试执行成本和测试结束成本。

（1）测试准备成本控制

测试准备成本控制的目标是使时间消耗总量、劳动力总量（尤其是准备工作所需的熟练劳动力总量）最小化。准备工作一般包括硬件配置、软件配置、测试环境建立以及测试环境的确定等。

（2）测试执行成本控制

测试执行成本控制的目标是使总执行时间和所需的测试专用设备尽可能地减少。执行时间要求用户进行手工操作执行测试的时间应尽量减少，同时对劳动力和所需的技能也要尽量减少。如果需要重新测试，不同的选择会有不同的成本控制效果，重新测试的决策是在成本与风险的矛盾中进行的。

• 完全重新测试：将测试全部重新执行一遍，将风险降至最低，但加大了测试执行的成本。

• 部分重新测试：有选择地重新执行部分测试，能减少执行成本，但同时加大了风险。

对部分重新测试进行合理的选择，将风险降至最低，而成本同样会很高，必须将其与测试执行成本进行比较，权衡利弊。利用测试自动化，进行重新测试，其成本效益是较好的。部分重新测试的选择方法有两种：

1）对由于程序变化而受到影响的每一部分进行重新测试，这种方法风险要小一些。

2）对与变化有密切和直接关系的部分进行重新测试，这是一种主观制定的办法，是建立在对软件产品十分了解的基础上的。

一般地，选择重新测试的策略建立在软件测试错误的多少（即软件风险的大小）与测试的时间、人力、资源投入成本的大小之间的折中基础上。

（3）测试结束成本控制

测试结束成本的控制是进行测试结果分析和测试报告编制、测试环境的消除与恢复原环境所需的成本，使所需的时间和熟练劳动力总量减小到最低限度。

（4）降低测试实施成本

测试准备环境的配置是十分重要的，要求与软件的运行环境相一致。测试环境应建立在固定的测试专用软硬件及网络环境中，尽可能使用软件和测试环境配置自动化。测试实施尽可能采用自动化的测试工具，减少手工辅助测试。当测试结束编写测试报告时，测试结果与预期结果的比较采用自动化方法，以降低分析比较成本。

（5）降低测试维护成本

降低测试维护成本，与软件开发过程一样，加强软件测试的配置管理，所有测试的软件样品、测试文档（测试计划、测试说明、测试用例、测试记录、测试报告）都应置于配置管理系统控制之下。降低测试维护工作成本主要考虑：对于测试中出现的偏差要增加测试；采用渐进式测试，以适应新变化的测试；定期检查维护所有测试用例，以获得测试效果的连续性。

同时，保持测试用例效果的连续性是一项重要的措施，包括每一个测试用例都是可执行的，即被测产品在功能上不应有任何变化；基于需求和功能的测试都应是适合的，若产品需求和功能发生小的变化，不应使测试用例无效；每一个测试用例不断增加使用价值，即每一个测试用例不应是完全冗余的，连续使用应是成本效益高的。

3. 软件测试项目成本的控制原则

（1）坚持成本最低化原则

软件测试项目成本控制的根本目的，在于通过成本管理的各种手段，不断降低软件测试项目成本，以达到可能实现最低的目标成本的要求。从实际出发，通过主观努力可能达到合理的最低成本水平。

（2）坚持全面成本控制原则

全面成本管理是整个测试团队、全体测试人员和测试全过程的管理，亦称"三全"管理。软件测试项目成本的全过程控制，要求成本控制工作要随着软件测试过程进展的各个阶段连续进行。

（3）坚持动态控制原则

软件测试项目是一次性的，成本控制应强调项目的中间控制，即动态控制。因为软件测试准备阶段的成本控制只是为今后的成本控制作好准备，而测试完成阶段的成本控制，由于成本盈亏已基本定局，即使发生了纠差，也已来不及纠正。

（4）坚持项目目标管理原则

目标管理的内容包括目标的设定和分解，目标的责任到位和执行，检查目标的执行结果，评价目标和修正目标，形成目标管理的计划、实施、检查、处理循环，即 PDCA 循环。

（5）坚持责、权、利相结合的原则

在软件测试施工过程中，软件测试项目负责人和各测试人员在肩负成本控制责任的同时，享有成本控制的权力，同时要对成本控制中的业绩进行定期的检查和考评，实行有奖有罚。只有真正做好责、权、利相结合的成本控制，才能收到预期的效果。

4. 软件测试项目成本的控制措施

（1）组织措施

软件测试项目负责人是项目成本管理的第一责任人，全面组织软件测试项目的成本管理工作，应及时掌握和分析盈亏状况，并迅速采取有效措施；负责技术工作的测试人员应在保证质量、按期完成任务的前提下尽可能采取先进技术，以降低工程成本；负责财务工作的人员应及时分析项目的财务收支情况，合理调度资金。

（2）技术措施

一是制定先进的、经济合理的测试方案，以达到缩短工期、提高质量、降低成本的目的；二是在软件测试过程中努力寻求各种降低消耗、提高工效的新工艺、新技术等降低成本的技术措施；三是严把质量关，杜绝返工现象，缩短验收时间，节省费用开支。

（3）经济措施

人工费控制管理。主要是改善劳动组织，减少窝工浪费；实行合理的奖惩制度；加强技术教育和培训工作；加强劳动纪律，严格控制非测试人员比例。

材料费控制管理，减少各个环节的损耗，节约费用。

软件测试工具费控制管理，主要是正确选配和合理利用软件测试工具，提高利用率和测试效率。

间接费及其他直接费控制。

软件测试项目成本管理的目的就是确保在批准的预算范围内完成软件测试项目所需的各个过程。成本管理是软件测试项目管理的一个主要内容，就目前来看，成本管理是软件测试项目管理中一个比较薄弱的方面，许多软件测试项目由于成本管理不善，造成了整个软件造价的成本上升，软件质量得不到保证。因此，在软件实际测试过程中，应当有效地加强软件测试项目的成本管理，以进一步节约成本，提高经济效益。

5. 总成本费用的估算

成本估算涉及计算完成项目所需各资源（人、材料、设备等）成本的近似值。

成本估算涉及的是对可能数量结果的估计——承建单位为提供产品或服务的花费是多少。而定价是一个商业决策——承建单位为它提供的产品或服务索取多少费用，成本估算只是定价要考虑的因素之一。在进行估算时应注意以下几点：

1）当项目在一定的约束条件下实施时，价格的估算是一项重要的因素。

2）费用估算应该与工作质量的结果相联系。

3）费用估算过程中，亦应该考虑各种形式的费用交换，例如，在多数情况下，延长工作的延续时间通常是与减少工作的直接费用联系在一起的，相反，追加费用将缩短项目工作的延续时间。因此，在费用估计的过程中，必须考虑附加的工作对工程期望工期缩短的影响。

成本估算主要依赖以下几项：

- 工作分解结构。
- 资源需求计划。
- 资源价格。
- 工作的延续时间。
- 历史信息。
- 财务报表。

6. 成本预算的控制

成本预算编制是一项十分细致、复杂的工作，计算中难免出现一些疏漏和错误，为此必须搞好审核工作。审核的重点是：编制依据是否符合规定，造价及各项经济指标是否合理，单位工程有无漏项，说明是否全面，并做到内容完整、造价正确，经济指标及主要设备、软件配置是否合理。预算的审核本身也是对成本控制的一种方法，目的是发现、纠正错误，从而起到控制成本和造价的作用。成本控制主要关心的是影响改变费用线的各种因素、确定费用线是否改变以及管理和调整实际的改变。成本控制包括：

①监控费用执行情况，以确定与计划的偏差。
②确保所有发生的变化被准确记录在费用线上。
③避免不正确的、不合适的或者无效的变更反映在费用线上。
④建设单位权益改变的各种信息。

7. 测试费用有效性

测试费用从经济学的角度考虑就是确定需要完成多少测试，以及进行什么类型的测试。经济学所做的判断，确定了软件存在的缺陷是否可以接受，如果可以接受，能承受多少。

测试费用的有效性，可以用测试费用的质量曲线来表示，如图9-15所示。随着测试费用的增加，发现的缺陷会越来越多，两线相交的地方是过多测试开始的地方，这时，排除缺陷的测试费用超过了缺陷给系统造成的损失费用。测试的策略不再主要由软件人员和测试人员来确定，而是由商业的经济利益来决定。

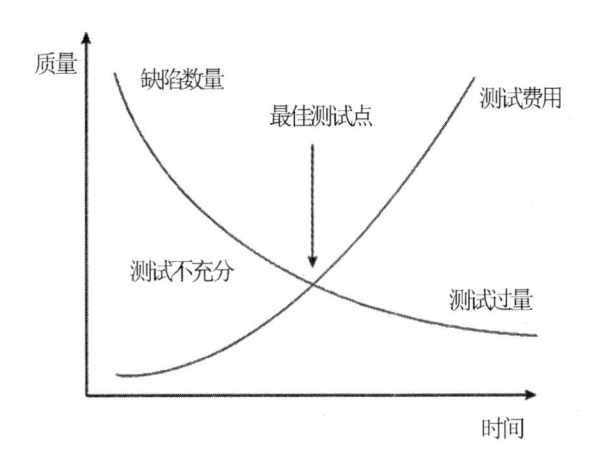

图 9-15　测试费用的质量曲线

太少的测试是犯罪，而太多的测试是浪费。对风险测试得过少，会造成软件的缺陷和系统的瘫痪；而对风险测试得过多，就会使本来没有缺陷的系统进行没有必要的测试，或者对有轻微缺陷的系统所花费的测试费用远远大于它们给系统造成的损失。

9.5　测试配置管理

9.5.1 软件测试配置管理的概念

软件测试配置管理（Software Configuration Management，SCM）是通过技术或行政手

段对软件产品及其开发过程和生命周期进行控制、规范的一系列措施。配置管理的目标是记录软件产品的演化过程，进而确保软件开发者在软件生命周期中各个阶段都能得到精确的产品配置。软件测试配置管理界定软件的组成项目，对每个项目的变更进行管控（版本控制），并维护不同项目之间的版本关联，以使软件在开发过程中任一时间的内容都可以追溯，包括某几个具有重要意义的组合。

配置管理过程是对处于不断演化、完善过程中的软件产品的管理过程。最终目标是实现软件产品的完整性、一致性以及可控性，使产品最大程度地与用户需求相吻合。它通过控制、记录、追踪对软件的修改和每个修改生成的软件组成部件来实现对软件产品的管理功能。软件测试配置管理是一组追踪和控制活动，开始于软件开发项目开始之时，结束于软件被淘汰之时。

软件测试配置管理的对象即软件配置项，它们是软件工程过程中产生的信息项（文档、报告、程序、表格、数据等）。按照 ISO 9000—3 的说明，软件配置项可以是：

①与合同、过程、计划和产品有关的文档和数据。
②源代码、目标代码和可执行代码。
③相关产品，其中包括软件工具、库内的可复用软件、外购软件以及用户提供的软件。其中软件工具包括编辑程序、编译程序、其他 CASE 工具的特定版本，都要作为软件测试配置的一部分加以"冻结"。

随着软件工程过程的不断发展，软件配置项数目快速增加。在变更时会引入其他影响因素，使得情况变得更加复杂。这时配置管理的作用就会充分显示出来。

基线是一个软件配置管理概念，它有助于人们在不严重妨碍合理变化的前提下来控制变化。IEEE 把基线定义为：已经通过了正式复审的规格说明或中间产品，它可以作为进一步开发的基础，并且只有通过正式的变化控制过程才能改变它。

简而言之，基线就是通过了正式复审的软件配置项。在软件配置项变成基线之前，可以迅速而非正式地修改它。一旦建立了基线之后，虽然仍然可以实现变化，但是必须应用特定的、正式的过程（称为规程）来评估、实现和验证每个变化。

除了软件配置项之外，许多软件工程组织也把软件工具置于配置管理之下，也就是说，把特定版本的编辑器、编译器和其他 CASE 工具，作为软件配置的一部分"固定"下来。因为当修改软件配置项时必然要用到这些工具，为防止不同版本的工具产生的结果不同，应该把软件工具也基线化，并且列入到综合的配置管理过程之中。

9.5.2 软件测试配置管理的模式

在软件配置管理中所使用的模式主要有四种，下面进行简单的介绍。

（1）恢复提交模式

这种模式是软件配置管理中最基本的模式。它是一种面向文件单一版本的软件配置模式。在这一模式中，最基本的概念是软件库（Repository）。

所谓软件库是指软件产品的各组成单元的各个版本的集中存储区域：软件开发人员可以向它提交某一产品单元的新版本，或从中恢复某一产品单元的某一版本。需要注意的是，软件库中的内容一般不能被直接访问，至少不能被直接修改。

这种模式中典型的便是 SCCS 工具、RCS 工具以及基于它们的各种软件配置管理工具：它们的软件库即它们的版本维护文件 SCCS 文件或 RCS 文件。

（2）面向改变模式

正如其名称一样，这种模式考虑更多的是软件产品的各组成单元的改变，而不是它们的各单一版本。在这种模式下，版本是通过对基线实施某改变请求的结果。这种模式对于将用户及节点间的改变进行广播和结合是非常有效的。

（3）合成模式

这一模式是在基于恢复提交模式的基础上，引入系统模型这一概念用以描述整个软件产品的系统结构，从而将软件配置管理从软件产品的单元这一级扩展到系统这一级。这种模式对于软件产品的构建非常有用。

（4）长事务模式

这一模式也是基于恢复提交模式的，它引入了工作空间的概念，各个开发人员在各自的工作空间下与其他用户相互隔离，独立地对软件进行修改。

9.5.3 软件测试配置管理的过程

软件配置管理是软件质量保证的重要一环，它的主要任务是控制变化，同时也负责各个软件配置项和软件各种版本的标识、软件配置审核以及对软件配置发生的任何变化的报告。具体来说，软件配置管理主要有五项任务：配置标识、版本控制、变化控制、配置审核和配置报告。

1. 配置标识

为了控制和管理软件配置项，必须单独命名每个配置项，然后用面向对象方法组织它们。可以标识出两类对象：基本对象和聚集对象（可以把聚集对象作为代表软件配置完整版本的一种机制）。基本对象是软件工程师在分析、设计、编码或测试过程中创建出来的"文本单元"。例如，需求规格说明的一个段落、一个模块的源程序清单或一组测试用例。聚集对象是基本对象和其他聚集对象的集合。

每个对象都有一组能唯一地标识它的特征：名字、描述、资源表和"实现"。其中，对象名是无二义性地标识该对象的一个字符串。

在设计标识软件对象的模式时，必须认识到对象在整个生命周期中一直都在演化，因此，所设计的标识模式必须能无歧义地标识每个对象的不同版本。

2. 版本控制

在软件开发过程中，为了纠正错误和满足用户的需求，往往对一个软件配置项要保存多个不同的版本。随着软件开发的进行，软件配置项的版本数目也逐渐增加。为此，软件配置管理中对软件配置项的版本管理有以下一些要求：

1）能够根据用户的不同需求，提供不同的版本的软件配置项以配置不同的系统。
2）保存软件配置项的老版本，以便能够对以后出现的问题作调查。
3）能够根据各种版本的软件配置项来配置生成开发项目版本的一个新版本。

4）能够支持多个软件开发人员同时对一个软件配置项进行操作与处理。

5）将各软件配置项的各种版本进行高效存储。

版本管理的主要功能有以下四点：

1）集中管理档案，安全授权机制。版本管理的操作是将开发组的档案集中存放在服务器上，经系统管理员授权给各个用户。用户通过提交（Check In）和提取（Check Out）的方式访问服务器上的文件，未经授权的用户则无法访问服务器上的文件。

2）软件版本升级管理。每次提交时，在服务器上都会生成新的版本，软件版本的管理采取增量存储的方式。任何版本都可以随时提取并编辑，同一应用的不同版本可以像树枝一样向上增长。

3）加锁功能。为了在文件更新时保护文件。避免不同的用户更改同一文件时发生冲突，某一文件一旦被提取，锁即被解除，该文件可被其他用户使用。在更新一个文件之前该文件被锁定，避免变更没有锁定的项目源文件。

4）提供不同版本源程序的比较。在文件提交和提取时，需要注意提交和提取的使用：

• 当某个时刻需要修改某个小缺陷或特征时，应只提取完成工作必需的最少文件。

• 当需要对文件变更时，应提交它并加锁。这样可保留对每个变更的记录。

• 应避免长时间地锁定文件。如果需要长时间工作于某个文件，最好能创建一个分支，并在分支上进行工作。工作完成后，通过合并把所有操作结果集成在一起。

• 如果需要做较大的变更，可有以下两种选择：将需要的所有文件提取并加锁，然后正常处理；或者为需要修改的版本创建分支，把变更与主干脱离，然后把结果合并回去。

3. 变化控制

对于大型软件开发项目来说，无控制的变化将容易导致混乱。变化控制把人的规程和自动工具结合起来，以提供一个控制变化的机制。典型的变化控制过程如下：接到变化请求之后，首先评估该变化在技术方面的得失、可能产生的副作用、对其他配置对象和系统功能的整体影响以及估算出的修改成本。评估的结果形成"变化报告"，该报告供"变化控制审批者"审阅。所谓变化控制审批者既可以是一个人也可以由一组人组成，其对变化的状态和优先级做最终决策。为每个被批准的变化都生成一个"工程变化命令"，其描述将要实现的变化，必须遵守的约束以及复审和审核的标准。把要修改的对象从项目数据库中提取出来，进行修改并应用适当的 SQA 活动。最后，把修改后的对象提交进数据库，并用适当的版本控制机制创建该软件的下一个版本。

"提交"和"提取"过程实现了变化控制的两个主要功能——访问控制和同步控制。访问控制决定哪个软件工程师有权访问和修改一个特定的配置对象，同步控制有助于保证由两名不同的软件工程师完成的并行修改不会相互覆盖。

在一个软件配置项变成基线之前，仅需应用非正式的变化控制。该配置对象的开发者可以对它进行任何合理的修改（只要修改不会影响到开发者工作范围之外的系统需求）。一旦该对象经过了正式技术复审并获得批准，就创建了一个基线。而一旦一个软件配置项变成了基线，就开始实施项目级的变化控制。现在，为了进行修改开发者必须获得项目管理者的批准（如果变化是"局部的"），如果变化影响到其他软件配置项，还必须得到变化控制审批者的批准。在某些情况下，可以省略正式的变化请求、变化报告和工程变化命令，但是，必须评估每个变化并且跟踪和复审所有变化。

4. 配置审核

软件的完整性，是指开发后期的软件产品能够正确地反映用户所提出的对软件的要求。软件配置审核的目的就是要证实整个软件生命周期中各项产品在技术上和管理上的完整性。同时，还要确保所有文档的内容变动不超出当初确定的软件要求范围，使得软件配置具有良好的可跟踪性。

软件配置审核作为正式技术评审的补充，评价在评审期间通常没有被考虑的软件配置项的特性。软件配置审核提出并解答以下问题：

1) 在工程变更顺序中规定的变更是否已经做了？每个附加修改是否已经纳入？
2) 正式技术评审是否已经评价了技术正确性？
3) 是否正确遵循了软件工程标准？
4) 在软件配置项中是否强调了变更？是否说明了变更日期和变更者？配置对象的属性是否反映了变更？
5) 是否遵循了标记变更、记录变更、报告变更的软件配置管理过程？
6) 所有相关的软件配置项是否都已正确地做了更新？

在某些情形下，这些审核问题是作为正式技术评审的一部分提出的。但是当软件配置管理成为一项正式活动时，软件配置审核就被分开，而由质量保证小组执行了。

5. 配置报告

配置报告通过支持创建和修改记录、管理报告软件配置项的状态或需求变化并审核变化来实现，它提供用户需要的功能，跟踪任意模式的软件项，提供完整的各种变化的历史版本和汇总信息。如图9-16描述的配置状态报告的信息流。

配置状态报告的对象，包括软件项的状态、更改申请和对已被批准的更改的实现情况3个方面。配置状态统计涉及记录和报告变更过程的状态，其目的是为了持续地记录配置的状态以及保持基线产品和其变更建议的历史，并使相关人员了解配置和基线的状态。配置状态统计包含在整个软件生命周期中对基线所有变更的可跟踪性报告。配置状态统计包括以下几方面：

1) 配置项的状态是什么？
2) 变更要求是否被CCB批准？
3) 配置项的什么版本执行了一个被批准的变更？
4) 新版本系统与旧的有什么不同，每个月查出了多少错误？
5) 有多少错误被改正了？
6) 错误的原因是什么？

配置状态报告的任务是记录、报告整个生命周期中软件的状态，用以跟踪对已建立基线的需求、源代码数据以及相关文档的更改，以文件的形式表明了每一软件版本的内容，以及形成该版本的所有更改。

配置状态报告记录了对已建立基线的各个项目的全部更改，能证实这些更改的形成过程

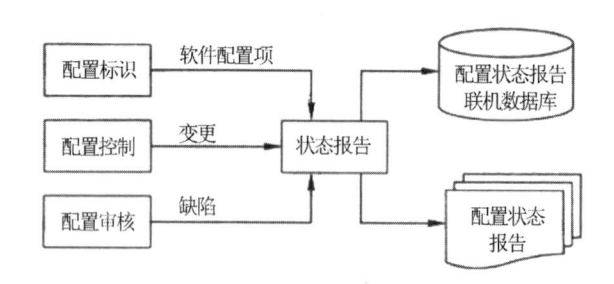

图 9-16 配置状态报告

是否符合更改控制要求，是否符合非一致性报告及纠正措施过程要求。当软件需求规格说明成为基线之时，就要开始配置状态报告工作，并要贯穿于整个软件生命周期。当进行软件的验收、鉴定时，配置状态报告信息将作为功能配置审核和物理配置审核的关键因素。

项目和配置项的关键信息可通过状态统计传递给项目成员。软件工程师可以看到做了哪些修改，或者每个文件包含在哪个基线中。项目经理可以跟踪详细的问题报告和各种其他维护活动。最简单的报告应包括：事务日志、变更日志、配置项增量报告。此外，典型的报告还包括：资源使用、所有配置项状态、过程中的变更等。

在项目的软件配置管理过程中，软件配置管理人员负责将配置项的状态信息及时通知受影响的相关组和个人，并且总结和记录配置管理信息，生成一系列配置工作报告并存储在软件基准库内（在项目组和相关组的范围内共享）。该活动便于软件开发人员及时地了解或查阅配置项的当前状态和历史版本，避免因沟通不当而造成的软件开发版本的混乱。

在每次新分配一个软件配置项或更新一个已有软件配置项的标识，或者一项变更申请被变更控制负责人批准，并给出了一个工程变更顺序时，在配置状态报告中就要增加一条变更记录条目。一旦进行了配置审核，其结果也应该写入报告之中。配置状态报告可以放在一个联机数据库中，以便软件开发人员或者软件维护人员对它进行查询或修改。此外在软件配置报告中应将新登录的变更及时通知管理人员和软件人员。

综上所述，软件配置管理过程表示执行软件配置管理是必不可少的一系列的工作任务。从根本上讲，这个过程是一个计划，它定义要做什么、谁来做及如何做。

9.5.4 软件测试配置管理工具 VSS

软件配置管理工具（Visual Source Safe，VSS）是 Microsoft 公司的产品，是一个初级的小型软件配置管理工具。为了用好这个工具，需要配置管理员和软件项目组成员的共同努力，各负其责。一般情况下，软件公司有一名专职的配置管理员，称为公司配置管理员，项目组中有一名兼职配置管理员，称为项目配置管理员，他们既有分工，又有合作。

1. 软件配置管理员的任务

软件配置管理员的任务：
- 在 VSS 配置管理服务器上，安装软件配置管理工具 VSS。
- 在 VSS 配置管理服务器上，建立各项目组的软件基线库。

- 在 VSS 配置管理服务器上，建立项目组每个成员的软件开发库。
- 在 VSS 配置管理服务器上，建立公司的软件产品库。
- 建立软件配置管理的工作账号。在软件基线库中，建立项目组的账号；在软件开发库中，建立项目组内各个成员的账号；在软件产品库中，建立公司的账号以及项目组的账号。
- 坚持软件配置管理的日常工作。每天用光盘及时备份配置库中的内容，每周向高级经理报告配置管理情况。
- 授权。3 个库有 3 级不同的操作权限，不同角色按照授权范围在不同的库上操作：软件开发库由项目组成员操作；软件基线库由项目配置管理员进行操作；软件产品库由公司配置管理员操作。

2. 软件开发库的管理

在项目研制工作开始时，就要建立系统的软件开发库。软件项目组的每个成员，在软件开发库中对应一个文件夹，该文件夹中有 3 个子文件夹，组员有权读写自己文件夹的内容。项目组长对组员的文件夹有读的权利，没有写的权利。

Document 子文件夹——存放文档。

Program 子文件夹——存放程序和数据。

Update 子文件夹——存放当日工作摘要。当日工作文件名为 YYYY/MM/DD。

软件开发库由开发者使用，阶段性的工作产品在评审和审计后，由项目配置管理员将它从软件开发库中送入软件基线库，公司配置管理员每天需要用可擦写光盘备份软件开发库一次。

3. 软件基线库的管理

在项目研制工作开始时，软件配置管理员就建立起每个项目的软件基线库。软件基线库必须发挥阶段性成果（阶段性的工作产品配置项）的受控作用。每个软件项目组在软件基线库中对应一个文件夹，该文件夹中有 3 个子文件夹：

Document 子文件夹——存放基线文档。

Program 子文件夹——存放基线程序和数据。

Update 子文件夹——存放基线更改记录。

软件基线库由项目配置管理员管理。项目组长对软件基线库拥有读的权利。软件版本产品经过系统测试与验收测试后（或评审和审计后），由公司配置管理员及时将它从软件基线库中送入软件产品库，同时删除软件基线库中的该软件产品。公司配置管理员定时或在事件驱动下，用可擦写光盘备份软件基线库。

4. 软件产品库的管理

软件项目组的全体成员都无权读写软件产品库。只有软件中心主任、项目组长和公司配置管理员共同录入各自的密码后，才能够读写本项目的软件产品文件夹。每个项目组在软件产品库中对应一个文件夹，该文件夹中有 2 个子文件夹：

Document 子文件夹——存放软件产品文档。

Program 子文件夹——存放软件产品程序和数据。

对于同一软件的不同版本软件产品，公司配置管理员应当及时送入软件产品库。

软件产品库由公司配置管理员管理。如果要对产品进行改进，必须经公司分管领导同意并批准，软件中心主任、软件项目组长和公司配置管理员共同录入各自的密码后，才能将该软件产品复制到软件开发库，由项目组对产品进行改进。

公司配置管理员应当及时用光盘备份软件版本产品两份，分别存放在两个物理上不同的地方。软件版本产品删除源程序中的注释后打包，形成面向市场的软件产品，经过特别的包装和复制后，以公司名义统一向客户发布。

5. 项目组人员的任务

项目组人员的任务如下：
- 坚持在软件开发库中进行软件开发工作。
- 在软件开发库中修改文件后，必须做 Check In 处理。
- 在 Update 子文件夹中，坚持做当日更改摘要，以反映项目进度。

6. 项目组长的任务

除了项目组成员的任务之外，项目组长还需要协助配置管理员，做好软件基线库和软件产品库的配置管理工作。

9.5.5 软件测试配置管理的意义

随着软件系统的日益复杂化和用户需求的多样化、软件更新的频繁化，软件配置管理逐渐成为软件生存周期中的重要控制过程，在软件开发过程中扮演着越来越重要的角色。一个好的软件配置管理过程能覆盖软件开发和维护的各个方面，同时对软件开发过程的宏观管理，即项目管理，也有重要的支持作用。良好的软件配置管理能使软件开发过程有更好的可预测性，使软件系统具有可重复性，使用户和主管部门对软件质量和开发小组有更强的信心。

（1）软件配置管理的最终目标是使产品符合用户需求

软件配置管理过程是对处于不断演化、完善过程中的软件产品的管理过程。其最终目标是实现软件产品的完整性、一致性、可控性，使产品最大程度地与用户需求相吻合。它通过对软件的修改和每个修改生成的软件组成部件进行控制、记录、追踪来实现对软件产品的管理功能。

（2）软件配置管理的最终目标是管理软件产品

软件产品是在用户不断变化的需求驱动下不断变化的，为了保证对产品有效地进行控制和追踪，软件配置管理过程不能仅仅对静态的、成形的产品进行管理，而必须对动态的、成长的产品进行管理。

由此可见，软件配置管理同软件开发过程紧密相关。软件配置管理必须紧扣软件开发过程的各个环节，包括管理用户所提出的需求，监控其实施，确保用户需求最终落实到产品的各个版本中去，并在产品发行和用户支持等方面提供帮助，响应用户新的需求，推动新的开发周期。通过软件配置管理过程的控制，用户对软件产品的需求如同普通产品的订货单一样，遵循一个严格的流程，经过一条受控的生产流水线，最后形成产品，发售给相应用户。从另一个角度看，在产品开发的不同阶段通常有不同的任务，由不同的角色完成，各个角色职责明确，泾渭分明，但同时又前后衔接，相互协调。好的软件配置管理过程有助于规范各个角色的行为，同时又为角色之间的任务传递提供无缝的接合，使整个开发团队像一个交响乐队一样和谐而又错杂地行进。

正因为软件配置管理过程直接连接产品开发过程、开发人员和最终产品，这些都是项目主管人员所关注的重点，因此软件配置管理系统在软件项目管理中起着重要作用。软件配置管理过程提供的控制、报告功能可帮助项目经理更好地了解项目的进度、开发人员的负荷、工作效率和产品质量状况、交付日期等信息。同时软件配置管理过程所规范的工作流程和明确的分工有利于管理者应对开发人员流动较大的情况，使新的成员可以快速实现任务交接，尽量减少因人员流动而造成的损失。

总之，软件配置管理作为软件开发过程的必要环节和软件开发管理的基础，支持和控制着整个软件生命周期，同时对软件开发过程的宏观管理（即项目管理）也有重要的支持作用；一个软件开发组织真正有效地实施软件配置管理，将会使软件开发过程有更好的可预测性，使系统具有可重复性，大大提高软件组织的竞争力。

9.6 测试风险管理

软件项目风险管理是软件项目管理的重要内容。风险管理的主要目标是预防风险。在进行软件项目风险管理时，要辨别风险，评估其出现的概率以及产生的影响，再建立一个规划来管理风险。

9.6.1 常见软件项目开发风险

软件项目风险是指在软件开发过程中可能遇到的预算和进度等相关方面的问题及这些问题对软件项目的影响。软件项目风险会影响项目计划的实现，若项目风险变成现实，就非常有可能影响项目的进度，增加项目的成本，甚至使软件项目无法实现，如果对项目进行风险管理，就能够最大限度地减少风险的发生。成功的项目管理一般都对项目风险进行了良好的管理。软件项目的风险体现在需求、技术、成本和进度方面。软件项目开发中常见的风险有以下几类。

1. 需求风险

需求已经成为项目基准，但需求还在继续变化；需求定义不够完善，而进一步的定义会扩展项目范畴；添加额外的需求；产品定义含混的部分比预期需要更多的时间；在做需求中客户参与不够；缺少有效的需求变化管理过程。

2. 计划编制风险

计划、资源和产品定义全凭客户或上层领导口头指令，并且不完全一致；计划是优化的，是"最佳状态"，但计划不现实，只能算是"期望状态"；计划基于使用特定的小组成员，而那个特定的小组成员其实指望不上；产品规模（代码行数、功能点、与前一产品规模的百分比）比估计的要大得多；完成目标日期提前，但没有相应地调整产品范围或可用资源；涉足不熟悉的产品领域，花费在设计和实现上的时间比预期的要多。

3. 组织和管理风险

仅由管理层或市场人员进行技术决策，导致计划进度比较缓慢，计划时间延长；低效的项目组结构降低生产率；管理层审查、决策的周期比预期的时间长；预算削减，打乱了项目计划；管理层做出了打击项目组织积极性的决定；缺乏必要的规范，导致工作失误与重复工作；非技术的第三方的工作（预算批准、设备采购批准、法律方面的审查以及安全保证等）时间比预期的要长。

4. 人员风险

作为先决条件的任务（如培训及其他项目）不能按时完成；开发人员和管理层之间关系不佳，导致决策缓慢，影响全局；缺乏激励措施，士气低下，大大降低了生产能力；某些人员需要更多的时间适应还不熟悉的软件工具和环境；项目后期加入新的开发人员，需进行培训并逐渐与现有成员沟通，导致了现有成员的工作效率降低；由于项目组成员之间发生冲突，导致沟通不畅、设计欠佳、接口出现错误和额外的重复工作；不适应工作的成员没有调离项目组，影响了项目组其他成员的积极性；⑧没有找到项目急需的具有特定技能的人。

5. 开发环境风险

设施未及时到位；设施虽到位，但不配套，例如，没有电话、网线、办公用品等；设施拥挤、杂乱或者破损；开发工具未及时到位；开发工具不如期望的那样有效，开发人员需要时间创建工作环境或者切换新的工具；新的开发工具的学习期比预期的长，内容繁多。

6. 设计和实现风险

设计质量低下，导致重复设计；一些必要的功能无法使用现有的代码和库来实现，开发人员必须使用新的库或者自行开发新的功能；代码和库质量低下，导致需要进行额外的测试，修正错误，或重新制作；过高估计了增强型工具对计划进度的节省量；分别开发的模块无法有效集成，需要重新设计或制作。

7. 过程风险

大量的纸面工作导致进程比预期的缓慢；前期的质量保证行为不真实，导致后期的重复工作；太不正规（缺乏对软件开发策略和标准的遵循），导致沟通不足，质量欠佳，甚至需重新开发；过于正规（教条地坚持软件开发策略和标准），导致过多耗时于无用的工作；向管理层撰写进程报告占用开发人员的时间比预期的多；风险管理粗心，导致未能发现重大的项目风险。

8. 客户风险

客户对于最后交付的产品不满意，要求重新设计和重做；客户的意见没有被采纳，造成产品最终无法满足用户要求，因而必须重做；客户对规划、原型和规格的审核、决策周期比预期的要长；客户没有或不能参与规划、原型和规格阶段的审核，导致需求不稳定和产品生产周期的变更；客户答复的时间（如回答或澄清与需求相关问题的时间）比预期长；客户提供的组件质量欠佳，导致额外的测试、设计和集成工作，以及额外的客户关系管理工作。

9. 产品风险

矫正质量低下的不可接受的产品，需要比预期更多的测试、设计及实现工作；开发额外的不需要的功能，大大延长了计划进度；严格要求与现有系统兼容，需要进行比预期更多的测试、设计和实现工作；要求与其他系统或不受本项目组控制的系统相连，导致无法预料的设计、实现和测试工作；在不熟悉或未经检验的软件和硬件环境中运行所产生的未预料到的问题；开发一种全新的模块将比预期花费更长的时间；依赖正在开发中的技术将延长计划进度。

9.6.2 软件风险管理的内容

软件测试项目存在着风险，在测试项目管理中，预先重视风险评估，并对可能出现的风险有所防范，就可以最大限度地减少风险的发生或降低风险所带来的损失。风险管理的基本内容有两项：风险评估和风险控制。

1. 风险评估

对风险的评估主要依据三个因素：风险描述、风险概率和风险影响。从成本、进度及性能三个方面对风险进行评估。风险的评估是建立在风险识别和分析的基础上。

在风险管理中，首先要将风险识别出来，特别是确定哪些是可避免的风险，哪些是不可避免的，对可避免的风险要尽量采取措施去避免，所以风险识别是第一步，也是很重要的一步。风险识别的有效方法是建立风险项目检查表，按风险内容进行分项检查，逐项检查。然后，对识别出来的风险进行分析，主要从下列四个方面进行分析：

1) 发生的可能性（风险概率）分析，建立一个尺度表示风险可能性（如极罕见、罕见、普通、可能、极可能）。

2) 分析和描述发生的结果或风险带来的后果，即估计风险发生后对产品和测试结果的影响、或造成的损失等。

3) 确定风险评估的正确性，要对每个风险的表现、范围、时间做出尽量准确的判断。

4) 根据损失（影响）和风险概率的乘积，来排定风险的优先队列。方法可以采用 FMEA 法（失效模型和效果分析）。

2. 风险控制

风险的控制是建立在上述风险评估的结果上，主要工作如下：

1）采取措施避免那些可以避免的风险，如测试环境不对，可以通过事先列出要检查的所有条目，在测试环境设置好后，由其他人员按已列出条目逐条检查。

2）风险转移，有些风险可能带来的后果非常严重，能否通过一些方法，将它转换为其他一些不会引起严重后果的低风险。如产品发布前发现某个不是很重要的新功能，给原有的功能带来一个严重 Bug，这时处理这个 Bug 所带来的风险就很大，对策是去掉那个新功能，转移这种风险。

3）有些风险不可避免，就设法降低风险，如"程序中未发现的缺陷"这种风险总是存在，我们就要通过提高测试用例的覆盖率（如达到 99.9%）来降低这种风险。

4）为了避免、转移或降低风险，事先要做好风险管理计划，包括单个风险的处理和所有风险综合处理的管理计划。

5）对风险的处理还要制定一些应急的、有效的处理方案。

6）为每个关键性技术人员培养后备人员，做好人员流动的准备，采取一些措施确保人员一旦离开公司，项目不会受到严重影响，仍能继续下去。

7）制定文档标准，并建立一种机制，保证文档及时产生。

8）对所有工作多进行互相审查，及时发现问题。

风险管理的完整内容和对策，如图 9-17 所示。

测试计划的风险一般指测试进度滞后或出现非计划事件，对于计划风险分析就是找出针对计划好的测试工作造成消极影响的所有因素，以及制定风险发生时应采取的应急措施。一些常见的计划风险包括：交付日期、测试需求、测试范围、测试资源、人员能力、测试预算、测试环境、测试支持、劣质组件、测试工具。

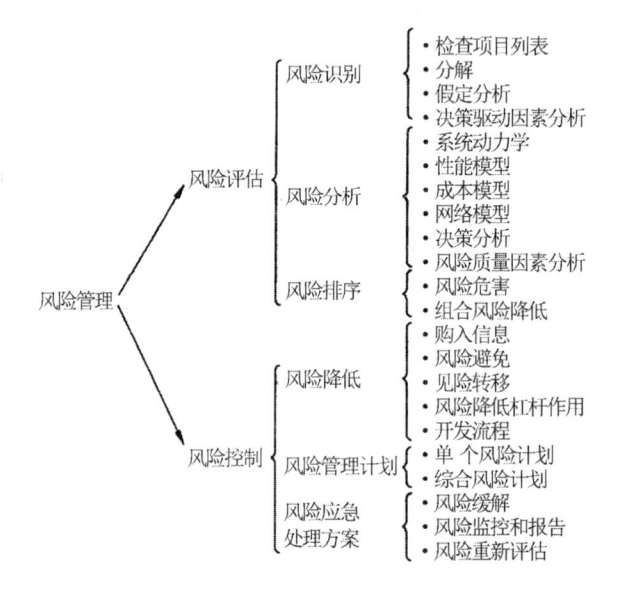

图 9-17 风险管理的内容和对策

其中，交付日期的风险是主要风险之一。测试未按计划完成，发布日期推迟，影响对客户提交产品的承诺，管理的可信度和公司的信誉都要受到考验，同时也受到竞争对手的威胁。交付日期的滞后，也可能是已经耗尽了所有的资源。计划风险分析所做的工作重点不在于分析风险产生的原因，重点应放在提前制定应急措施来应对风险发生。当测试计划风险发生时，可能采用的应急措施有：缩小范围、增加资源、减少过程等措施。

9.6.3 软件风险管理过程

在软件风险管理过程中，一个更聪明的策略是主动式的。在技术工作开始之前就标识出潜在的风险，评估它们出现的概率及其产生的影响，对风险按重要性进行排序，然后，软件项目组建立一个计划来管理风险。主动策略中的风险管理，其主要目标是预防风险。但是，并非所有的风险都能够预防，所以，项目组必须建立一个应付意外事件的计划，使其在必要时能够以可控的及有效的方式做出反应。任何一个系统开发项目都应将风险管理作为软件项目管理的重要内容。

风险管理可以简单分成 5 个步骤，即风险识别、风险分析、风险计划、风险跟踪和风险应对，如图 9-18 所示。在项目的整个生命周期内，风险识别是一个连续的过程。

（1）风险识别

风险识别包括确定风险的来源和风险产生的条件，描述其风险特征和确定哪些风险事件有可能影响本项目。风险识别不是一次就可完成的，应当在项目的整个周期内定期进行。

（2）风险分析

风险分析过程的活动是将风险陈述转变为按优先顺序排列的风险列表，其中包括确定风险的驱动因素，分析风险来源，预测风险影响。

（3）风险计划

针对风险量化的结果，为降低项目风险的负面效应制定风险应对策略和技术手段的过程。风险应对计划依据风险管理计划、风险排序、风险认知等，得出风险应对计划、剩余风险、次要风险以及为其他过程提供的依据。

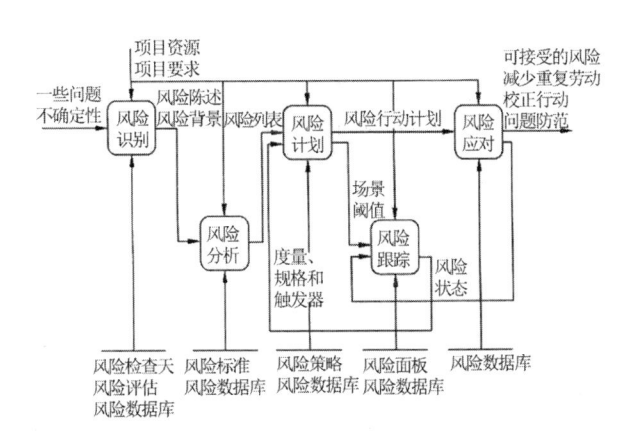

图 9-18 软件项目风险管理过程

（4）风险跟踪

风险跟踪的内容，主要包括已经辨识风险和其他突发风险的观察记录，对风险的发展状况进行详细记录和查询，以便及时发现和解决问题。记录的内容主要包括辨识人员、风险的区域、发展状态、是否采取规避措施、实施人员等。风险跟踪过程的活动包括监视风险状态以及发出通知启动风险应对行动，包括比较阈值和状态、对启动风险进行及时通告、定期通报风险的情况。

（5）风险应对

对涉及整个项目管理过程中的风险进行应对。该过程的输出包括应对风险的纠正措施以及风险管理计划的更新。

风险的策略管理可以包含在软件项目计划中，或者单独制定一个独立的风险缓解、监控和管理（Risk Mitigation Monitoring and Management，RMMM）计划。RMMM 计划能够将所有风险分析工作文档化，并且由项目管理者作为整个项目计划的一部分来使用，RMMM 计划的大纲主要包括：主要风险，风险管理者，项目风险清单，风险缓解的一般策略、特定步骤，监控的因素和方法，意外事件和特殊考虑的风险管理等。一旦建立了 RMMM 计划，就开始了风险缓解及监控。风险缓解是一种避免问题的活动，风险监控则是跟踪项目的活动。通过风险跟踪，进一步对风险进行管理，从而保证项目计划的如期完成。

第 10 章　软件质量保证与过程改进

软件质量的度量主要针对作为软件开发成果的软件产品的质量而言，独立于其过程。软件的质量由一系列质量要素组成，每一个质量要素又由一些衡量标准组成，每个衡量标准又由一些度量标准加以定量刻画。质量度量贯穿于软件工程的全过程以及软件交付前后，在软件交付之前的度量主要包括程序复杂性、模块的有效性和总的程序规模，在软件交付之后的度量则主要包括残存的缺陷数和系统的可维护性方面。

10.1　软件质量保证

软件质量是贯穿软件生命周期的一个极为重要的问题，关于软件质量的定义有多种说法。软件质量是各种特性的复杂组合，它随着应用的不同而不同，随着用户提出的质量要求的不同而不同。

10.1.1 软件质量的定义

与质量有关的特性是质量特性，质量特性是"产品、过程或体系与要求有关的固有特性"。软件质量特性，反映了软件的本质。讨论一个软件的质量，问题最终要归结到定义软件的质量特性。定义一个软件的质量，就等价于为该软件定义一系列质量特性。从一般实际应用来说，软件质量可由以下主要特性来定义：

正确性：指在预定环境下，软件满足设计规格说明及用户预期目标的程度。它要求软件没有错误。

功能性：软件所实现的功能达到它的设计规范和满足用户需求的程度。

可靠性：指软件按照设计要求，在规定时间和条件下不出故障，持续运行的程度。

效率：在规定条件下，用软件实现某种功能所需的计算机资源（包括时间）的有效程度。

安全性：为了防止意外或人为的破坏，软件应具备的自身保护能力。

易使用性：对于一个软件，用户在学习、操作和理解过程中所做努力的程度。

可维护性：当环境改变或软件运行发生故障时，为了使其恢复正常运行所做努力的程度。

可扩充性：在功能改变和扩充情况下，软件能够正常运行的能力。

可移植性：为使一个软件从现有运行平台向另一个运行平台过渡所做努力的程度。
灵活性：指修改或改进一个已投入运行的软件所需工作量的大小。
重用性：整个软件或其中一部分能作为软件包而被再利用的程度。
完整性：指为了某一目的而保护数据，避免它受到偶然的，或有意的破坏、改动或遗失的能力。

10.1.2 软件质量保证策略

软件质量保证（SQA）是一个复杂的系统，它采用一定的技术、方法和工具，来处理和协调软件产品满足需求时的相互关系，以确保软件产品满足开发过程中所规定的标准，即确保软件质量。软件质量保证系统（SQA）提供质量保证措施和策略的总框架，包括机构的建立，职责的分配及选择质量保证的工具等。

为了在软件开发过程中保证软件的质量，主要采取下列措施。

（1）审查

审查就是在软件生命周期每个阶段结束之前，都正式使用结束标准对该阶段生产出的软件配置成分进行严格的技术审查。

审查小组通常由4人组成：组长、开发者和两名评审员。组长负责组织和领导技术审查，开发者是开发文档和程序的人，两名评审员提出技术评论。

审查过程步骤如下：

1）计划。组织审查组，分发材料，安排日程等。
2）概貌介绍。当项目复杂庞大时，可由开发者介绍概况。
3）准备。评审员阅读材料了解有关项目的情况。
4）评审会。目的是发现和记录错误。
5）返工。开发者修正已经发现的问题。
6）复查。判断返工是否真正解决问题。

在软件生命周期每个阶段结束之前，应该进行一次正式的审查，在某些阶段中可以进行多次审查。

（2）复查和管理复审

复查是检查已有的材料，以判断某阶段的工作是否能够开始或继续。每个阶段开始时的复查，是为了肯定前一个阶段结束时的审查，确定已经具备了开始当前阶段工作所必需的材料。管理复审通常是指向开发组织或使用部门的管理人员提供有关项目的总体状况、成本和进度等方面的情况，以便他们从管理角度对开发工作进行审查。

（3）测试

测试是指对软件规格说明、软件设计和编码的最后复审，目的是在软件产品交付之前尽可能发现软件中潜伏的错误。测试过程中将产生下述基本文档：

1）测试计划。确定测试范围、方法和需要的资源等。
2）测试过程。详细描述和每个测试方案有关的测试步骤和数据，包括测试数据和预期的结果。

3）测试结果。把每次测试运行的结果归入文档，如果运行出错，则应产生问题报告，并且通过调试解决所发现的问题。

10.1.3 软件质量保证活动

软件质量保证（SQA）的目的是验证在软件开发过程中是否遵循了合适的过程和标准。软件质量保证过程一般包含以下几项活动：

首先是建立 SQA 小组；其次是选择和确定 SQA 活动，即选择 SQA 小组所要进行的质量保证活动，这些 SQA 活动将作为 SQA 计划的输入；然后是制定和维护 SQA 计划，这个计划明确了 SQA 活动与整个软件开发生命周期中各个阶段的关系；再就是执行 SQA 计划、对相关人员进行培训、选择与整个软件工程环境相适应的质量保证工具；最后是不断完善质量保证过程活动中存在的不足，改进项目的质量保证过程。

独立的 SQA 小组是衡量软件开发活动优劣与否的尺度之一。

选择和确定 SQA 活动这一过程的目的是策划在整个项目开发过程中所需要进行的质量保证活动。质量保证活动应与整个项目的开发计划和配置管理计划相一致。一般把该活动分为以下五类：

（1）评审软件产品、工具与设施

软件产品常被称为"无形"的产品，评审时难度更大。在此要注意的一点是：在评审时不能只对最终的软件代码进行评审，还要对软件开发计划、标准、过程、软件需求、软件设计、数据库、手册以及测试信息等进行评审。评估软件工具主要是为了保证项目组采用合适的技术和工具。评估项目设施的目的是保证项目组有充足的设备和资源进行软件开发工作。这也为规划今后软件项目的设备购置、资源扩充、资源共享等提供依据。

（2）SQA 活动审查的软件开发过程

SQA 活动审查的软件开发过程主要有：软件产品的评审过程、项目的计划和跟踪过程、软件需求分析过程、软件设计过程、软件实现和单元测试过程、集成和系统测试过程、项目交付过程、子承包商控制过程、配置管理过程。特别要强调的是，为保证软件质量，应赋予 SQA 阻止交付某些不符合项目需求和标准的产品的权利。

（3）参与技术和管理评审

参与技术和管理评审的目的是为了保证此类评审满足项目要求，便于监督问题的解决。

（4）做 SQA 报告

SQA 活动的一个重要内容就是报告对软件产品或软件过程评估的结果，并提出改进建议。SQA 应将其评估的结果文档化。

（5）做 SQA 度量

SQA 度量是记录花费在 SQA 活动上的时间、人力等数据。通过大量数据的积累、分析，可以使企业领导对质量管理的重要性有定量的认识，利于质量管理活动的进一步开展。但并不是每个项目的质量保证过程都必须包含上述这些活动或仅限于这些活动，要根据项目的具体情况来定。

10.1.4 软件质量保证措施

软件质量保证是一个复杂的系统，它采用一定的技术、方法和工具，以确保软件产品满足或超过在该产品的开发过程中所规定的标准。若软件没有规定具体的标准，应保证产品满足或超过工业的或经济上能接受的水平。

软件质量保证是软件工程管理的重要内容，软件质量保证包括以下措施：

（1）应用好的技术方法

质量控制活动要自始至终贯彻于开发过程中，软件开发人员应该依靠适当的技术方法和工具，形成高质量的规格说明和高质量的设计，还要选择合适的软件开发环境来进行软件开发。

（2）软件测试

软件测试是质量保证的重要手段，通过测试可以发现软件中大多数潜在的错误。应当采用多种测试策略，设计高效地检测错误的测试用例进行软件测试。但是软件测试并不能保证发现所有的错误。

（3）进行正式的技术评审

在软件开发的每个阶段结束时，都要组织正式的技术评审。由技术人员按照规格说明和设计，对软件产品进行严格的评审、审查。多数情况下，审查能有效地发现软件中的缺陷和错误。国家标准要求单位必须采用审查、文档评审、设计评审、审核和测试等具体手段来控制质量。

（4）标准的实施

用户可以根据需要，参照国家标准、国际标准或行业标准，制定软件工程实施的规范。一旦形成软件质量标准，就必须确保遵循它们。在进行技术审查时，应评估软件是否与所制定的标准相一致。

（5）控制变更

在软件开发或维护阶段，对软件的每次变动都有引入错误的危险。例如，修改代码可能引入潜在的错误；修改数据结构可能使软件设计与数据不相符合；修改软件时文档没有准确及时地反映出来等都是维护的副作用。因而必须严格控制软件的修改和变更。

控制变更是通过对变更的正式申请、评价变更的特征和控制变更的影响等直接地提高软件质量。

（6）程序正确性证明

测试可以暴露程序中的错误，因此是保证软件可靠性的重要手段；但是，测试只能证明程序中有错误，并不能证明程序中没有错误。因此，对于保证软件可靠性来说，测试是一种不完善的技术，人们自然希望研究出完善的正确性证明技术。一旦研究出实用的正确性证明程序（即能自动证明其他程序的正确性的程序），软件可靠性将更有保证，测试工作量将大大减少。然而即使有了正确性证明程序，软件测试也仍然是需要的，因为程序正确性证明只证明程序功能是正确的，并不能证明程序的动态特性是符合要求的。此外，正确性证明过程本身也可能发生错误。

正确性证明的基本思想是证明程序能完成预定的功能。因此，应该提供对程序功能的严格数学说明,然后根据程序代码证明程序确实能实现它的功能说明。

人工证明程序正确性,对于评价小程序可能有些价值,但是在证明大型软件的正确性时,不仅工作量太大,更主要的是在证明的过程中很容易包含错误,因此是不实用的。为了实用的目的,必须研究能证明程序正确性的自动系统。目前已经研究出证明PASCAL和LISP程序正确性的程序系统,正在对这些系统进行评价和改进。现在这些系统还只能对较小的程序进行评价,毫无疑问还需要做许多工作,这样的系统才能实际用于大型程序的正确性证明。

(7) 记录、保存和报告软件过程信息

在软件开发过程中,要跟踪程序变动对软件质量的影响程度。记录、保存和报告软件过程的信息,是为软件质量保证收集信息和传播信息。评审、检查、控制变更、测试和其他软件质量保证活动的结果必须记录、报告给开发人员,并保存为项目历史记录的一部分。

只有在软件开发的全过程中始终重视软件质量问题,采取正确的质量保证措施,才能开发出满足用户需求的高质量的软件。

10.2 软件质量度量

软件度量是对软件开发项目、过程及其产品进行数据定义、收集以及分析的持续性定量化过程,目的在于对此加以理解、预测、评估、控制和改善。没有软件度量,就不能从软件开发的暗箱中跳出来。通过软件度量可以改进软件开发过程,促进项目成功,开发高质量的软件产品。度量取向是软件开发诸多事项的横断面,包括顾客满意度度量、质量度量、项目度量、品牌资产度量、知识产权价值度量等。度量取向要依靠事实、数据、原理、法则;其方法是测试、审核、调查;其工具是统计、图表、数字、模型;其标准是量化的指标。

10.2.1 软件质量度量的概念

对于任何一个工程项目而言。度量都是最基本的工作。度量是指根据已明确的规则把数字或符号指定给现实世界中实体的某一属性,以便阐述实体的某种状态。这里的实体可以是一个实物,如人或房子;还可以是一个事件,如旅行;还可以是软件项目的测试阶段等。属性是实体的特征或特性。如高度、时间、范围、成本等。度量就是关注如何获取关于实体属性的值。

软件工程也需要度量。

软件度量涉及的范围较广。其度量实体大致划分为产品、过程和资源三大类:

产品是指在软件开发过程中产生的各种中间产品、发布的资料和文档等。如规格说明书、设计模型、代码、测试用例等。过程是指与软件相关的一些活动,如编制规格说明书、详细设计、测试等活动。资源指开发过程中使用的资源,包括人员、团队、软件和硬件、办公地点等。

软件度量就是为了获取关于这些实体属性的值。这些实体的属性又划分为内部属性和外部属性，内部属性是指能够纯粹用实体自身来度量的属性，如产品中设计模块实体的内部属性有规模、可复用性、耦合度、内聚度等。外部属性是指由实体与其相关环境一起共同才能度量的属性，如产品中设计模块实体的外部属性有质量、复杂性、可维护性等。

软件度量的实体及其属性分类如表10-1所示。

表10-1 软件度量实体及其属性实例

实体		属性	
		外部属性	内部属性
产品	规格说明书	规模、可复用性、模块化、冗余、功能、语法正确	可理解性、可维护性
	设计	规模、可复用性、模块化、耦合、功能、聚合	质量、复杂性、可维护性
	编码	规模、可复用性、模块化、耦合、功能、算法复杂性、控制流、结构性	可靠性、可用性、可维护性
	测试数据	规模、覆盖度	质量
过程	编制规格说明书	时间、工作量、需求变动数、事件（故障与变化）	质量、费用、稳定性
	详细设计	时间、工作量、在规格说明书中找到的缺陷数	费用、性能与价格之比
	测试	时间、工作量、找到的缺陷数	费用、性能与价格之比、稳定性
资源	人员	年龄、工资待遇	生产率、经验、智力
	团队	规模、交流活动水平、结构	生产率、质量
	硬件	价格、速度、内存容量	可靠性
	软件	价格、规模	可用性、可靠性
	办公地点	面积、温度、照明	舒适度、质量

对于实体属性的度量，既可以直接度量实体属性，如度量编码的规模大小，也可以间接度量实体属性，如可以用每千行代码中出现的错误数来间接度量编码的质量。前者称为直接度量，后者称为间接度量。

直接度量是指实体属性的度量不依赖于其他属性的度量。间接度量是指实体属性的度量与一个或多个其他属性的度量标准有关。一般来讲，实体的内部属性是可以直接度量出来的，也可以通过间接度量获得更精确的值。需要指出的是，实体的外部属性一般不能直接度量，需要使用间接度量。

软件度量的根本目的是为了管理的需要，希望利用度量改进软件过程、提高软件质量。

10.2.2 软件质量度量方法和框架

1.软件质量度量方法

为了在软件开发和维护的过程中定量评价软件质量，必须对软件质量特性进行度量，以评测软件达到要求质量特性的程度。

软件质量特性度量有两类方法：预测型和验收型。

（1）预测度量

利用定量的或定性的方法，对软件质量的评价值进行估计，以得到软件质量的比较精确的估算值。它是用在软件开发过程中的。

（2）验收度量

在软件开发各阶段的检查点，对软件要求的质量进行确认性检查而得到的具体评价值，它可以看成是对预测度量的一种确认，是对开发过程中的预测质量进行评价。

预测度量又有两种方法：

第一种方法称为尺度度量，这是一种定量度量。它适用于一些能够直接度量的特性，例如，出错率定义为：错误数 / KLOC / 单位时间。

第二种方法称为二元度量，这是一种定性度量。它适用于一些只能间接度量的特性，例如，可使用性、灵活性等。

一般采用质量特性的检查表来记录每个质量特性的度量值。

2. 软件质量度量框架

在 IEEE 标准中，定义了建立软件质量度量框架的方法学。软件质量度量框架如图 10-1 所示。

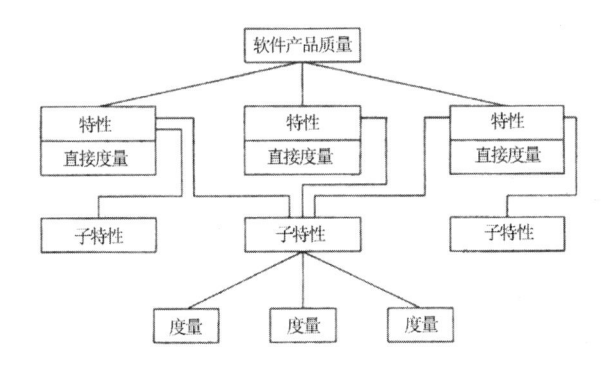

图 10-1　软件质量度量框架

该框架是一个包含四层的层次结构。最上面一层是软件产品必须满足的质量需求，这些需求通常是用户的术语表示的。框架的第二层表示与整个质量需求有关的特殊质量特性。质量特性代表了用户的质量需求。框架的第三层表示质量子特性。通过将每一个质量特性分解为可以测量的属性，就可以得到这些子特性。质量子特性用对软件工程师有意义的术语来表达，它与任何质量特性相独立。框架的第四层是直接度量，一个直接度量至少与一个质量特性有关，直接度量是质量特性的定量表述。

10.2.3 软件质量度量的实施过程

软件度量的基本实施过程如下：

（1）度量承诺

根据软件开发的技术和管理过程对软件度量的需求，确定度量目标，选择度量元，确定实施软件过程度量的侧重点，这是具有针对性地推进软件度量的第一步，也是高层管理者参与决策并提供相应的资源的重要环节。

（2）度量计划

基于确定的软件度量目标，根据软件开发的技术、管理、流程、问题等信息制定软件度量计划。在计划中正式确认产品、流程、角色、责任和资源相关问题及属性，为实施软件度量提供书面的、计划性的、具有可行性的、得到资源支持的保证。

（3）度量实施

根据软件度量计划对软件开发的项目、产品和过程等度量对象实施度量。通过度量收集、存储、分析有效的软件度量数据，并将度量和分析结果用于控制和改善软件过程。

（4）度量评估

对软件度量过程本身进行评估，对度量标准、度量流程、度量方法、度量对象、度量效用等做出评估，发现度量作业的问题点，总结度量作业的资产，并提出度量作业改善方案。

（5）度量改善

根据度量作业的改善方案在后续的度量作业中加以实施，将改善方案导入下一次软件度量过程之中。改善并不是水平方向上的简单重复作业，而是基于经验和教训的螺旋式上升过程，将软件度量的效用在软件开发过程中展现出来。

根据商业目标，一旦确定了需要度量哪些方面的内容、方法和责任人，就可以进行数据采集了，最后用于进行质量评估与改进。

10.3 软件测试过程改进

10.3.1 测试过程改进内容

为了更好地开展测试工作，需要我们在工作过程中不断积累经验、不断对测试过程进行改进工作。

1. 增加需求分析

软件测试过程也是一个相对的开发过程，而不是机械地服从于开发过程及其过程资源，需要进行软件测试的需求分析。测试需求分析的目的，与软件需求分析的目的是一致的，都是为了满足用户的需求，因此，在理解软件需求之前，获取最原始的用户需求是必需的。目前的测试真正涉及到用户需求的不多。

测试需求分析最直接的对象很多，目前至少有 2 个：用户需求和软件需求，其他的涉及到软件开发过程中其他的一些对象,如软件系统结构、软件开发技术／方法、开发语言、测试环境等。不同的测试对象和测试类型,其测试需求分析的对象和方法也是不一样的。目前,测试需求分析并未形成一种有效的模式,也只是借鉴于软件需求分析的模式,以满足用户需求和软件需求为最终目标。

测试需求分析,基本上基于一种过程的概念,对测试对象和测试过程中所有可能涉及的事务进行有效分析,提炼出测试的对象和范围,从而确保测试对象和过程的正确性和有效性。测试需求分析的要素,至少包括对象、行为、过程、结果4个部分,其中后3者可以定义为对象的测试场景分析。

值得注意的是,在现在的流程中,测试计划和需求的同行评审具有了一些测试需求分析的特征。

2. 强化参与开发深度

目前的测试基本上只停留在对软件需求的理解之上,结果可想而知。如果对业务表现形式熟练,在测试的时候,测试的有效性就高些。而如果对业务根本不理解,那就不可能真正地测试到业务所需要满足的要求。如何提高对业务的理解呢？只有从用户需求开始就深入地参与项目开发过程,才有可能真正地理解业务及其表现形式,从而进行有效的测试设计和执行。当然不同的测试对象和类型,所参与的深度是可以不同的。

目前要做好这一步,可能还需要很多的时间,同时也需要项目组给予更多的支持和参与。例如,项目经理、开发经理需要很明确在整个的开发过程中需要进行哪些测试(要说明预期中的结果是什么、期待发现什么问题等),需要提供哪些资源(包括相关文档、测试时间、人员配合和技能支持等)给测试人员。

3. 优化测试用例设计

目前的测试用例设计,基本上是基于对软件需求的一种理解,从而在表现形式上是进行测试执行具体步骤的设计,这是正确的,而且在很大程度上已经满足了目前测试流程的需要,但是,如果相对进行分步式设计,可能会更有利于测试的持续发展。

软件测试设计雷同于软件开发设计过程,也不是一蹴而就的,是需要一个循序渐进的过程的。首先需要根据软件测试分析所提供的可行性,对软件项目进行概要性的设计,在概要性的设计取得用户(该用户包括该系统的最终用户代表、设计开发人员、测试人员)的认可(即评审)。然后,根据概要性的设计对测试用例进行详细设计,该设计即可对应现在的测试设计阶段,主要实现对测试的试运行条件、测试对象操作人员、测试执行步骤、测试结果与通过标准等的分析和设计。该阶段的测试设计需要取得最终用户代表、测试人员的认可。

测试用例设计可以进行测试执行步骤的设计,但不仅仅是步骤的设计,需要言简意赅,重复性的设计尽量复用,这样在设计测试用例的时候才能一目了然。在此也建议采用对象化的设计方法来设计测试用例,而不是从功能角度进行。

4. 增加测试场景设计

测试场景的设计可分为三步:

1）在进行测试需求分析的时候，对测试场景进行了分析，在此需要对测试场景进行设计，这些测试场景的设计基本可以按照测试需求分析的要求进行，部分在测试设计的过程中成为了测试用例。

2）在进行测试用例设计的时候，常常需要对一些特殊的测试用例（执行）进行测试场景设计，以满足某些测试（用例）执行的需要。

3）使用辅助性的测试工具，对一系列的测试执行步骤进行集合，录制、编写测试脚本，从而在进行缺陷／功能验证、回归测试的时候，直接执行脚本即可。

5. 强化测试用例执行

目前测试执行的状态是测试用例写了无数，但是执行的时候却基本不按照此执行，即使按照测试用例执行，也很难在测试用例执行的时候填写测试执行结果。原因包括：

1）测试用例设计过于细致，无法按照测试用例执行（一次操作就可能执行了几十条记录）。

2）测试用例执行没有自动化，重复执行困难。

基于上述原因，需要在优化测试用例设计的基础上，强化测试用例的执行率，使得测试过程中的记录更为完整。可以在测试用例设计阶段引进测试用例设计工具，使得测试用例执行时能够方便提交 Bug，且重复执行起来快捷。而且对于重复执行且界面等发生变化不大的测试用例执行内容脚本化，则可以大大减轻在测试执行过程中的劳动强度。

6. 强化系统回归测试

目前的系统测试在很多的时候需要进行回归测试，但是由于系统回归测试的目的很模糊，且测试用例的设计过于繁琐，测试执行没有形成一定的积累，因此在进行系统回归测试的时候也基本上只基于所关注的功能点进行，效果也比较小。对于比较庞大的系统回归测试工作，更是难以真正地展开，并有所成效。

要扭转这种局面，需要在优化测试用例设计、增加测试场景设计的基础上，在测试过程中不断地积累测试用例和脚本，并在对回归测试进行了测试需求分析之后，采用适当的方法，才能有效地进行系统回归测试。

7. 强化测试结果分析

测试结果分析有两个目标，一个是对测试的阶段性总结，提出测试过程中发现的问题，总结目前阶段被测试系统的满足程度；另一个总结测试经验，改进测试过程和系统缺陷。目前的测试结果分析报告基本满足要求，关键是如何提交有价值的测试报告，同时相关人员予以关注，促进问题和缺陷得到有效的解决。

8. 明确测试管理目标

一个积极、鼓励性质的测试管理目标和一个为管理而管理的测试管理目标对激发员工积极性和提高测试有效的效果是截然不同的。测试管理的目标，主要包括：

- 改进测试过程。
- 提高测试人员素质。
- 提高测试技术。

10.3.2 测试过程改进注意事项

（1）测试过程改进不能盲目跟风

定位不一样，对测试过程改进的要求也就不一样。比如说一个小公司，本来测试人员都很少，测试资源都有限，正常测试都无法保证，那谈论"测试过程改进"就无太大意义。即使说小公司有测试过程改进的经济实力，那也无法和大公司相比，毕竟企业也要赚钱、盈利、生存。所以，测试改进时，一定要考虑测试部门的规模、公司的商业机会、企业经济实力等等方面的因素，更不应该盲目跟风。

（2）切忌与实际相脱离

很多时候，软件公司大家都一窝蜂地赶时髦。一提到测试过程改进，大家都想像"测试规范"一样弄得非常全面，大部分都停留在理论上，花了大量的人力和物力，往往脱离了公司的实际情况，得不偿失，结果可想而知。

（3）测试过程改进不能够急于求成

软件测试过程改进，作为软件测试的一个阶段，我们只能够循序渐进，不能急于求成。我们应该正确处理好测试和测试过程改进的主次关系，一步一步用实践验证来完善。

（4）测试过程改进并不等于花费大量资金

大部分的测试公司，在测试过程改进上都是走走过场，为的都是应付客户。有的公司是请一些测试专家进行咨询，不仅花费大量的时间，还耗费了大量的资金。有的公司是买一些测试工具、缺陷工具，当然开销也不小。如果条件允许的情况下，那样比较理想。如果公司经济条件有限，建议针对公司的实际情况，合理利用测试部门的集体智慧，改进测试过程方为良策。

10.4 软件维护与再工程

10.4.1 软件维护概述

1. 软件维护的定义

所谓软件维护就是在软件已经交付使用之后，为了改正错误或满足新的需要而修改软件的过程。做好软件维护的工作能够使软件更加完善，性能更加完好。

软件维护是由于软件设计不正确、不完善或使用环境变化所引起的，应当引起维护人员的重视。可以通过软件交付使用后可能进行的 4 项活动具体地定义软件维护。

（1）改正性维护

软件测试虽然能大大提高软件质量，但是它不可能暴露一个大型软件系统所有潜藏的错误，所以必然会有第一项维护活动：在任何大型程序的使用期间，用户必然会发现程序错误，并且把他们遇到的问题报告给维护人员。所发现的错误有的不太重要，不影响系统的正常运行，其维护工作可随时进行；而有的错误非常重要，甚至影响整个系统的正常运行，则必须制定计划进行修改，并且要进行复查和控制。我们把诊断和改正错误的过程称为改正性维护。据统计数字表明，改正性维护占全部维护活动的17%～21%。

（2）适应性维护

计算机科学技术领域的各个方面都在迅速进步，大约每过36个月就有新一代的硬件宣告出现，需要经常推出新操作系统或旧系统的修改版本，时常增加或修改外部设备和其他系统部件；另一方面，应用软件的使用寿命却很容易超过10年，远远长于最初开发这个软件时的运行环境的寿命。第二项维护活动——适应性维护就是为了使软件系统适应不断变化了的环境而进行软件修改的过程。这是一项既必要又需要经常进行的维护活动。进行这方面的维护工作也要像系统开发一样有计划、有步骤地进行。据统计数字表明，适应性维护占全部维护活动的18%～25%。

（3）完善性维护

当一个软件系统顺利地运行时，在使用软件的过程中用户往往提出增加新功能或修改已有功能的建议，还可能提出一般性的改进意见。为了满足用户的这种需求，通常需要进行完善性维护，这是软件维护的第三项活动。这项维护活动通常占软件维护工作的大部分。事实上，在全部维护活动中一半以上是完善性维护，这方面的维护除了要有计划、有步骤地完成外，还要注意将相关的文档资料加入到前面相应的文档中。据统计数字表明，完善性维护占全部维护活动的50%～60%。

（4）预防性维护

当为了改进未来的可维护性或可靠性，或为了给未来的改进奠定更好的基础而修改软件时，出现了第四项维护活动——预防性维护，目前这项维护活动相对比较少。据统计数字表明，预防性维护占全部维护活动的4%左右。

2.软件维护的特点

尽管软件维护所需的工作量较大，但长期以来软件的维护工作并未受到软件设计者的足够重视，另外，由于软件维护方面的资料较少，维护手段不多，从而给软件的维护带来一些不足。为了更好地理解软件维护的特点，人们将从软件工程方法学的角度来讨论软件维护工作的问题。

（1）非结构化维护

用手工方式开发的软件只有源代码，这种软件的维护是一种非结构化维护。非结构化维护是从读代码开始，由于缺少必要的文档资料，所以很难弄清楚软件结构、全程数据结构、系统接口等系统内部的内涵；因为缺少原始资料的可比性，很难估量对源代码所做修改的后果；因为没有测试记录，不能进行回归测试。

（2）结构化维护

用工程化方法开发的软件有一个完整的软件配置。维护活动是从评价设计文档开始，确定该软件的主要结构性能；估量所要求的变更的影响及可能的结果；确定实施计划和方案；修改原设计；进行复审；开发新的代码；用测试说明书进行回归测试；最后修改软件配置，再次发布该软件的新版本。

（3）软件维护的困难性

软件维护的困难性主要是由于软件开发过程和开发方法的缺陷造成的。若软件生命周期中的开发阶段没有严格科学的管理和规划，就会引起软件运行时的维护困难。困难主要表现在以下几个方面：

1）理解别人的程序非常困难。修改别人编写的程序不会是件让人愉快的事，这是因为要看懂、理解别人的程序是困难的。困难的程度随着程序文档的减少而快速增加，如果没有相应的文档，则困难就达到了严重的地步。所以，一般程序员都有这样的想法，修改别人的程序不如自己重新编写，尤其是维护那些既没文档，编程风格又很差的程序。

2）文档的不一致性。不同文档间描述的不一致会导致维护人员不知所措，不知根据什么进行修改。各种文档之间的不一致以及文档与程序间的不一致，都是由于开发过程中文档管理不严格所造成的。要解决这个问题，就必须加强开发工作中的文档版本管理工作。

3）软件开发和软件维护在人员与时间上的差异。如果软件维护工作是由该软件的开发人员来进行，则维护工作相对变得容易，因为他们熟悉软件的功能、结构等。但通常开发人员与维护人员是不同的，这种差异造成维护的困难。此外，由于维护阶段持续的时间很长，软件开发和维护可能相距很长时间，开发工具、方法、技术等都有了较大变化，这也给维护工作带来了困难。

4）大多数软件在设计时没有考虑将来的修改。除非在软件设计时采用了独立模块设计原理与方法，否则修改软件既困难又容易出现错误。

5）维护不是一项吸引人的工作。这是因为维护工作很难出成果，反而易遭受挫折，因此与开发工作相比是一项不吸引人的工作。

（4）软件维护的副作用

通过维护可以延长软件的寿命，使其创造更多的价值。但是，修改软件是危险的，每修改一次，可能会产生新的潜在错误，因此，维护的副作用是指由于修改程序而导致新的错误或者新增加一些不必要的活动。一般维护产生的副作用有如下三种：

1）修改代码的副作用。在修改源代码时，由于软件的内在结构等原因，任何一个小的修改都可能引起错误。因此在修改时必须特别小心。

2）修改数据的副作用。在修改数据结构时，有可能造成软件设计与数据结构不匹配，因而导致软件出错。修改数据副作用就是修改软件信息结构导致的结果，它可以通过详细的设计文档加以控制，此文档中描述了一种交叉作用，把数据元素、记录、文件和其他结构联系起来。

3）修改文档的副作用。对软件的数据流、软件结构、模块逻辑等进行修改时，必须对相关技术文档进行相应修改。但修改文档过程会产生新的错误，导致文档与程序功能不匹配，默认条件改变等错误，产生文档的副作用。

为了控制因修改而引起的副作用，应该按模块把修改分组；自顶向下地安排被修改模块的顺序；每次修改一个模块。

（5）软件维护的代价

维护已有软件的费用一般要占软件总预算的 40%～60%，甚至达到 70%～80%，这是软件维护的有形代价。

另外，软件维护任务占用了可用的人力、物力资源，以致耽误甚至丧失了开发的良机，这是软件维护的无形代价。其他无形的代价还有：

1）当看来合理的有关改错或修改的要求不能及时满足时，将引起用户不满。

2）由于维护时的改动，在软件中引入了潜伏的故障，从而降低了软件的质量。

3）当必须把正在开发的人员调去从事维护工作时，将给正在进行的开发过程造成一定混乱。

4）造成生产率的大幅度下降，这在维护旧程序时常常发生。

（6）软件维护的工作量估计

维护活动分为生产性活动和非生产性活动。生产性活动包括分析评价、修改设计和编写程序代码等。非生产性活动包括理解程序代码、解释数据结构、接口特点和设计约束等。

Belady 和 Lehman 提出了软件维护工作模型：

$$M=P+K\times e^{c-d}$$

式中，M 表示维护总工作量，P 表示生产性活动工作量，K 为经验常数，c 表示由非结构化维护引起的程序复杂度，d 表示对维护软件熟悉程度的度量。

这个公式表明，随着 c 的增加和 d 的减小，维护工作量呈指数规律增加。c 增加表示软件未采用软件工程方法开发，d 减小表示维护人员不是原来的开发人员，对软件的熟悉程度低，重新理解软件花费很多的时间。

3.软件维护的困难

软件维护的困难主要是软件需求分析和开发方法的缺陷造成的。这种困难主要来自于以下几个方面：

1）维护人员很难读懂软件开发人员编写的程序。
2）要进行维护的软件没有配置详细合格的文档，或配置文档不全。
3）软件开发人员和软件维护人员在时间上的差异。
4）绝大多数软件在设计的时候都没有考虑到将来要进行必要的修改。
5）软件维护工作难出成果，人们都不愿去做。

10.4.2 软件维护的过程

1.建立维护组织

在软件维护过程中，除了大型软件开发机构外，通常并不需要建立正式的维护机构。而对于一个小型的软件开发团体而言，非正式地确认一个维护机构是绝对必要的。图 10-2 给出了一种典型的维护组织方式。

维护管理员可以是个人或者包括管理人员、高级技术人员等在内的小组。维护机构的管理都是通过维护管理员转交给相应的系统管理员去评价。系统管理员是熟悉部分程序产品的技术人员。系统管理员对软件维护任务做出评价之后，由变化授权人决定应该进行的活动。软件维护机构是在维护活动开始之前就明确了维护的责任，这样做可以大大减少软件维护过

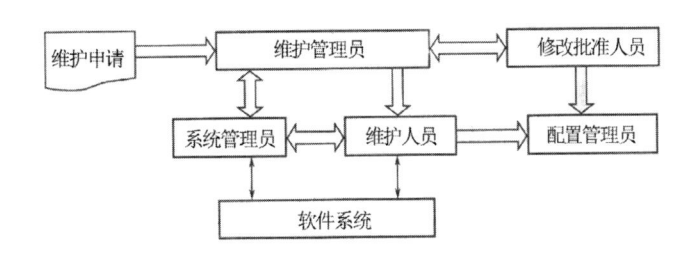

第 10 章 软件质量保证与过程改进

图 10-2 软件维护组织

程中可能出现的混乱现象。

2. 实施维护工作

（1）维护申请

用户通常要在软件维护人员所提供的空白维护要求表（有时称为软件问题报告表）上按照标准化的格式表达对软件的维护要求。对于遇到的错误，必须完整描述导致出现错误的情况（包括输入数据、输出数据以及其他有关信息）；对于适应性维护或完善性维护的要求，用户还应该提出一个简要的需求说明书。

维护申请报告是一个外部机构所提交的文档，它是计划维护活动的基础。软件机构内部应按此制定出一个相应的软件修改报告，它给出下述信息：为满足某个维护要求所需要的工作量；维护要求所需修改变动的性质；这项要求的优先次序；与修改有关的事后数据。软件修改报告需在拟定进一步的维护计划之前提交给变化授权人审查批准，以便进行下一步的工作。

（2）维护工作流程

在维护申请通过之后，首先应确定要求进行维护的类型。对于同一种类型，用户经常把一项要求看做是为了改正软件的错误而进行的改正性维护；而设计人员可能把同一项要求看做是适应性维护或完善性维护。当不同意见存在时，双方需要进行反复协商，以求得意见统一和问题的解决。图 10-3 描绘了由一项维护要求而表示的工作流程。

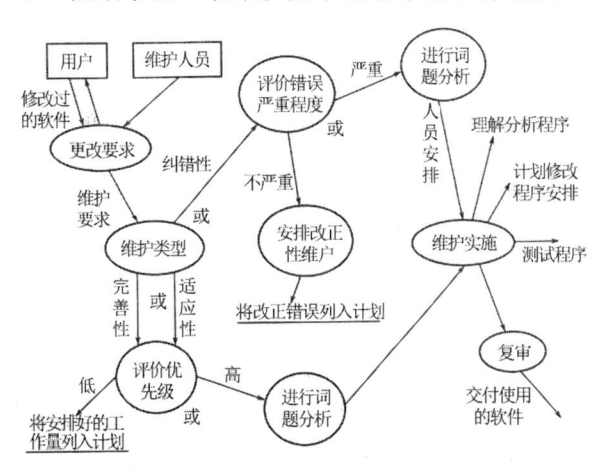

图 10-3 软件维护工作流程示意图

从图 10-3 中不难看出，对不同性质错误的处理方式是不同的：

对一项改正性维护申请的处理是从评价错误的严重程度开始的。如果错误很严重，例如关键性的系统不能正常运行了，这时候应在系统管理员的指导下组织人员，立即开始问题分析，找出错误的原因，进行紧急维护；如果错误并不严重，那么改正性的维护和其他可根据轻重情况统筹安排。

对于适应性维护和完善性维护，首先要确定每个维护要求的优先次序。对于优先权高的要求，应立即安排工作时间进行维护工作；对于优先权不高的要求，可把它看成是另一个开发任务一样统筹安排。

无论是如何维护类型，都需要进行同样的技术工作。这些工作包括：修改软件设计、复审设计、必要的源代码修改、单元测试、集成测试（包括使用以前的测试方案的回归测试）、验收测试、复审。每次的软件维护任务完成之后，对维护任务进行复审是很有好处的。一般说来，进行复审时可以从以下角度考虑问题，例如，在当前环境下，设计、编码、测试中的哪些方面能进行改进？哪些维护资源是应该有的，而事实上却没有？维护工作中主要的和次要的障碍是什么？申请的维护类型中有预防性维护吗？复审对日后的维护工作有着重要的指导意义，而且所提供的反馈信息对软件机构进行有效的管理是十分重要的。

3. 保管维护记录

维护档案记录的内容应该全面详细地记录相关信息，Swanson 提出了维护档案记录应包括如下内容：
- 程序名称。
- 源代码语句数。
- 机器代码指令数。
- 使用的程序设计语言。
- 程序的安装日期。
- 安装后的程序运行次数。
- 安装后的处理程序故障次数。
- 程序变动的层次和名称。
- 修改程序后增加的源代码语句数。
- 修改程序后删除的源代码语句数。
- 每项改动所耗费的"人时"数。
- 修改程序的日期。
- 软件维护工程师的名字。
- 维护申请报告的名称。
- 维护类型。
- 维护开始和完成的时间。
- 花费在维护上的累计"人时"数。
- 维护工作的纯效益。

上述项目构成了一个维护数据库的基础，用这些项目，就可以对维护活动进行有效地评估。应该为每项维护工作都收集上述数据。

为了更好地做好软件维护工作，包括估计维护的有效程度、确定软件产品的质量、确定维护的实际开销等，应该在维护的过程中记录好维护全过程，建立维护文档。在软件生命周期的维护阶段，保护好完整地维护记录十分必要，因为利用维护记录文档，可以有效地估价维护技术的有效性，并确定一个产品的质量和维护的费用。

4. 评价维护活动

评价维护活动是以维护记录为依据的。也就是说，在有维护记录保存的基础上能够进行软件维护活动的评价，否则难以评价。

如果维护记录记载好，就可以对维护工作做一些定量的度量。总体说来，可从下面几个方面评价和度量维护工作：

- 维护申请报告的平均处理时间。
- 每次程序运行时的平均失效次数。
- 用于每一类维护活动的总"人时"数的开销。
- 维护过程中增加或删除一个源代码语句平均花费的"人时"数。
- 每个程序、每种语言、每种维护类型所做的程序平均变动数。
- 所用语言及每种语言平均花费的"人时"数。
- 不同维护类型所占的百分比。

上述度量值提供的是定量数据，可以做出关于开发技术、语言选择、维护工作量规划、资源分配及其他诸多方面的决定，而且还可以利用这样的数据去分析和评价维护工作。

10.4.3 软件可维护性分析

软件维护工作涉及面广，稍有不慎就会在修改中给软件带来新的问题或引入新的错误，为了使软件便于维护，必须考虑使软件具有可维护性。提高可维护性是支配软件工程方法论所有步骤的关键目标，也是延长软件生命周期的最好方法。

软件可维护性可以定性地定义为：软件能够被理解，并能纠正软件系统出现的错误和缺陷，以及为满足新的要求进行修改、扩充或压缩的容易程度。为了达到这个目标，就要在系统开发的各阶段，认真编写各种技术文档。在系统设计时还要考虑到使系统易于修改和扩充，并使修改、扩充对全局带来的影响减至最小。在编写逻辑性复杂的程序段时，应采用规范的符号画出流程图。例如，在会计信息系统中，鉴于会计报表可能经常发生变动，那么报表处理部分就要灵活一些，使报表格式或其内容发生变动时，系统只做略微的修改即可满足用户要求。这样，系统的维护工作就会容易得多。

在软件开发的各个阶段都应考虑到维护问题。在需求分析阶段应做到明确维护范围及责任、审查系统要求、研究运行/维护的支持、明确性能要求及变更、明确扩充或收缩、检验关键资源的可扩充性；在设计阶段应当考虑系统的扩展、压缩和变更及设计通用性等；在编程阶段要查找源程序错误、度量源程序可理解性等；在测试阶段维护人员应参与集成测试、统计分析错误等。

1. 影响可维护性的因素分析

软件维护工作是在软件交付使用后所做的修改,在修改之前需要理解修改的对象,在修改之后应该进行必要的测试,以保证所做的修改是正确的。下面分别从 7 个方面来分别讨论影响软件可维护性的因素。

(1) 可理解性

可理解性是指人们通过阅读源代码和相关文档,了解程序功能及其如何运行的容易程度。一个可理解的程序主要应具备以下一些特性:模块化(模块结构良好、功能完整、简明)、风格一致性(代码风格及设计风格的一致性),不使用令人捉摸不定或含糊不清的代码,使用有意义的数据名和过程名,结构化,完整性(对输入数据进行完整性检查)等。

度量软件的可理解性的内容如下:
- 程序是否模块化?
- 结构是否良好?
- 每个模块是否有注释块来说明程序的功能、主要变量的用途及取值、所有调用它的模块,以及它调用的所有模块?
- 在模块中是否有其他有用的注释内容,包括输入输出、精确度检查、限制范围和约束条件、假设、错误信息、程序履历等?
- 在整个程序中缩进和间隔的使用风格是否一致?
- 在程序中每一个变量、过程是否具有单一的有意义的名字?
- 程序是否体现了设计思想?
- 程序是否限制使用一般系统中没有的内部函数过程与子程序?
- 是否能通过建立公共模块或子程序来避免多余的代码?
- 所有变量是否是必不可少的?
- 是否避免了把程序分解成过多的模块、函数或子程序?
- 程序是否避免了很难理解的、非标准的语言特性?

对于可理解性,可以使用一种称为 "90-10 测试" 的方法来衡量。即把一份被测试的源程序清单拿给一位有经验的程序员阅读 10 分钟,然后把这个源程序清单拿开,让这位程序员凭自己的理解和记忆,写出该程序的 90%。如果程序员真的写出来了,则认为这个程序具有可理解性,否则需要重新编写。

(2) 可测试性

可测试性是指验证程序正确性的容易程度。程序越简单,证明其正确性就越容易。而且设计合适的测试用例,取决于对程序的全面理解,因此,一个可测试的程序应当是可理解的、可靠的、简单的。

度量软件可测试性的内容如下:
- 程序是否模块化?
- 结构是否良好?
- 程序是否可理解?
- 程序是否可靠?
- 程序是否能显示任意的中间结果?

- 程序是否能以清楚的方式描述它的输出？
- 程序是否能及时地按照要求显示所有的输入？
- 程序是否有跟踪及显示逻辑控制流程的能力？
- 程序是否能从检查点再启动？
- 程序是否能显示带说明的错误信息？

对于程序模块，可用程序复杂性来度量可测试性。程序的环路复杂性越大，程序的路径就越多，全面测试程序的难度就越大。

（3）可修改性

可修改性是指修改程序的难易程度。一个可修改的程序应当是可理解的、通用的、灵活的、简单的。其中，通用性是指程序适用于各种功能变化而无需修改。灵活性是指能够容易地对程序进行修改。

测试可修改性的一种定量方法是修改练习。其基本思想是通过做几个简单的修改，来评价修改的难易程度。设 C 是程序中各个模块的平均复杂性，A 是要修改的模块的平均复杂性，则修改的难度 D 由下式计算：

$$D=A/C$$

对于简单的修改，如果 $D>1$，则说明该程序修改困难。A 和 C 可用任何一种度量程序复杂性的方法计算。

度量软件可修改性的内容如下：
- 程序是否模块化？
- 结构是否良好？
- 程序是否可理解？
- 在表达式、数组／表的上下界、输入／输出设备命名符中是否使用了预定义的文字常数？
- 是否具有可用于支持程序扩充的附加存储空间？
- 是否使用了提供常用功能的标准库函数？
- 程序是否把可能变化的特定功能部分都分离到单独的模块中？
- 程序是否提供了不受个别功能发生预期变化影响的模块接口？
- 是否确定了一个能够当作应急措施的一部分，或者能在小一些的计算机上运行的系统子集？
- 是否允许一个模块只执行一个功能？
- 每一个变量在程序中是否用途单一？
- 能否在不同的硬件配置上运行？
- 能否以不同的输入／输出方式操作？
- 能否根据资源的可利用情形，以不同的数据结构或不同的算法执行？

（4）可靠性

可靠性是指一个程序在满足用户功能需求的基础上，在给定的一段时间内正确执行的概率。关于可靠性，度量的标准主要有：平均失效间隔时间 MTTF（Mean Time To Failure）、平均修复时间 MTTR（Mean Time To Repair）、有效性 A[=MTBD／（MTBD+MDT）]。

度量可靠性的方法，主要有两类，具体如下：

①根据程序错误统计数字，进行可靠性预测。常用方法是利用一些可靠性模型，根据程序测试时发现并排除的错误数预测平均失效间隔时间（MTTF）。

②根据程序复杂性，预测软件可靠性。用程序复杂性预测可靠性，前提条件是可靠性与复杂性有关。因此，可用复杂性预测出错率。程序复杂性度量标准可用于预测哪些模块最可能发生错误，以及可能出现的错误类型。了解了错误类型及它们在哪里可能出现，就能更快地查出和纠正更多的错误，提高可靠性。

度量软件可靠性的内容如下：
- 程序中对可能出现的没有定义的数学运算是否做了检查？
- 循环终止和多重转换变址参数的范围，是否在使用前做了测试？
- 下标的范围是否在使用前测试过？
- 是否包括错误恢复和再启动过程？
- 所有数值方法是否足够准确？
- 输入的数据是否检查过？
- 测试结果是否令人满意？
- 大多数执行路径在测试过程中是否都已执行过？
- 对最复杂的模块和最复杂的模块接口，在测试过程中是否集中做过测试？
- 测试是否包括正常的、特殊的和非正常的测试用例？
- 程序测试中除了假设数据外，是否还用了实际数据？
- 为了执行一些常用功能，程序是否使用了程序库？

（5）可移植性

可移植性是指将程序从原来环境中移植到一个新的计算环境的难易程度。它在很大程度上取决于编程环境、程序结构设计、对硬件及其他外部设备等的依赖程度。一个可移植的程序应具有结构良好、灵活、不依赖于某一具体计算机或操作系统的特点。

度量软件可移植性的内容如下：
- 是否是用高级的独立于机器的语言来编写程序？
- 是否使用广泛使用的标准化的程序设计语言来编写程序，且是否仅使用了这种语言的标准版本和特性？
- 程序中是否使用了标准的普遍使用的库功能和子程序？
- 程序中是否极少使用或根本不使用操作系统的功能？
- 程序中数值计算的精度是否与机器的字长或存储器大小的限制无关？
- 程序在执行之前是否初始化内存？
- 程序在执行之前是否测定当前的输入/输出设备？
- 程序是否把与机器相关的语句分离了出来，集中放在了一些单独的程序模块中，并有说明文档？
- 程序是否结构化并允许在小一些的计算机上分段（覆盖）运行？
- 程序中是否避免了依赖于字母数字或特殊字符的内部位表示，并有说明文件？

（6）可使用性

从用户观点出发，把可使用性定义为程序方便、实用及易于使用的程度。一个可使用的程序应是易于使用的、能允许用户出错和改变、尽可能不使用户陷入混乱状态的程序。

度量软件可使用性的内容如下：
- 程序是否具有自描述性？
- 程序是否能始终如一地按照用户的要求运行？
- 程序是否让用户对数据处理有一个满意的和适当的控制？
- 程序是否容易学会使用？
- 程序是否使用数据管理系统来自动地处理事务性工作和管理格式化、地址分配及存储器组织？
- 程序是否具有容错性？
- 程序是否灵活？

（7）效率

效率是指一个程序能执行预定功能而又不浪费机器资源的程度。即对内存容量、外存容量、通道容量和执行时间的使用情况。编程时，不能一味追求高效率，有时需要牺牲部分的执行效率而提高程序的其他特性。

度量软件效率的内容如下：
- 程序是否模块化？
- 结构是否良好？
- 程序是否具有高度的区域性（与操作系统的段页处理有关）？
- 是否消除了无用的标号与表达式，以充分发挥编译器优化作用？
- 程序的编译器是否有优化功能？
- 是否把特殊子程序和错误处理子程序都归入了单独的模块中？
- 在编译时是否尽可能多地完成了初始化工作？
- 是否把所有在一个循环内不变的代码都放在了循环外处理？
- 是否以快速的数学运算代替了较慢的数学运算？
- 是否尽可能地使用了整数运算，而不是实数运算？
- 是否在表达式中避免了混合数据类型的使用，消除了不必要的类型转换？
- 程序是否避免了非标准的函数或子程序的调用？
- 在几条分支结构中，是否最有可能为"真"的分支首先得到测试？
- 在复杂的逻辑条件中，是否最有可能为"真"的表达式首先得到测试？

2. 提高软件可维护性的方法

软件可维护性对于延长软件的寿命具有决定意义。为了提高软件可维护性可以采用以下方法。

（1）建立明确的质量管理目标和优先级

软件维护有 7 种质量特性，要实现所有这些目标，需要付出很大的代价，且不是一定能够完全实现。因为它们之中的某些质量特性是相互促进的，如可理解性和可修改性、可理解性和可测试性；而某些特性却是相互抵触的，如效率和可移植性、效率和可修改性。可维护性是所有软件都应具备的基本特点。

尽管可维护性要求每一种维护属性都得到满足，但是它们的重要性是与程序的用途及计算机环境情况相关的，因此，在提出维护目标的同时规定好维护属性的优先级是非常必要的，这样对于提高软件的质量以及减少软件在生命周期的费用是非常有帮助的。

（2）使用先进的软件开发技术和工具

在软件开发过程中，使用先进的软件开发技术和工具是提高软件质量、降低成本的有效方法之一，也是提高可维护性的有效方法。

常用的技术有模块化、结构化程序设计、自动重建结构和重新格式化等。例如，面向对象的软件开发方法就是一个非常实用且强有力的软件开发方法，由它开发出来的软件系统具有极好的稳定性、容易修改、易于测试和调试，故可维护性好。

（3）选择可维护性好的程序设计语言

程序设计语言的选择对程序的可维护性有着直接影响。低级语言，即机器语言和汇编语言，难以理解、不好掌握，维护很难。高级语言与低级语言相比更易于理解，具有更好的可维护性。例如，第四代语言，如查询语言、图形语言、报表生成器等，比其他高级语言更容易理解、使用和修改，能缩短程序的长度，减少程序的复杂性，因此提高了软件的可维护性。当然，同为高级语言，可理解程度也是不同的。如图10-4所示为不同程序设计语言可维护性的比较。

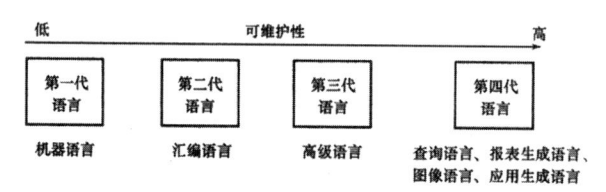

图10-4　不同程序设计语言可维护性的比较

（4）进行明确的质量保证审查

质量保证审查对于获得和维持软件的质量而言，是一个很有用的技术。除了保证软件得到适当的质量外，审查还可以用来检测在开发和维护阶段内发生的质量变化。一旦检测出问题，就可以采取措施进行纠正，以控制不断增长的软件维护成本和延长软件系统的有效生命周期。

1）查点检查。

检查点是软件开发过程每一个阶段的终点。进行检查点检查的目标是证实已开发的软件满足设计要求。在软件开发的最初阶段就将质量要求考虑在内，并在每个阶段的终点设置检查点进行检查是保证软件质量的最佳方法。如图10-5所示。

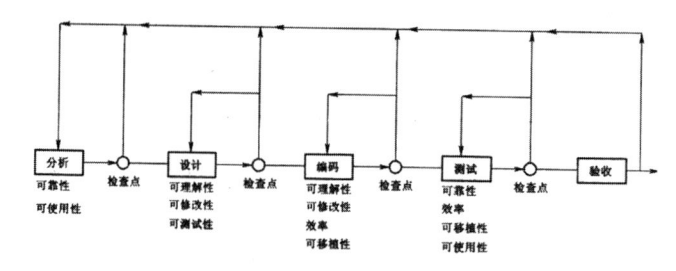

图10-5　软件开发期间各个检查点的检查

实际上，在每个不同的检查点，检查的侧重点肯定是不完全相同的。各个阶段的检查重点、检查对象和方法如表 10-2 所示。

表 10-2 各个阶段的检查重点、检查对象和方法

阶段	检查重点	检查项目	检查方法或工具
需求分析	对程序可维护性的要求是什么？例如，对于可使用性、交互系统的响应时间	软件需求说明书；限制与条件，优先顺序；进度计划；测试计划	可使用性检查表
设计	程序是否可理解；程序是否可修改；程序是否可测试	设计方法；设计内容；进度；运行、维护支持计划	复杂性度量、标准；修改练习；耦合、内聚估算；可测试性检查表
编码及单元测试	程序是否可理解；程序是否可修改；程序是否可移植；程序是否效率高	源程序清单；文档；程序复杂性；单元测试结果	复杂性度量、90-10 测试、自动结构检查程序；可修改性检查表，修改练习；编译结果分析；效率检查表、编译对时间和空间的要求
组装与测试	程序是否可靠；程序是否高效率；程序是否可移植；程序是否可使用	测试结果；用户文档；程序和数据文档；操作文档	调试、错误统计、可靠性模型；效率检查表；比较在不同计算机上的运行结果；验收测试结果、可使用性检查表

2）验收检查。

验收检查是一个特殊的检查点的检查，它是把软件从开发转移到维护的最后一次检查，是软件投入运行之前保证可维护性的最后机会，对减少维护费用、提高软件质量非常重要。

验收检查实际上是验收测试的一部分。验收检查要求做到：需求和规范以需求规格说明书为标准进行检查，区分必需的、任选的、将来的需求；软件应设计成分层的模块结构，每个模块应完成独立的功能，满足高内聚、低耦合的原则；所有的代码都必须具有良好的结构，所用的代码都必须文档化，在注释中说明它的输入、输出以及便于测试／再测试的一些特点与风格；文档中应说明程序的输入／输出、使用方法／算法、错误恢复方法、所有参数的范围以及默认条件等。

3）周期性维护检查。

在运行期间，还需要对已运行的软件应该进行周期性的维护检查。周期性的维护检查实际上是开发阶段检查点复查的延伸，并且采用的检查方法和检查内容都是相同的。一般每月一次或者两个月一次，以跟踪软件质量的变化。

（5）改进文档

1）程序文档。

程序文档是对程序的功能、程序各组成部分之间的关系、程序设计策略和程序实现过程的历史数据的说明和补充。程序文档是影响可维护性的一个重要因素，应当对如何使用系统、怎样安装和管理系统、系统的需求和设计、系统的实现和测试等进行准确的描述。

程序文档能够提高程序的可阅读性，为了维护程序，人们必须要阅读和理解程序文档。程序文档的作用和意义包括：好的文档能使程序更容易阅读；好的文档简明扼要、风格统一、容易修改；程序编码中加入必要的注释可提高程序的可理解性；程序越长越复杂，编写程序

文档时越应该注意。

2) 用户文档。

用户文档通常指用户手册，它为用户提供使用程序的命令和指示。好的用户文档类似联机帮助信息，用户利用它在终端上就可获得必要帮助和引导。

3) 操作文档。

操作文档包括操作员手册、运行记录和备用文件目录等，它主要是指导用户如何运行程序。

4) 数据文档。

数据文档是程序数据部分的说明。数据文档包括数据模型和数据词典两部分，其中，数据模型以图形表示，表示数据内部结构和数据各部分之间的功能依赖性；数据词典列出了程序使用的全部数据项，包括数据项的定义、使用及其使用位置。

5) 历史文档。

历史文档用于记录程序开发和维护的历史，包括系统开发日志、运行记录和系统维护日志三类。在维护阶段利用历史文档可以大大简化维护工作。

由于系统开发者和维护者一般是分开的，所以系统开发和维护历史对维护程序员是非常有用的信息。利用历史文档可以帮助维护人员理解设计图，指导其如何修改源代码而不破坏系统的完整性，从而简化维护工作。

10.4.4 软件再工程技术

软件的再工程是一类软件的工程活动，通过对旧软件的实时处理，可以增进对软件的理解，提高软件自身的可维护性、可复用性，降低软件的风险，推动软件维护的发展，建立软件再工程模型。

1. 软件再工程活动

软件再工程主要有 6 类活动，它们是库存目录分析、文档重构、逆向工程、代码重构、数据重构、正向工程。这些活动并不是按线性顺序进行的，例如，有可能文档重构之前必须进行逆向工程。软件再工程过程模型如图 10-6 所示。

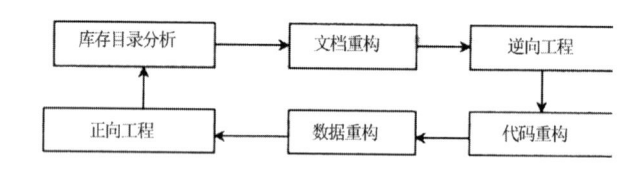

图 10-6 软件再工程过程模型

（1）库存目标分析

作为一个历史文档，每一个软件组织都应该保存一个记录了软件系统的各种信息的库存目录。通过对库存目录的分析，得到再工程的候选对象，然后根据这些再工程的候选对象分配资源，并确定它们的优先级。

（2）文档重构

当系统发生变化时，文档要更新，而且必须进行重构。在文档重构的情况下，明智的方法是设法将文档工作减少到必需的最小量。也许不需要重构整个系统的文档，而是对系统当前正在进行改变的那部分建立完整的文档，随着时间的推移，逐步建立一套完备的相关文档。

（3）逆向工程

逆向工程是一种通过对产品的实际样本进行检查分析，得出一个或多个产品的结果。软件的逆向工程是分析程序，以便在更高层次上创建出程序的某种表示的过程，也就是说，逆向工程是一个恢复设计结果的过程。逆向工程工具从现存的程序代码中抽取有关数据、体系结构和处理过程的设计信息。逆向工程过程如图10-7所示。

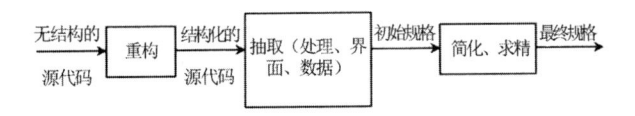

图10-7 逆向工程过程

从图10-7中可以看出，逆向工程过程是从源代码开始，将无结构的源代码转化为结构化的源代码。这使得源代码比较容易读，并为后面的逆向工程活动提供基础。抽取是逆向工程的核心，内容包括处理抽取、界面抽取和数据抽取。处理抽取可以在不同的层次对代码进行分析，包括语句、语句段、模块、子系统、系统。界面抽取应先对现存用户界面的结构和行为进行分析和观察。同时，还应从相应的代码中抽取有关信息。数据抽取包括内部数据结构的抽取、全部数据结构的抽取、数据库结构的抽取等。

逆向工程过程所抽取的信息，一方面可以提供给在维护活动中使用这些数据，另一方面可以用来重构原来的系统，使新系统更容易维护。

（4）代码重构

进行代码重构的目标是生成一个设计，并产生与原来程序相同的功能，但比原来程序具有更高的质量。代码重构是软件再工程最常见的类型之一。某些系统可能具有相对完整的体系结构，但是，个体性模块的编程风格带来的是程序的难理解、难测试和难维护等一系列问题。这样的模块有可能被重构。

源代码转换也是软件再工程的一个简单形式，即将一种语言编写的源代码自动地转换成另一种语言编写的源代码。程序本身的结构和组织没有发生变化。

为了代码的重构，技术上可以使用重构工具去分析源代码，然后利用这些自动化重构工具实现代码的重构。生成的重构代码应该经过评审和测试，确保没有引入异常和不规则的情况。

（5）数据重构

对数据体系结构差的程序很难进行适应性修改和增强，事实上，对许多应用系统来说，数据体系结构比源代码本身对程序的长期生存力有更大影响。

与代码重构不同，数据重构发生在相当低的抽象层次上，它是一种全范围的再工程活动。在大多数情况下，数据重构始于逆向工程活动，分解当前使用的数据体系结构，必要时定义数据模型，标识数据对象和属性，并从软件质量的角度复审现存的数据结构。当数据结构较差时（例如，在关系型方法可大大简化处理的情况下却使用平坦文件实现），应该对数据进行再工程。

由于数据体系结构对程序体系结构及程序中的算法有很大影响，对数据的修改必然会导致体系结构或代码层的改变。

（6）正向工程

正向工程也称为革新或改造，这项活动不仅从现有程序中恢复设计信息，而且使用该信息去改变或重构现有系统，以提高其整体质量。正向工程过程应用软件工程的原理、概念、技术和方法来重新开发某个现有的应用系统。在大多数情况下，被再工程的软件不仅重新实现现有系统的功能，而且加入了新功能并且提高了系统的整体性能。

2. 软件再工程分析

（1）再工程成本/效益分析

对现有应用系统实施再工程之前，应该进行成本/效益分析。Sneed 在 1995 年提出了再工程的成本/效益分析模型，其中定义了如下 9 个参数。

P_1= 某应用系统的当前年度维护成本。

P_2= 某应用系统的当前年度运作成本。

P_3= 某应用系统的当前年度业务价值。

P_4= 再工程后的预期年度维护成本。

P_5= 再工程后的预期年度运作成本。

P_6= 再工程后的预期年度业务价值。

P_7= 估计的再工程成本。

P_8= 估计的再工程所花费的时间。

P_9= 再工程风险因子（P_9=1.0 为额定值）。

L= 期望的系统寿命（以年为单位）。

具体成本：

与未执行再工程的持续维护相关的成本：

$$C_{maint}=[P^3-(P_1+P_2)]*L$$

与再工程相关的成本：

$$C_{reeng}=[P_6-(P_4+P_5)*(L-P_8)-(P_7*P_9)]$$

再工程的整体收益：

$$C_{benefit}=C_{reeng}-C_{maint}$$

（2）再工程风险分析

再工程与其他软件工程活动一样可能会遇到风险，软件管理人员必须在进行再过程活动之前对再工程的风险进行分析，对可能的风险提供对策。再工程的风险主要有以下几个方面：

1）过程风险。过高的人工成本；在规定的时间内未达到成本／效益要求；未从经济上规划再工程的投入；对再工程项目的人力投入放任自流；对再工程方案缺少管理。

2）应用问题风险。再工程项目缺少本地应用领域专家的支持；对源程序体现的业务知识不熟悉；再工程系统的工作完成不充分。

3）技术风险。恢复的信息是无用的或未被充分利用；开发了无用的大批昂贵的文档；逆向工程得到的成果不可分享；所采用的方法对再工程目标不适合；缺乏再工程的技术支持。

4）策略风险。对整个再工程方案的承诺是不成熟的；对暂定的目标没有长远的考虑；对程序、数据和过程缺乏全面的观点；没有计划地使用再工程工具。

5）人员风险。软件人员可能对再工程项目的意见不一致，导致影响工作的开展；程序员工作效率低。

6）工具风险。有一些工具可能还在试验过程中，而软件人员过分地依靠了不成熟的工具。

参考文献

[1] 曹薇. 软件测试技. 北京:清华大学出版社,2010
[2] 周伟明. 软件测试技术实践. 北京:电子工业出版社,2008
[3] 张向宏. 软件生命周期质量保证与测试. 北京:电子工业出版社,2009
[4] 陈能技. 软件测试技术大全. 北京:人民邮电出版社,2008
[5] 古乐,史九林等. 软件测试技术概论. 北京:清华大学出版社,2004
[6] 蔡开元. 软件可靠性工程基础. 北京:清华大学出版社,1995
[7] 谷照燕. 一种新的软件测试方法. 赤峰学院学报,2006,22(1)
[8] 朱少民. 软件质量保证和管理. 北京:清华大学出版社,2007
[9] 朱少民. 软件测试方法和技术(第二版). 北京:清华大学出版社,2010
[10] 朱三元. 软件质量及其评价技术. 北京:清华大学出版社,1990
[11] 赵瑞莲. 一种有效的边界测试点选取策路. 计算机辅助设计与图形学学报,2007,(02)
[12] G.Q.Kenney, Estimating Defects In Commercial Software During Operatlorlal use[J]. IEEE Trans.Reliability, 1993, 42(1):107115
[13] 孙志安. 软件复杂性的度量与控制. 计算机世界报,1997,(42)
[14] 袁玉宇. 软件测试与质量保证. 北京:北京邮电大学出版社,2008
[15] 李庆义,岳俊梅,王爱乐等. 软件测试技术. 北京:中国铁道出版社,2006
[16] 陈汶滨,朱小梅,任冬梅等. 软件测试技术基础. 北京:清华大学出版社,2008
[17] 王爱平. 软件测试. 北京:北京交通大学出版社,2008
[18] 翟天喜. 实用软件评测技术. 长沙:国防科技大学出版社,2007
[19] K.Mustafa著,董威译. 软件测试:概念与实践. 北京:科学出版社,2009
[20] 曲朝阳,刘志颖等. 软件测试技术. 北京:中国水利水电出版社,2006
[21] 张大方,李玮. 软件测试技术与管理. 长沙:湖南大学出版社,2007
[22] 郑人杰,许静,于波. 软件测试. 北京:人民邮电出版社,2011
[23] 黎连生,王华,李淑春. 软件测试与测试技术. 北京:清华大学出版社,2009
[24] 黎连业,王华,李龙等. 软件测试技术与测试实训教程. 北京:机械工业出版社,2012
[25] 陈明. 软件测试技术. 北京:清华大学出版社,2011
[26] 杜庆峰. 高级软件测试技术. 北京:清华大学出版社,2011
[27] 配置测试:http://blog.csdn.net/chszs/archive/2007/01/29/1497410.aspx